超高効率太陽電池・関連材料の最前線

Frontier of Ultra-High Efficiency Solar Cells and Their Materials

《普及版／Popular Edition》

監修 荒川泰彦

シーエムシー出版

序　文

　近年，環境・エネルギー問題が大きな関心を集める中，大震災以降，とりわけ太陽光発電等再生可能エネルギーの普及に大きな期待が寄せられている。我が国ではNEDO（㈱新エネルギー・産業技術総合開発機構）が太陽光発電技術開発のロードマップPV 2030＋を示しているが，これによれば，2025年までに事業用電源並みの発電コスト（7円/kWh）の実現が求められている。

　これまで太陽電池の普及を支えてきたシリコン結晶太陽電池においては，そのエネルギー変換効率が既に限界に近づきつつある。将来の太陽光発電の本格的な普及に向けて，革新技術による太陽電池の超高効率化の実現が不可欠である。超高効率太陽電池については，これまでさまざまな提案や研究開発がなされてきた。最近では特に，量子ドット太陽電池に対する期待が大きくなっている。

　本書は，太陽電池については，既に多くの解説書がある中で，高効率新型太陽電池・材料の最前線の話題に絞って論ずることを目的として企画された。幸い，この分野の気鋭の研究者により執筆いただくことができた。本書では，まず，第1章で総論を述べ，第2章では，高効率太陽電池を作成するための材料・技術として，希土類・色素ドープ蛍光体波長変換膜，フォトニック結晶と太陽電池への応用，グラフェンを用いた太陽電池用透明電極材料，ナノインプリント技術とその応用などについて述べる。第3章では，多接合太陽電池として，超高効率多接合太陽電池の研究開発および薄膜多接合シリコン太陽電池の高効率化・高生産性化技術について議論する。第4章では，シリコン太陽電池として，太陽電池における高効率化技術および量子ドットを使った薄膜太陽電池について述べる。第5章では，新型太陽電池・材料として，有機薄膜太陽電池と超階層ナノ構造素子，CIGS太陽電池の高効率化技術，量子・ナノ構造太陽電池，および太陽電池用新材料として窒化物半導体系太陽電池について述べる。第6章では，集光型太陽電池システムとして，集光型太陽電池の動向，軸追尾型太陽光発電システムの開発を紹介する。本書を一読することにより，読者が将来の超高効率太陽電池の実現に向けた方向性を見出すことを期待したい。

　末筆ながら，ご多忙中執筆いただいた各位に感謝の意を表する。

2011年8月

東京大学
荒川泰彦

普及版の刊行にあたって

　本書は2011年に『超高効率太陽電池・関連材料の最前線』として刊行されました。普及版の刊行にあたり，内容は当時のままであり加筆・訂正などの手は加えておりませんので，ご了承ください。

2017年3月

シーエムシー出版　編集部

---- 執筆者一覧 ----

荒川 泰彦	東京大学 ナノ量子情報エレクトロニクス研究機構 機構長，生産技術研究所 教授
河野 勝泰	電気通信大学 産学官連携センター 特任教授
福田 武司	埼玉大学 大学院理工学研究科 物理機能系専攻 助教
野田 進	京都大学 工学研究科 電子工学専攻 教授 (兼)光・電子理工学教育研究センター センター長
藤井 健志	富士電機ホールディングス㈱ 技術開発本部 エネルギー・環境研究センター
市川 幸美	富士電機ホールディングス㈱ 技術開発本部 エネルギー・環境研究センター
山本 哲也	高知工科大学 総合研究所 マテリアルデザインセンター 教授
佐藤 泰史	高知工科大学 総合研究所 マテリアルデザインセンター 助教
牧野 久雄	高知工科大学 総合研究所 マテリアルデザインセンター 准教授
山本 直樹	高知工科大学 総合研究所 マテリアルデザインセンター 教授
寒川 誠二	東北大学 流体科学研究所 教授
萩原 明彦	東芝機械㈱ 押出成形機技術部 コンバーティングマシン設計担当 主任
山口 真史	豊田工業大学 大学院工学研究科 主担当教授
外山 利彦	大阪大学 大学院基礎工学研究科 助教
豊島 安健	㈱産業技術総合研究所 エネルギー技術研究部門 主任研究員
黒川 康良	東京工業大学 大学院理工学研究科 電子物理工学専攻 助教
山田 繁	東京工業大学 大学院理工学研究科 電子物理工学専攻
小長井 誠	東京工業大学 大学院理工学研究科 電子物理工学専攻 教授
吉川 暹	京都大学 エネルギー理工学研究所 特任教授
大野 敏信	大阪市立工業研究所 研究主幹
辻井 敬亘	京都大学 化学研究所 教授
仁木 栄	㈱産業技術総合研究所 太陽光発電研究センター 副センター長
八木 修平	埼玉大学 大学院理工学研究科 助教
小島 信晃	豊田工業大学 大学院工学研究科 助教
天野 浩	名古屋大学 大学院工学研究科 電子情報システム専攻 赤﨑記念研究センター 教授
重光 俊明	大同興業㈱ 経営統括本部 海外事業戦略部 次長
小西 博雄	㈱NTTファシリティーズ ソーラープロジェクト本部

執筆者の所属表記は，2011年当時のものを使用しております。

目 次

第1章 高効率の新型太陽電池に向けて　荒川泰彦

1　はじめに …………………………………… 1
2　太陽電池発電システム開発に関する
　　ロードマップ …………………………… 2
3　太陽光発電の技術課題 ………………… 3
4　量子ドットの発展小史 ………………… 5
5　むすび …………………………………… 8

第2章 高効率太陽電池を作成するための材料・技術

1　希土類・色素ドープ蛍光体波長変換膜
　　………………………… 河野勝泰 … 9
　1.1　はじめに …………………………… 9
　1.2　「波長変換」とは ………………… 10
　　1.2.1　希土類・色素ドープ蛍光体 … 10
　　1.2.2　光吸収・放出の配位座標モデル
　　　　　による表現 …………………… 11
　　1.2.3　蛍光体の濃度消光 ……………… 12
　1.3　「波長変換方式」太陽電池の実際 … 13
　　1.3.1　原理と構成 …………………… 13
　　1.3.2　蛍光体薄膜と太陽電池の
　　　　　波長整合 ………………………… 14
　　1.3.3　有機ポリマーの紫外線による
　　　　　劣化と対策 ……………………… 16
　1.4　変換効率向上の結果 ……………… 16
　1.5　おわりに …………………………… 19
2　ゾル-ゲル法を利用した太陽電池用波長
　　変換フィルムへの応用 …… 福田武司 … 21
　2.1　はじめに …………………………… 21
　2.2　ゾル-ゲル法の原理と作製方法 …… 24
　2.3　ゾル-ゲル法で封止した
　　　　Eu錯体の特性 …………………… 25
　2.4　おわりに
　　　　―今後の研究・技術展望― ……… 30
3　フォトニック結晶と太陽電池への応用
　　………………………… 野田　進 … 32
　3.1　はじめに …………………………… 32
　3.2　フォトニック結晶の基本 ………… 32
　3.3　フォトニック結晶の応用例
　　　　（大面積レーザ） ………………… 33
　3.4　フォトニック結晶の作製技術の
　　　　進展 ……………………………… 35
　3.5　太陽電池への応用 ………………… 35
　　3.5.1　フォトニックバンドギャップ効果
　　　　　で電子・正孔の再結合抑制 …… 37
　3.5.2　フォトニック結晶の共振作用で
　　　　　光の吸収を増強 ………………… 39
　3.5.3　フォトニック結晶の特異な分散
　　　　　効果の活用により光の進行方向
　　　　　を変換 …………………………… 39
　3.5.4　黒体輻射そのものを制御（フォ
　　　　　トニック結晶効果に加え，電子

            状態の制御法をも併用) ……… 41
　　3.6　まとめ ……………………………… 41
4　グラフェンを用いた太陽電池用透明導電膜
　　の開発 ………… 藤井健志, 市川幸美 … 43
　　4.1　はじめに …………………………… 43
　　4.2　グラフェンの特徴 ………………… 43
　　4.3　グラフェンの成膜技術 …………… 44
　　4.4　化学的剥離によるグラフェンの成膜
　　　　　………………………………………… 46
　　4.5　CVD法によるグラフェンの成膜 …… 50
　　4.6　おわりに …………………………… 54
5　薄膜太陽電池用ZnO系透明導電膜
　　………………………… 山本哲也, 佐藤泰史,
　　牧野久雄, 山本直樹 ……………………… 56
　　5.1　はじめに …………………………… 56
　　5.2　透明導電膜の基本的役割 ………… 57
　　5.3　太陽電池用透明導電膜の特性 …… 60
　　　5.3.1　薄膜Si太陽電池用透明
　　　　　　導電膜 SnO_2 ………………… 60
　　　5.3.2　CIGS太陽電池用透明導電膜
　　　　　　ZnO ………………………………… 61
　　5.4　ZnO透明導電膜の電気特性・
　　　　　光学特性の両立 …………………… 65
　　　5.4.1　導電性 ………………………… 65
　　　5.4.2　透明性 ………………………… 68
　　5.5　まとめ ……………………………… 71
6　超低損傷・中性粒子ビーム加工を用いた
　　量子ナノ構造の形成 ……… 寒川誠二 … 75

　　6.1　序論 ………………………………… 75
　　6.2　中性粒子ビーム生成装置 ………… 76
　　6.3　サブ10 nm量子ナノ構造の作製 …… 77
　　6.4　まとめ ……………………………… 80
7　ナノインプリント技術とその応用
　　………………………………… 萩原明彦 … 82
　　7.1　はじめに …………………………… 82
　　7.2　ナノインプリントの特徴 ………… 82
　　7.3　ナノインプリント装置の方式と特徴
　　　　　………………………………………… 84
　　　7.3.1　プレス式ナノインプリント装置
　　　　　　……………………………………… 85
　　　7.3.2　ロールtoロール式UV
　　　　　　インプリント装置 ……………… 85
　　　7.3.3　モールドの大面積化 ………… 87
　　7.4　フレキシブル薄膜シリコン太陽電池
　　　　　におけるナノインプリントへの応用
　　　　　………………………………………… 88
　　　7.4.1　フレキシブル太陽電池基材
　　　　　　コンソーシアム ………………… 88
　　　7.4.2　薄膜シリコン太陽電池の特徴 … 89
　　　7.4.3　UVナノインプリントプロセス
　　　　　　によるテクスチャフィルムの
　　　　　　形成 ……………………………… 89
　　　7.4.4　テクスチャ付セルの
　　　　　　太陽電池特性 …………………… 90
　　7.5　おわりに …………………………… 91

第3章　多接合太陽電池

1　超高効率多接合太陽電池の研究開発
　　………………………………… 山口真史 … 93
　　1.1　はじめに …………………………… 93

　　1.2　多接合太陽電池の高効率化の可能性
　　　　　………………………………………… 93
　　1.3　多接合太陽電池の主要効率支配要因

	……………………………………… 94	1.8	おわりに ………………………… 106
1.3.1	バルク再結合損失 ………… 94	2	薄膜多接合シリコン太陽電池の高効率化・
1.3.2	表面・界面再結合損失 …… 96		高生産性化技術 ……… **外山利彦** 108
1.3.3	セルインターコネクション …… 97	2.1	はじめに ………………………… 108
1.3.4	その他の効率支配要因 …… 98	2.2	高効率化技術 …………………… 109
1.4	多接合太陽電池の高効率化と	2.2.1	a-Si 太陽電池 ……………… 109
	宇宙用太陽電池としての実用化 … 99	2.2.2	μc-Si ボトムセル …………… 111
1.5	格子不整合系 InGaP/GaAs/InGaAs	2.2.3	光マネジメント技術 ……… 114
	3接合太陽電池の高効率化 ……… 100	2.3	高生産性化技術 ………………… 116
1.6	低コスト化を狙った集光型太陽電池	2.3.1	高速製膜技術 ……………… 116
	……………………………………… 102	2.3.2	大面積製膜技術 …………… 119
1.7	多接合太陽電池の将来展望 …… 104	2.4	おわりに ………………………… 120

第4章　シリコン太陽電池

1	太陽電池における高効率化技術		ハイブリッドセル …………… 134
	…………………… **豊島安健** … 122	1.5	まとめ …………………………… 135
1.1	はじめに ………………………… 122	2	量子ドットを用いた薄膜太陽電池
1.2	太陽電池材料の光吸収特性 …… 122		…… **黒川康良，山田　繁，小長井　誠** … 137
1.3	発生したキャリアの収集と取り出し	2.1	太陽光発電技術開発ロードマップ
	……………………………………… 127		PV 2030＋と第三世代太陽電池 …… 137
1.3.1	結晶系の場合 ……………… 127	2.2	シリコン量子ドットを用いた太陽電池
1.3.2	薄膜系の場合 ……………… 129		……………………………………… 139
1.4	高効率シリコン系太陽電池の例 … 131	2.2.1	オールシリコンタンデム太陽電池
1.4.1	PERL セル ………………… 131		……………………………………… 139
1.4.2	HIT 構造 …………………… 132	2.3	マルチエキシトン効果を利用した
1.4.3	バックコンタクト ………… 134		太陽電池 ………………………… 144
1.4.4	中間反射層を有する薄膜		

第5章　新型太陽電池・材料

1	有機薄膜太陽電池と超階層ナノ構造素子	1.2	高効率化への道筋 ……………… 149
	…… **吉川　暹，大野敏信，辻井敬亘** … 148	1.3	光活性層に用いられる半導体材料 … 149
1.1	はじめに ………………………… 148	1.3.1	n 型半導体 ………………… 149

1.3.2　p型半導体の開発 ……… 153
　1.4　超階層ナノ構造素子の開発 ……… 156
　1.5　将来展望 ……… 158
2　CIGS太陽電池の高効率化技術
　　　　　　　　　　　　仁木　栄 … 161
　2.1　はじめに ……… 161
　2.2　CIGS太陽電池の特徴 ……… 161
　2.3　高効率化への要求 ……… 162
　2.4　小面積セルの高効率化 ……… 163
　　2.4.1　水蒸気援用多元蒸着法 ……… 164
　　2.4.2　界面・表面の評価 ……… 165
　2.5　集積型サブモジュールの高効率化技術
　　　　　　　　　　　　　　　　 166
　2.6　フレキシブルCIGS太陽電池の開発
　　　　　　　　　　　　　　　　 168
　2.7　まとめ ……… 169
3　量子・ナノ構造太陽電池 … 八木修平 … 171
　3.1　中間バンド型太陽電池 ……… 171
　3.2　量子ドット超格子を用いた中間
　　　　バンド型太陽電池 ……… 173

　3.3　ホットキャリア型太陽電池 ……… 177
　3.4　量子ナノ構造のホットキャリア型
　　　　太陽電池への応用 ……… 178
4　太陽電池用新材料 InGaAsN
　　　　　　　　　　　　小島信晃 … 182
　4.1　格子整合系4接合太陽電池用新材料
　　　　　　　　　　　　　　　　 182
　4.2　InGaAsN太陽電池 ……… 184
　4.3　InGaAsN材料の欠陥物性 ……… 184
　4.4　InGaAsN成膜技術の進展 ……… 186
　4.5　おわりに ……… 189
5　AlGaInN系太陽電池 ……… 天野　浩 … 192
　5.1　はじめに ……… 192
　5.2　作製法および評価法 ……… 193
　5.3　実験結果 ……… 196
　　5.3.1　必要な光吸収層厚さ ……… 196
　　5.3.2　下地層低転位化の必要性 ……… 198
　　5.3.3　超格子構造導入の効果 ……… 198
　5.4　まとめ ……… 200

第6章　集光型太陽電池システム

1　集光型太陽電池の動向 …… 重光俊明 … 202
　1.1　海外における集光型太陽電池事情 … 202
　　1.1.1　米国市場 ……… 203
　　1.1.2　欧州市場 ……… 204
　　1.1.3　豪州市場 ……… 206
　　1.1.4　中近東市場 ……… 206
　　1.1.5　インド市場 ……… 207
　1.2　集光型太陽電池の適地（海外）…… 208
　1.3　国内集光型太陽電池事情 ……… 208
　　1.3.1　用途開発が重要 ……… 210
2　軸追尾型太陽光発電システム

　　　　　　　　　　　　小西博雄 … 212
　2.1　システム構成 ……… 212
　　2.1.1　一軸追尾システム ……… 213
　　2.1.2　集光追尾システム ……… 215
　2.2　追尾システム ……… 216
　2.3　実施例 ……… 217
　　2.3.1　一軸追尾システム ……… 217
　　2.3.2　2軸追尾システム ……… 217
　　2.3.3　集光追尾システム ……… 217
　2.4　実測例 ……… 218
　2.5　今後の課題 ……… 220

第1章　高効率の新型太陽電池に向けて

荒川泰彦＊

1　はじめに

　光起電力効果を利用するデバイスである太陽電池は，pn接合ダイオードを逆バイアス状態で用いており，半導体レーザー，LED，また光検出器と基本的には同じ2端子構造である。半導体レーザー等が光通信を中心に1960年代から華やかに急激に発展してきたのに対し，太陽電池の研究開発の歴史は，やや静かで着実なものであった。ところが，最近の低炭素・持続型社会実現に向けた大きな潮流の中で，また，震災後の再生可能エネルギーの担い手として，太陽電池は俄かに多くの注目を集め始めた。

　これまで，多くのタイプの太陽電池が開発されてきた。最初の太陽電池は単結晶シリコンにより1954年にベル研究所で作製された。その効率は6％であったとされる。シリコン系太陽電池としては，結晶系シリコン型（単結晶シリコン型，多結晶シリコン型），薄膜系シリコン型（微結晶シリコン型，アモルファスシリコン型），ハイブリッド型（HIT型）などがある。また，構造としては，多接合型（タンデム型とも呼ばれる），球状シリコン型，電界効果型などに分類される。

　一方，シリコン系以外では，化合物半導体型として，InGaAs系，GaAs系，CIS系（カルコパイライト系）太陽電池，Cu_2ZnSnS_4（CZTS）太陽電池，CdTe-CdS系太陽電池などが開発されている。また，有機系半導体型としては，色素増感太陽電池，有機薄膜太陽電池などが代表的である。さらに，多接合型に加えて新構造とし，量子ドットやナノワイヤなどのナノ構造太陽電池の研究開発が進んでいる。

　本書では，上記の超高効率太陽電池の最近の研究展開について，本分野で最先端の研究を展開している研究者の方々に執筆いただいている。この章では，これらの解説に先立ち，太陽光発電システム開発に関するロードマップや，太陽光発電の技術課題，特に超高効率太陽電池について概観する。また，ナノ構造太陽電池のベースとなる超薄膜や量子ドット技術について簡単に述べる。

＊　Yasuhiko Arakawa　東京大学　ナノ量子情報エレクトロニクス研究機構　機構長，生産技術研究所　教授

2 太陽電池発電システム開発に関するロードマップ

太陽光発電技術が本格的に社会インフラに組み込まれるためには，発電コストが重要である。㈱新エネルギー・産業技術総合開発機構（New Energy and Industrial Technology Development Organization）の太陽光発電ロードマップ（PV 2030）は「太陽光発電を2030年までに主要なエネルギーの1つに発展させること」を目標に，2004年に策定された。このロードマップの策定は，わが国の技術開発の指針として重要な役割を果たしてきた。また，エネルギー資源問題と環境保全の双方に有効なエネルギー源として太陽電池の年々その重要性が増している。また，地球温暖化への対応として2008年6月の洞爺湖サミットで合意された2050年までに温暖化ガスの排出を半減する目標設定も牽引力となり，今や，欧米，アジア全てを巻き込んで，グローバルかつ大きな潮流の中で，世界中で技術開発が推進されている。

当初は，我が国は太陽電池開発の主導権を握っていたが，ドイツで導入されたフィードイン・タリフ（FIT）制度が発足して以来，我が国の太陽電池産業および研究開発力が，相対的には低下したことは否めない。それを巻き返すために，NEDOは，ロードマップ（PV 2030）の見直し作業を行い，太陽光発電ロードマップ（PV 2030＋）を策定した。図1は，同ロードマップ報告書に書かれた太陽光発電の今後の発展に対するロードマップ（PV 2030＋）シナリオである[1,2]。

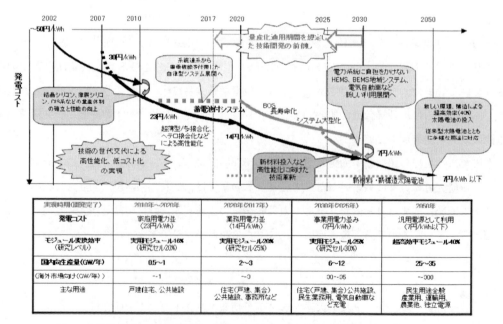

図1　太陽光発電の今後の発展に対するロードマップ（PV 2030＋）のシナリオ[1,2]

第1章　高効率の新型太陽電池に向けて

3　太陽光発電の技術課題

太陽光発電の実現に向けて，経済性の改善，利用および用途の拡大，利用基盤・利用環境の整備（含法的整備），そして，産業発展・国際競争力の確保の視点から，多くの課題を抽出することができる。これらの課題は，相互に関連し合いながら解決されていくものであるが，何といっても技術開発における革新化が重要である。特に，超高効率太陽電池の開発の進展次第では，諸課題解決を一気に進めることさえ十分あり得るものと考えられる。

超高効率太陽電池の高効率化への取り組みは，太陽電池の効率限界に関わる阻害要因を改善することにあることはいうまでもない。従来の単接合太陽電池のエネルギー変換効率の限界を決める要因は図2に示すように2つある。1つはバンドギャップを超える余剰のエネルギーが熱（格子振動）となり失われる熱損失，もう1つはバンドギャップより小さいエネルギーの光は吸収されず利用されない透過損失である。これらはトレードオフの関係にあり，エネルギー変換効率が最大となるのは集光なしの場合，バンドギャップが1.3 eVのときで約31%であり，集光しても，E_gが1.1 eVのとき約41%にとどまることが，詳細平衡モデルにより知られている。

この接合太陽電池のエネルギー変換効率の限界を乗り越えるためには，多接合型太陽電池が当面は有効である。既に研究室レベルでは高倍率集光システムでの利用を想定したⅢ-Ⅴ系多接合

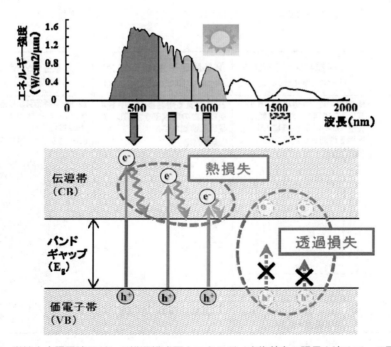

図2　単接合太陽電池のバンド構造模式図とエネルギー変換効率の限界を決めている要因

セルで最高40%を超える変換効率が報告されている。また，材料・セル構造の両分野での新概念を導入して研究開発を進めることにより，安価かつ量産に向いた高性能太陽電池への転換を図ることや，現状の太陽電池と同様に大面積で使用できる薄膜型などに挑戦することも重要である。このためには，従来のIII-V系や，窒素を含む新しいIII-V材料等で，組成制御により光波長に対応したセルを構成した一体型の超高効率多接合太陽電池や，量子サイズ効果構造などの光吸収波長を制御した量子効果型多接合セルが有望である。また，吸収波長の異なる複数セルを機械的に積層することで，材料の選択に自由度の高い超高効率多接合セルを形成するメカニカルスタック型多接合太陽電池も研究開発の価値がある。

　一方，本質的に変換効率を挙げるためには，量子ドット構造などの新しい量子ナノ構造の導入が期待されている。具体的には，いわゆる超格子や量子ドット超格子による中間バンド（IBSC：Intermediate Band Solar Cell）型太陽電池が注目を集めている。また，量子ナノ構造により，励起されたキャリアの伝導帯中を緩和する時間が長くできるようしたホットキャリア太陽電池や，マルチエキシトン生成効果型（MEG：Multiple Exciton Generation）太陽電池も有望である。図3に，代表的な量子ドット太陽電池構造をまとめておく。

　量子ドット等による中間バンド太陽電池については，その最大理論変換効率はLuqueらが示した約63%と広く信じられてきた[2]。しかし，実はこの変換効率は量子ドット太陽電池の理論限界を与えるものではない。最近，我々は，中間バンドを複数にすることで理論変換効率がさらに向上することを示した[3]。図4は集光時における理論変換効率と母体材料のバンドギャップと

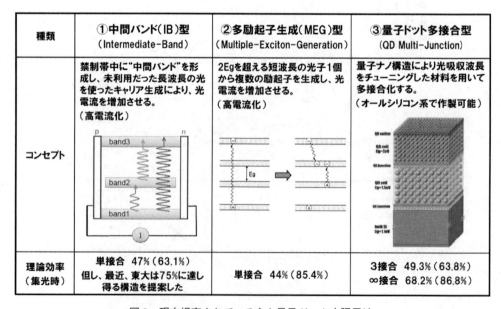

図3　現在提案されている主な量子ドット太陽電池

第1章 高効率の新型太陽電池に向けて

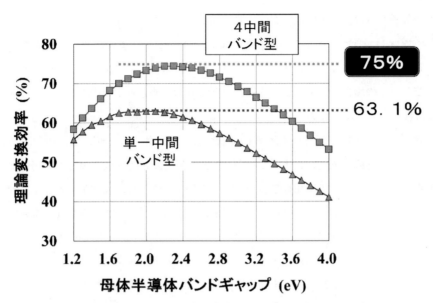

図4　4中間バンドを有する量子ドット太陽電池の理論変換効率と母体材料のバンドギャップとの関係

の関係を表しており，中間バンドが4つの場合には最大75%にまで達することを明らかにした。さらに，中間バンドの数を更に増やせば80%に漸近する効率が得られる。複数の中間バンドを有する中間バンド太陽電池の構築は，量子ドットのサイズ・材料を選択し中間バンドの数・位置を自由に制御することにより可能となる。このように，量子ドットが今後の太陽電池の超高効率化に重要な役割を果たすことが期待される。量子ドット太陽電池の詳細は，第4章に譲る。

4 量子ドットの発展小史

　この章では，上記の量子ドット太陽電池の基礎となる超格子や量子ドットの発展について簡単に述べておく。

　1960年代末に江崎玲於奈博士らは，半導体超格子の概念を提案した[5]。超格子は，二つの物質を交互に周期的に積層した系である。例えばGaAs/AlAsから成る超格子においては，GaAsの局在した電子波が数nmの障壁層であるAlAs層を超えて隣の層と周期的に結合し，ミニバンドを構成する。さらに，障壁層が厚く，またGaAs層の厚さが電子のド・ブロイ波長程度あるいはそれ以下のときには，電子は，膜厚方向に量子化され，膜に平行な2次元方向のみ自由電子としての振る舞いをする。このような構造は，超格子とは別に量子井戸とも呼ばれる。これら超格子や量子井戸は，分子線エピタキシ法（MBE：Molecular Beam Epitaxy）や有機金属気相成長法（MOCVD：Metal Organic Chemical Vapor Deposition）により作製される。

超高効率太陽電池・関連材料の最前線

　超格子や量子井戸は，波動関数エンジニアリングという概念を生み出し，光・電子素子技術革新に大きく貢献してきた。電子デバイスとしては，Dingle らによる変調ドーピングの概念とその発展として生まれた高移動度トランジスタ（High Electron Mobility Transistor）が代表的である。ただし，この場合，電子の2次元性というよりは，むしろドナーと電子の伝導チャネルの空間的な分離が主たる効果といえる。

　一方，光デバイスとして 1975 年にベル研で誕生した量子井戸レーザーは，1982 年の同研究所による低しきい値電流の実現，および 1984 年の筆者らによる広帯域変調特性，高コヒーレンス特性の理論予測により，一気に注目を集めた[6]。実際，1990 年代に入り量子井戸レーザーは本格的に光通信用レーザーや赤色 CD 用レーザー技術に取り込まれ，大きく実用化が進んだ。また，InGaN 半導体による青色発光ダイオードやレーザーの実用化も，この量子井戸構造が重要な役割を担った。今や，全ての半導体レーザーは量子井戸レーザーである，といっても過言ではない。また詳細は述べないが，超格子や量子井戸構造は，サブバンド間遷移を利用した量子カスケードレーザーや遠赤外光検出器も実現した。このように超格子や量子井戸は，第一期のナノフォトニクス時代を築いた。

　さて，江崎による超格子の提案から 10 年余り経た 1982 年，筆者と榊は，電子を 3 次元的に閉じ込める nm 寸法の半導体立体ヘテロ構造の概念を提案した[7]。当初，この 3 次元量子閉じ込め構造を「多次元量子井戸」と呼んだが，1983 年後半頃から筆者は「量子箱」と呼び始めた。しかし，その後，実際にできる構造が立方体ではなくピラミッドや半球状の形であるため，今は「量子ドット」がすっかり定着している。量子ドットはしばしば人工原子とも呼ばれている。量子ドットの発想は，半導体レーザーのしきい値電流の温度依存性のメカニズムを議論する中で生まれた。量子ドットにより電子を 3 次元ナノ構造に閉じ込めることができれば，電子は，電子の空間的な分離とエネルギーの完全量子化（離散化）のため，本来はフェルミ粒子であるにも拘わらず，量子ドット中の各電子は同一のエネルギーをとることができる。これにより，温度が上昇しても利得の低下が原理的には生じない。

　1980 年代末ごろから自己組織化結晶成長技術の開発が展開され，これを用いて 1994 年に最初の量子ドットレーザーが 77 K での発振が試みられた。その後，世界で多くのグループが量子ドットレーザーの研究に取り組んできたが，2004 年の東大と富士通による温度無依存量子ドットレーザーの高速動作実験が世界に大きな衝撃を与えた[8]。これを契機に富士通と三井物産によりベンチャー企業である量子ドットレーザー社が設立された。2009 年度中には量子ドットレーザーは市場化された。通信用レーザーのみならず緑色レーザーへの展開も図っている。

　量子ドットレーザーは，電子のエネルギー準位・離散性を活用した初めての実用的「量子力学デバイス」である。今後，量子ドットは，フォトニックネットワークにおける光増幅器やスイッ

第1章　高効率の新型太陽電池に向けて

チ，またLSI技術の革新に向けた光電子融合デバイスの光源としてIT分野で大いに発展するものと期待される。

　量子ドットの魅力は，原子と同様に電子のエネルギー準位やスピン状態を制御できることに留まらない。個々の電子の流入や脱出を電気的に制御できる点も重要である。このため，量子ドットの研究は，固体物理学の探究のみならず，単一光子発生素子や量子もつれ素子などによる量子暗号通信素子や量子計算回路素子などへの展開についても，研究開発が活発に進められている。

　特に，共振器量子電気力学は重要であり，集積化可能な固体素子として，固体共振器量子電気力学系の実現が，新概念素子の創出に向けて今後大きな役割を果たすものと期待される。近年フォトニック結晶技術の発展により，共振器量子電気力学効果を発現し得る体積が極めて小さくかつQ値が高い固体ナノ光共振器の実現が可能になってきた。電子と光の二つの共振器，すなわち量子ドットとフォトニックナノ共振器の融合により，共振器量子電気力学の特徴である単一励起子と単一光子の強結合状態の生成や極限レーザーなどの探究がおこなわれている。

　量子ドットは，既に述べたように，太陽電池などのエネルギー変換素子やバイオ医療計測用蛍光マーカ素子など，新たな応用展開が期待されている。これらは，低炭素社会に向けた高効率グリーンIT社会の実現に大きく貢献する。また，量子ドットとフォトニック結晶の組み合わせ等ナノフォトニクスの展開は，太陽電池技術にも今後革新をもたらすものと確信する。図5に量子ドットが拓く革新技術の展開を示しておく。

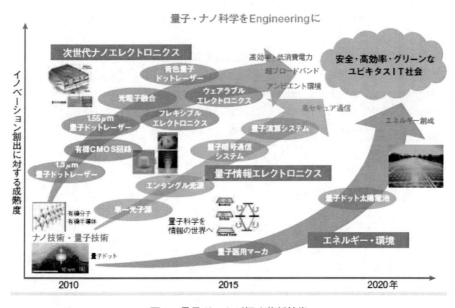

図5　量子ドットが拓く革新技術

5 むすび

太陽光発電は人類の持続的発展において重要な役割を果たす。今後,量子ナノ構造に基づいた新概念構造の創出により,さらに高効率な太陽電池が出現を大いに期待したい。量子ドット太陽電池の課題としては,①理論と基礎物性(新原理太陽電池の探索と基礎物性の理解),②量子ドット形成技術の確立(バンドギャップ,中間バンド,歪制御を含む材料選択,寸法,一様性,高密度化),③製造技術の確立(MOCVD法,MBE法,異種基板)などが挙げられる。

今後は「ナノ」,「光」,「量子」の融合により創成される新たなディシプリンが,量子ドット太陽電池をはじめとする革新的ナノフォトニックデバイスや量子科学の今後の発展に大きく寄与するものと確信する。

文　　献

1) 「2030年に向けた太陽光発電ロードマップ(PV 2030)に関する見直し検討委員会」報告書に関するNEDOプレスリリース(2009), http://www.nedo.go.jp/library/pv 2030/index.html
2) 「2030年に向けた太陽光発電ロードマップ(PV 2030)に関する見直し検討委員会」報告書(2009), http://www.nedo.go.jp/library/pv 2030/pv 2030+.pdf
3) Luque and A. Martí, *Phys. Rev. Lett.*, **78**, 5014 (1997)
4) Y. Arakawa, T. Nozawa, The 26th Earopian Photovoltaic Solar Energy Conference, submitted (2011)
5) L. Esaki and R. Tsui, *IBM J. Res. Develop.*, **14**, 61 (1970)
6) Y. Arakawa and A. Yariv, *IEEE J. of Quantum Electronics*, **QE 22**, p. 1887 (1986)
7) Y. Arakawa and H. Sakaki, *Appl. Phys. Lett.*, **40**, 939 (1982)
8) K. Otsubo, N. Hatori, M. Ishida, S. Okumura, T. Akiyama, Y. Nakata, H. Ebe, M. Sugawara and Y. Arakawa, *Jpn. J. of Appl. Phys.*, **43**, L 1124 (2004)

第2章　高効率太陽電池を作成するための材料・技術

1　希土類・色素ドープ蛍光体波長変換膜

河野勝泰*

1.1　はじめに

　一般に，太陽光の各波長に対する放射照度（放射スペクトル）に完全に合致する分光感度を持つ太陽電池を作ることが出来れば，それは最も効率のよい理想的な太陽電池といえよう。しかし，現実には唯一つの太陽電池でそのような条件を満たすものは存在せず放射スペクトルの一部を満たすだけで，太陽電池の分光感度ピークの異なるセルを複数枚重ねて太陽光のスペクトル感度全体を出来る限りカバーして利用する多接合型が全太陽電池の種類の中で最も高い効率を示す。特に，通常どの太陽電池も 450 nm 以下の短波長領域で感度が急速に低下しているか，もしくは殆どない。一方，太陽光はこの波長領域では低下していくが 300 nm までは照度がある。即ち，太陽電池は太陽光の紫外光を含む短波長領域を利用しないで捨てていることになる。

　ここで提案する太陽電池は，短波長での感度低下を補償するために，蛍光体の吸収から発光への波長変換特性を利用して，太陽光の短波長領域を太陽電池の分光感度の高い長波長領域に変換させ変換効率を向上させることをコンセプトとしている[1~5]。上述の「多接合太陽電池」が，太陽電池の分光感度スペクトルを太陽光に合致させようとするコンセプトであるとしたら，「波長変換方式」は，太陽光スペクトルを太陽電池の分光感度に合致させる，言わば発想の転換方式といえよう。

　実際に作製する太陽電池は，量子効率の高い希土類や色素を含む蛍光体の薄膜を作成し太陽電池の表面に載せる形態をとる。太陽光分布スペクトルの内，長波長光は薄膜を透過させ，短波長の光は蛍光体の「波長変換効果」により分光感度の高い長波長の光に変換させることによって太陽電池の光電変換効率を向上させるのである。これは目的とする太陽電池の分光感度の領域を短波長領域へ拡張することと等価になっている。従って，この方法は太陽電池そのものの素材や構造を変えて新電池を開発するのでなく，どの太陽電池の表面にも付加されている無反射膜に相当する部分に蛍光体をドープして効率を上げるもので下部の太陽電池を選ばない，どんな実在の太陽電池にも，また新型太陽電池が出現してもそれらの効率を更に上昇させることが可能な技術である。

＊　Katsuyasu Kawano　電気通信大学　産学官連携センター　特任教授

1.2 「波長変換」とは
1.2.1 希土類・色素ドープ蛍光体

まず，蛍光体の定義であるが，外部から光を吸収してある波長の光（蛍光）を放出する物質とする。蛍光体の構成は，蛍光を放出しないホスト物質（Host Material，または媒質とも言う）に蛍光活性を持つ物質（Phosphor）を「ドープ」したものである。ここで「ドープ」という半導体用語は，厖大な数のホスト原子の数に対して数百から数千分の一程度のドープ原子数で原子間の化学結合として混入させることを言う。即ち，ホスト中へ光る素材を不純物として極微量だけ溶かして蛍光体を作るのである。このとき，通常，「ホスト物質（HostMat）：ドープ蛍光活性物質（Phos）」としてコロン「：」を用いて表記する。例えば次のような例が挙げられる。

- 無機化合物に希土類イオンをドープする。例　$CaF_2 : Tb$, $KMgF_3 : Sm$, $MgF_2 : Eu$
- 有機ポリマーに希土類錯体をドープする。例　$EVA : Tb$, Eu, Dy $(tmhd)_3$ 錯体
- 有機ポリマーに色素をドープする。例　$PVB : Rh\,6\,G$, $PMMA : Coumarin\,6$

ここで，媒質（ホスト）の備えている条件として，

- 太陽光スペクトルの全波長領域で透過度が高い（90%以上）
- 屈折率 n が低い（1.5以下），複屈折性を持たない

の二つの条件が必要であるが，例えば，無機物では，CaF_2, MgF_2, $KMgF_3$ などのフッ化物は透過度が高く，屈折率も例えば酸化物に比べ低く，原子の点対称性が立方晶かそれに近く複屈折性を持たないために有利である。ここで，CaF_2 は 250 nm から 7 μm までの太陽光の全波長領域をカバーして90%以上の十分な透過度を持ち，屈折率も 1.3〜1.4 と低く反射ロスが小さいので無反射膜が不要なくらいで画像専門機器のレンズや紫外光のハイパワーレーザーの光学窓に使われている材料である。一方，有機物では，EVA（EthyleneVinylAcetate），PVB（PolyVinylButyral），PMMA（PolyMethylMethAcrylate）などのポリマー（高分子）が上の二条件を満たし，実用の太陽電池と保護ガラス間の中間接着材料としても利用されている。

一方，ホストにドープされ，蛍光を発する物質である蛍光活性体の条件として，

- 高い量子効率（0.8〜0.9，吸収した光エネルギーに対する発光エネルギーの割合）を持つ
- 大きい吸収断面積（10^{-16}〜$10^{-18} m^2$，原子及び分子が外部光を吸収できる立体領域の断面の面積）を持つ

が挙げられる。例えば，希土類[6〜8]では，Eu, Sm, Tb, Dy, Ce などであり，それらが媒質中でとり得る価数（二価，三価など）によって異なるが，「f-d 許容遷移」と呼ばれる吸収遷移からの発光が強く，バンド幅も広いので利用できる。そして，色素[9]では，Rh 6 G, Coumarin 6 など，「π-π* 遷移」を利用したものが多い。

以上，蛍光体を構成する材料の必要条件以前に，波長変換太陽電池における蛍光体は太陽光を，

直接，真正面から受ける位置にあるため，十分な高温とエネルギーの高い紫外光に耐えられるものでなければならない。特に有機ポリマーの紫外光に対する影響については重要であり，後に章節を改めて考察する。

1.2.2 光吸収・放出の配位座標モデルによる表現[10]

蛍光体の光吸収・放出の過程を分かりやすく表現したモデルが，図1で説明される配位座標モデルである。この時，電子の基底及び励起状態は，原子（核）の平均的な位置座標を横軸 Q に，電子のエネルギーと格子（媒質を構成する原子）の振動エネルギーの和（ポテンシャルエネルギー）を縦軸として，基底状態を示す放物線の最小点を並行に，上に W_e だけ，更に座標 Q の正方向に ΔR だけ，ずらした励起状態の放物線の二つの放物線（「断熱ポテンシャル」と呼ぶ）によって表される。放物線になるのは，バネ振動のエネルギーがバネ定数を k，変位を x として $(1/2)kx^2$ で表わされるからである。このとき，励起状態の放物線の広がりは基底状態のそれよりもエネルギーが高い分，大きくなっている。

発光（蛍光と同じ）とは，不純物原子の持つ最外核電子が外部からの光のエネルギーを吸収した後，放出する光である。吸収と発光のスペクトルは，電子が基底状態から励起状態へ遷移した後，再び基底状態に戻る1サイクル（図1の A→B→C→D）を経て生ずる。ここで吸収スペクトルの内，観測した発光（PL；Photo-Luminescence）に寄与しているスペクトルを励起（PLE；Photo-Luminescence Excitation）スペクトルと呼ぶ。即ち，PLEは吸収スペクトルの一部である。

外部光を受けていないときには電子は基底状態の最低の格子振動準位 A にいるが，光を吸収

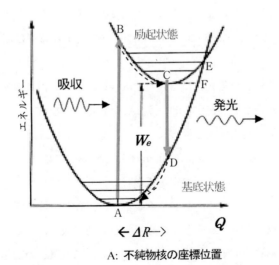

A: 不純物核の座標位置

図1 蛍光体の光吸収と放出（発光）に対する配位座標モデル

すると電子は励起状態に上がり（A→Bに相当），格子振動の状態（図の横並行等間隔の準位）を点線のように降りながら最低励起状態に到達した（B→C）後，発光して基底状態に下がり（C→D），その振動準位を降りて（D→A）最後に元の基底状態Aに戻る。このように吸収波長から発光波長への変換を「波長変換」と呼ぶが，発光波長は必ず吸収波長よりも長波長側（低エネルギー側）へ変換する。それは図1において，矢印CDの長さを持つエネルギーが矢印ABのそれよりも必ず短くなるからである。なお，「波長変換」ではなく，「波長移動」の意味でストークスシフト（Stokes's Shift, Stokesは研究者名）とも呼ばれる。結晶を取り巻く温度が上昇すると，励起状態の電子は高い振動準位へ上がり，C→Dの発光過程は減少し，放物線上のC→E→F→Aを経て基底状態へ降りるために発光は減少する。この現象は，「温度消光」と呼ばれ，次に述べる「濃度消光」とともに蛍光体に共通する重要な性質である。

1.2.3 蛍光体の濃度消光

蛍光活性物質である希土類イオンや色素の媒質に対する濃度は非常に小さく，10^{-2}以下であることは前述した。このことは，太陽電池の「波長変換」方式で使用する際に，特に希土類のような高価なレアメタルでは経費を抑えることが出来るので長所ではある。ここでは，蛍光体における光物性の常識として多量のドーピングによって蛍光強度を強く出来ない条件があることを述べて上の長所を強調したい。蛍光体はその母体に対する濃度により発光強度が異なる。不純物濃度が小さい領域では濃度が高くなるに従ってほぼ比例的に発光強度は増していくが，ある程度の高濃度になってくると急激にその発光が落ちてくる。つまり，最も発光強度が高くなる濃度が存在する。発光強度にピークを与える最適濃度の領域は非常に狭く，その値を見出すためには，その媒質に応じて低濃度から高濃度の蛍光体試料を作成して発光強度を測定し決めるという根気の要する一連の実験を繰り返すしかない。もっとも大体の見通しとして無機及び有機の媒質にかかわらずこの節の最初に記述したように，1 mol%以下（モル比もしくは原子数比で1/100以下）である。

この現象は，媒質に溶かした蛍光体には共通する性質であり，波長変換方式では，最も強い発光を得る発光体には最適濃度が存在するということを忘れてはならない。このように，多量の蛍光物質をドープすれば強い発光強度を得られるのでなく，ある濃度以上では逆に発光が減少していく現象を，濃度消光（Concentration Quenching）と呼ぶ。この理由は，直感的に次のように考えられる。濃度が低いときには各不純物が孤立していて，それぞれが独自に図1の配位座標モデルに従って吸収・発光をするため，数が多くなると加え合わされ発光強度は増える。しかし，濃度が増し不純物間の距離が近くなると，光を吸収して励起状態に上がった電子は，基底状態へ落ちるよりもすぐ隣の不純物原子の励起状態へ移り，更に隣の原子の励起状態へと次々と移動していくため基底状態へ移って光放出する数が減少して発光が減るためである。

第 2 章　高効率太陽電池を作成するための材料・技術

　　また，不純物の濃度が増せば結晶格子にとって異物が多くなるため格子歪みが増え，原子欠陥が生まれてそのエネルギー準位が作られ，吸収した光エネルギーがそちらへ移動して発光が減少することが考えられる。

　　一方，色素などの有機分子の中の電子では，一つの分子の励起準位間の差と，濃度が増え接近した別の分子の基底状態から励起状態へのエネルギー差が近い場合に，前者のエネルギーが後者の吸収エネルギーへ使われる「交差緩和」，もしくは「共鳴エネルギー移動」と呼ぶ現象が生じ発光が減少する。また，色素の場合，もともと吸収帯と発光帯が非常に近く，それらの裾で重なっている場合が多いが，濃度が高くなるとバンド幅が更に広がり，蛍光の再吸収が増えて発光強度が低下する現象を導く。

1.3 「波長変換方式」太陽電池の実際
1.3.1 原理と構成

　　図 2 に太陽光の光子数分布と太陽電池の受光感度スペクトル，蛍光体として希土類の一つ Sm（サマリウム）の吸収と発光スペクトルを与えた。すぐ分かるように，希土類の主発光波長が太陽電池の分光感度の高い波長領域であることが望ましいから，ここでは発光波長は，a-Si 太陽電池の場合は 550 nm を中心として 450〜650 nm の間，CdS/CdTe 電池（CdS の窓付き CdTe 電池）の場合は 550 nm 以上にあるのが適切である。一方，希土類の吸収波長については，太陽電池の分光感度が低く，太陽光の光子分布では光子数が多い波長領域に存在していることが望まし

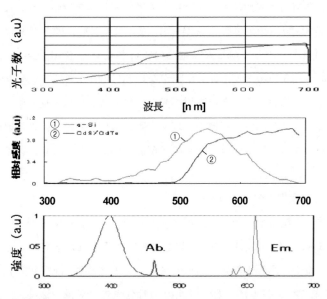

図 2　最上図から，太陽光の光子数分布，及び a-Si, CdS/CdTe 太陽電池の相対的な分光感度と，希土類 Sm の Ab（吸収），Em（発光）のスペクトル

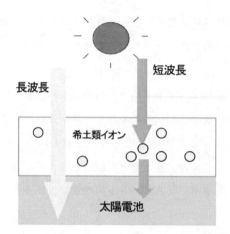

図3 希土類の波長変換を利用した太陽電池の構造模式図。太陽光の短波長領域を希土類イオンが吸収，長波長側に発光して電池に入る。長波長領域は蛍光体層をそのまま通過して電池に入る。

いために，a-Si，CdS/CdTe 両太陽電池とも 380〜430 nm 付近に吸収帯を持つ希土類が適切である。

実際に作製する太陽電池は，希土類イオンを含む蛍光体の薄膜を作成し太陽電池の表面に載せる形態をとる。図3に示すように，太陽光分布スペクトルの内，長波長光は薄膜を透過させ，短波長の光は希土類の波長変換効果により分光感度の高い長波長の光に変換させることによって太陽電池の光電変換効率を向上させる。

ところで，どの太陽電池の表面にも，空気に近く低い屈折率を持つガラスなどの透過度の高い材料が無反射（Anti-Reflection，略して AR）膜，或いは反射防止膜として付与されている。即ち，通常の半導体材料を利用している太陽電池の屈折率 n_s は，空気（n=1）に比べ非常に大きく，例えば Si では n_s=3.5〜6.0 であり，AR 膜がなければ 30〜50% の大きい反射損失を与える。これは，屈折率の小さい物質から大きい物質へ光が入射する際には全反射する角度が大きくなるためである。従って，上述した波長変換の原理を実際に応用するには，無反射膜に希土類をドープして蛍光無反射膜とするか，或いは，本来の無反射膜の他に新たに蛍光体膜を付加する方法をとることになる。

1.3.2 蛍光体薄膜と太陽電池の波長整合

波長変換を利用する太陽電池にとって，蛍光体の発光波長と使用する太陽電池の分光感度の整合が非常に大切である。例えば CdS/CdTe 太陽電池に搭載された $KMgF_3$:Sm 結晶薄板の場合，図4に示すように太陽光の紫外光部分を吸収して，主として 565，605，694 nm 付近の線スペクトルで発光する蛍光スペクトルは，太陽電池の相対分光量子効率（波長 550 nm での最大値を 1.0 とした相対的な分光感度に相当）がほぼ 1.0 の波長領域（550〜800 nm）に十分入っているの

第2章　高効率太陽電池を作成するための材料・技術

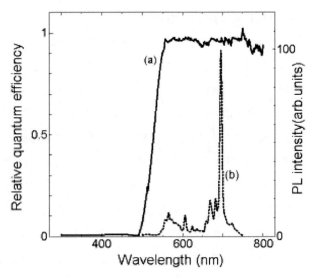

図4　CdS/CdTe 太陽電池の（a）相対分光量子効率（b）KMgF$_3$：Sm（0.8 mol%）結晶薄板の PL スペクトル（励起波長 324 nm）

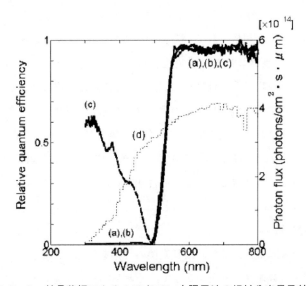

図5　KMgF$_3$：Sm 結晶薄板による CdS/CdTe 太陽電池の相対分光量子効率の変化（a）CdS/CdTe 太陽電池のみ，（b）pure　KMgF$_3$ 結晶薄板（2 mm）を付着したとき，（c）KMgF$_3$：Sm（0.8 mol%）結晶板（2 mm）を付着したとき，（d）基準太陽光の光子密度。300〜500 nm の波長領域において（a），（b）では感度が全くないが，（c）では，大きく新しい感度領域が現れている。

で，整合が良く取れている。このとき，太陽電池のみの場合や全波長領域で透過する KMgF$_3$ 単結晶板を載せた場合に感度のなかった波長領域 300〜500 nm に，Sm をドープした KMgF$_3$：Sm 単結晶薄板を載せると図5に見られるように大きく新しい感度領域が現れている。

1.3.3 有機ポリマーの紫外線による劣化と対策[11]

1.2.1に述べたように，波長変換膜としての色素ドープ有機蛍光体の媒質には，EVA，PVBのほかにPMMA，PC（PolyCarbonate），PS（PolyStyrene）等が用いられた。これらは安全ガラスの中間膜としてよく用いられ，太陽電池と保護ガラスとの安定な接着剤としても使われる。屈折率が1.5～1.6と小さく，透過度は90%以上と波長変換膜としての光学特性が優れている。しかし，最大の問題点はこれら有機ポリマーが，色素にも共通することだが，エネルギーの大きい紫外線によって透明性が減少して褐色を帯びてきて劣化することであり，ここではこの問題について記しておこう。

一般に，紫外線に対して安定な無機蛍光体に比べて有機蛍光膜の場合，劣化特性が問題になる。従って紫外線を含む太陽光から発電を行なうPVモジュールに応用する際，ポリマー膜の劣化問題は重要であり，更に接着剤としての劣化は膜の不透明化につながり，モジュールの発電電力の低下をもたらす。しかし，正確な劣化特性を評価するには，長い時間（数百日以上[12]）が要求され，本研究では劣化特性の評価までは至っていない。関連するポリマーの劣化特性に関しては，EVA，PVBポリマーを接着剤として充填したスーパーストレート型PVモジュールの屋外使用における接着剤の劣化特性が報告されている。その中で，EVA樹脂に関しては光酸化過程[13～15]が，本研究で用いたPVB樹脂に関しては電極材料であるAgイオンの拡散に起因する透過度劣化[15]が報告されているが，PVB樹脂自身の光化学反応による劣化は報告されていない。また，太陽光，特に紫外光に対する有機ポリマーの構成分子の結合エネルギーに関する考察まで至っている研究はこれまであまりない。実際には，多くの有機分子に含まれるC–O，N–H，C–C，C–O，C–N，N–H（hydrazine）などの結合の解離エネルギーは波長400 nm以下の紫外線のエネルギーより小さいので，紫外線により解離される可能性が高い。

1.4 変換効率向上の結果

これまで，波長変換太陽電池，即ち，波長変換の役割を持たせた蛍光体を搭載した太陽電池の変換効率向上の実例を多数述べてきた。ここではそれらの結果を無機単結晶に希土類をドープした薄板と，有機物に希土類，または色素をドープした蛍光膜に分けて一覧にまとめてみよう。

まず，図6に太陽電池特性（I–V，P–V特性）システムの写真と，PVB:Rh 6 G薄膜を付加したCdS/CdTe太陽電池にソーラーシミュレーターからの光を照射した場合の写真を示した。波長変換太陽電池は，太陽光の下できれいな黄色発光を示す。ここで，波長変換太陽電池による変換効率の向上は太陽電池そのものを改良して得られるのでなく波長変換膜を付加することによって得られるので，短絡電流の増加がその主因となる。

特性システムを用いて測定した結果を以下に示す。表1に，ホストの無機フッ化物に希土類の

第 2 章　高効率太陽電池を作成するための材料・技術

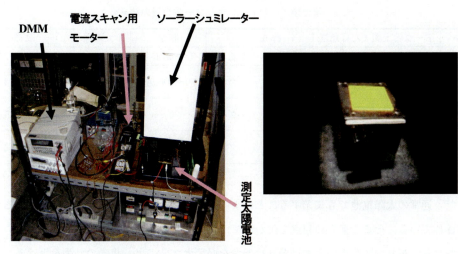

図 6　写真左：太陽電池特性（I-V，P-V 特性）測定システム。ソーラーシミュレーターからの光を測定する太陽電池に照射し，固定電源に並列に入れた抵抗をスキャンして発生する電圧と流れる電流を DMM（デジタルマルチメーター）で測定して PC に取り込む。更にそこで I×V＝P を計算して P-V 特性を得る。
写真右：PVB：Rh 6 G 薄膜を付加した CdS/CdTe 太陽電池にソーラーシミュレーターからの光を照射した場合の写真。発光は黄色になる。

表 1　希土類ドープ無機蛍光体の結果

ホスト	希土類	太陽電池	改善率*
CaF_2, BaF_2	Eu^{2+}	a-Si, p-Si	$+8\sim45\%$**
$Ca_xSr_{1-x}F_2$	Eu^{2+}	a-Si, p-Si	$+1\sim3\%$
BaF_2	Tb^{3+}	CdS/CdTe	$+1\%$
$KMgF_3$	Sm^{2+}	a-Si	$+3\%$
	Sm^{2+}	CdS/CdTe	$+5.2\%$

＊改善率は，ドープしてないホストのみに対する変換効率の比率
＊＊集光結果

Eu^{2+}，Tb^{3+}，Sm^{2+} の各種をドープした蛍光体を a-Si，p-Si，CdS/CdTe 太陽電池それぞれに搭載させた波長変換太陽電池を試し，得られた変換効率の改善率を与えた。蛍光体の形態は単結晶であり，厚さが 1～2 mm でそれぞれの結晶の碧開面でカットし，テスト太陽電池の表面を出来るかぎり覆うような面積を切り出した。ここで 1% の改善率とは，例えば 10% の変換効率を持つ太陽電池が蛍光体の付加によってその変換効率が 10.1% 上昇したことを意味する。また，波長変換効果によって，10% の効率を 1% 上げて 11% にするためには，改善率が 10% なければならないことになる。この表のグループでは，CaF_2，BaF_2 に Eu^{2+} をドープした蛍光体を載せた a-Si，p-Si 電池において最大 8% の改善率を得ている。更にこの場合に，ソーラーシミュレーターの光をレンズを使い集光して電池に照射して測定し改善率を見積もったところ，45% に

表2 希土類／色素ドープポリマー蛍光膜の結果

ホスト	ドープ希土類または色素	作成方法	膜厚	太陽電池	改善率
EVA	Eu^{2+}, Tb^{3+}, Dy^{3+}	スピンコート法	3～5μm	CdS/CdTe	max +1.7%
PVB, PMMA	Rh 6 G	キャスティング法	70～100μm	CdS/CdTe	+11%
PVB	Coumarin 153	キャスティング法	5～20μm	p-Si	+5.6%
PVB	Coumarin 6 + Rh 6 G	キャスティング法	10μm	CdS/CdTe	+13%

上昇した。通常の太陽電池でも集光することによって大幅に変換効率を上げることができることが報告されている。そこで集光の利点を生かして、いわゆる集光型太陽電池が製作されているが、集光系がフレネルレンズを用いた大掛かりな架台を必要とすること、集光の効果を上げるためには一日の太陽光の方向に直角にレンズ面を設定できる太陽光追尾装置を別に設置しなければならないこと、そして集光による熱効果で太陽電池の温度が上がり、冷却設備が必要なことなど、それらの分だけエネルギーとコストがかかることになる。

次に、有機物ポリマーに希土類または色素をドープした蛍光膜を、CdS/CdTe, p-Si 太陽電池それぞれに搭載させた場合の結果を表2に示す。ホスト及びドープ材料を含んだホストは溶剤に溶かして液状のものから溶融石英板上に膜として付着させるので、その作成方法と膜厚がそれぞれ与えられている。最も改善率が高かったのは、PVBに二種の色素；Coumarin 153, Rh 6 G を同時にドープした膜をCdS/CdTe電池に載せた結果の13%であった。これは前者の色素からの発光を後者が吸収し、その発光がCdS/CdTeセルの高い分光感度領域に完全に入れることが出来るためである。

それでは、波長変換方式で得られる理論的な変換効率の向上限界はどの程度であろうか。基本的には、太陽光の短波長成分を蛍光体を使って長波長成分へ変換する際に、その割合は量子効率分だけ減少するので、減少した分を太陽電池の感度の高い部分が凌駕すること、更に、太陽電池の感度が短波長まで及んでいる（a-Si, p-Si セルなどの）場合には、太陽光の短波長成分が太陽電池の感度の低い部分で差し引かれ、変換される長波長成分が減少することも考慮する必要がある。そこで、太陽光の光子数分布は図5からの数値データを使い、発光については吸収領域では漏れなく蛍光体に吸収され内部量子効率が1.0で発光波長領域に変換されるとし、膜層内での反射と多重散乱による損失を無視する、という理想的な条件を使うと、変換効率の改善率は最大で22.8%という数値が得られる。

第 2 章　高効率太陽電池を作成するための材料・技術

1.5　おわりに

　希土類や色素の高い蛍光特性を利用した波長変換太陽電池の原理と実際，そして実験結果，考察についてごく短い章節で述べてきた。従って筆者として説明が行き届かない点もあったような気がするが，詳しい説明は最近出版された拙著[16]を参照してもらいたい。蛍光体と波長整合する太陽電池のリストも表でまとめられている。ここで示した二種類の蛍光活性物質について，希土類ではブラウン管カラーTVの発光体や固体レーザーの発光ロッド，色素では色素レーザーとして利用されている。ちなみに，希土類を太陽電池へ応用した技術はこの「波長変換太陽電池」が初めてである。色素の応用については，よく知られている「色素増感太陽電池」があるが，蛍光体としての応用は最初の試みである。

　現在の太陽電池の技術水準の観点から，将来の飛躍的な民生用太陽電池の普及を目指すならば，現段階での家庭用で 12～18% の変換効率はあまりにも低いレベルにあり，この点では，大学，メーカー等の研究者の努力によるイノベーティブな発明によって，望むべくは現在の 2 倍程度の変換効率を持つ超高効率太陽電池を大量生産による低価格な形態で提供できなければならないだろう。その際にもここで述べた波長変換方式の技術は，達成された超高効率を更に一回り増やせる技術として利用される価値は十分にある。

　おわりに，研究開発に関しては，著者の研究室の多くの博士，修士，学部学生の協力と，多くの企業から関心を得てご協力頂いたことに感謝したい。

文　　献

1) R. Nakata, N. Hashimoto, K. Kawano, *Jpn. J. Appl. Phys.*, **35**, L 90-L 93 (1996)
2) 河野勝泰，"希土類利用太陽電池の可能性"，日本ビジネスレポート編集部，技術予測レポート　第 2 巻，エネルギー・地球危機への対応技術編，分担執筆，pp. 201-210 (2000)
3) 河野勝泰，"希土類を利用した高効率太陽電池の開発"，月刊エコインダストリー，シーエムシー出版，pp. 12-19 (平成 12 年 11 月)
4) 河野勝泰，中田良平，「受光素子」，特許第 3698215 号，登録 (2005.7.15)
5) 河野勝泰，"各種部材から見た蛍光膜の波長変換方式による高効率化技術"，山口真史編，「太陽電池と部材の開発・製造技術」，第 5 章，第 3 節，情報機構，pp. 334-350 (平成 22 年)
6) 足立吟也編著，「希土類の科学」，第 7, 8, 32 章，化学同人 (1999)
7) S. Cotton 著，足立吟也，日夏幸雄，宮本量訳，「希土類とアクチノイドの化学」，第 5 章，pp. 100-106，丸善，東京 (平成 20 年)
8) 足立吟也監修，「希土類の機能と応用」，第 4 章，シーエムシー出版 (平成 18 年)

9) 松本和子,「希土類元素の化学」, 第 8, 9 章, 朝倉書店（平成 20 年）
10) 上村洸, 菅野暁, 田辺行人,「配位子場理論とその応用」, 第 8, 11 章, 裳華房（昭和 44 年）
11) 洪炳哲,「波長変換素子を用いた太陽光の分布変換による CdS/CdTe 太陽電池の特性向上」, 博士学位論文, 電気通信大学（平成 16 年 3 月）
12) W. Holzer, H. Gratz, T. Schmitt, A. Penzkofer, A. Costela, I. Garcia-Moreno, R. Sastre, F. J. Duarte, *Chem. Phys.*, **256**, pp. 125-136（2000）
13) D. Berman, D. Faiman, *Solar Energy Mater. Solar Cells*, **45**, pp. 401-412（1997）
14) P. Klemchunk, M. Ezrin, G. Lavigne, W. Holley, J. Galica, S. Agro, *Polymer Degradation and Stability*, **55**, pp. 347-365（1997）
15) F. J. Pern, *Polymer Degradation and Stability*, **41**, pp. 125-139（1993）
16) 河野勝泰,「波長変換太陽電池の開発」, 情報機構, 平成 22 年 10 月

2 ゾル-ゲル法を利用した太陽電池用波長変換フィルムへの応用

福田武司*

2.1 はじめに

　希土類元素は周期律表の第3族に位置しており，スカンジウムやイットリウム，ランタンからルテニウムまでの全17元素から構成されるグループである。また，希土類はレアアースと呼ばれ，携帯電話やパソコンなどの電子機器・部品に幅広く利用されている。希土類元素を含有する材料は，光学の分野でもネオジウムドープのイットリウム・アルミニウム・ガーネット（Nd：YAG）レーザーやエルビウムドープファイバーアンプ（EDFA：Erbium Doped Fiber Amplifier）などで既に実用化されている。前者は加工や光学測定用に幅広く利用され，後者は光ファイバ網を世界中に構築するためになくてはならない存在となっている。また，希土類元素を用いた蛍光体も白色LED（Light-Emitting Diode）[1,2]やプラズマディスプレイ[3,4]などへの応用を目指して幅広く研究が進められている。例えば，セリウムドープのYAGは青色光を吸収して緑色の発光を示すことから，青色LED（Light-Emitting Diode）と組み合わせることで疑似的な白色光を得ることができる。最近では，白色LEDを利用した一般照明も広く製品化されており，今後大きな市場を形成していくと期待されている。

　白色LED用の蛍光体としては，窒化物や酸窒化物の無機蛍光体が広く用いられているが[1~4]，中心にEu^{3+}イオンを有したEu錯体も優れた光学特性を有することが知られている[5~7]。Eu^{3+}イオンは単体では微弱な発光しか示さないが，図1のようにEu^{3+}イオンに有機配位子を結合させることで，紫外光に対する吸収を増大させ，かつ高い効率の赤色発光を示すことが知られている。これは，有機配位子が振動励起失活過程を抑制するために，有機配位子からEu^{3+}イオンへのエ

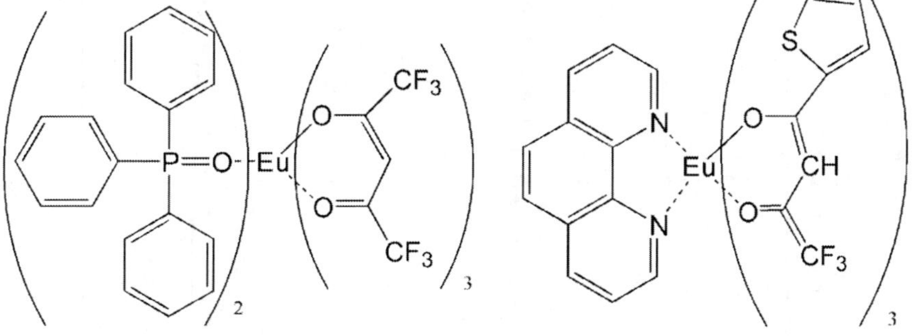

Eu(HFA)₃(TPPO)₂　　　　　　Eu(TTA)₃phen

図1　各種Eu錯体の分子構造

---

*　Takeshi Fukuda　埼玉大学　大学院理工学研究科　物理機能系専攻　助教

ネルギー輸送効率が向上したためである。また，分子構造の異なる2つの有機配位子でEu^{3+}イオン周囲の配位環境を非対称にすることで，有機配位子からEu^{3+}イオンへの電子遷移過程を増大させることも可能である。

このようなEu錯体の一例として，図1に分子構造を示すtris (2-thenoyltrifluoroacetonato) (1,10-phenanthroline) europium (III) (Eu(TTA)$_3$phen) や (bis-triphenylphosphine oxide) (tris-hexafluoroacetylacetonato) europium (III) (Eu(HFA)$_3$(TPPO)$_2$) などが高い発光効率を実現している。例えば，Eu(HFA)$_3$(TPPO)$_2$ではtriphenylphosphine oxideの嵩高いフェニル基によって配位環境を非対称にしており，hexafluoroacetylacetonatoの部分で振動励起失活過程を抑制している。つまり，有機配位子で吸収した紫外光のエネルギーが効率的にEu^{3+}イオンの発光に用いられる。そのため，紫外光の照射により80%程度の高いフォトルミネッセンス (PL: Photoluminescence) 量子収率で鮮明な赤色で発光する。また，図2にEu(HFA)$_3$(TPPO)$_2$の発光及び光励起スペクトルを示す。光励起スペクトルでは400 nm以下の波長体で大きくPL強度が増加していることが分かる。また，発光スペクトルでは612 nmの色純度の高い鋭い発光を示す。つまり，図3に示すような構造を利用することで，シリコン系太陽電池で感度が低い紫外光を赤色に変換することができる。また，赤色に変換された光は太陽電池セルで発電に寄与し，可視光は波長変換フィルムを透過する。そのため，赤色に変換させた分だけ発電に寄与する光量が増加

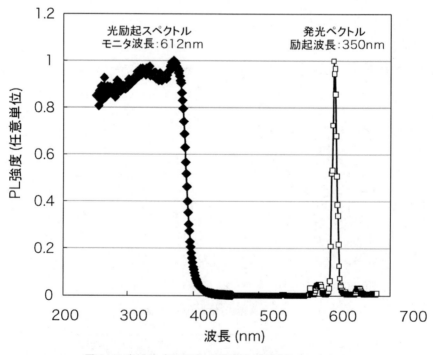

図2 Eu(HFA)$_3$(TPPO)$_2$の発光及び光励起スペクトル

第2章 高効率太陽電池を作成するための材料・技術

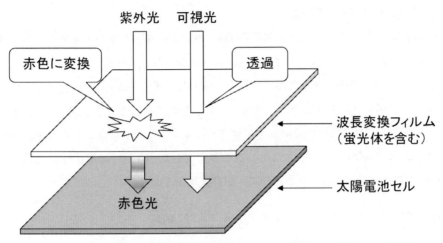

図3 ゾル–ゲルガラスで封止したEu錯体を用いた太陽電池モジュールの概略図

するので，太陽電池モジュールの発電効率が向上する[8,9]。Eu錯体はこのような特長を活かして，近い将来の実用化が期待されている太陽電池用波長変換フィルムといった新しい分野での応用も期待されている。

　Eu錯体に代表される有機錯体は，大気中の酸素や水分に対する耐久性が大きな課題であり[10,11]，本格的な普及には至っていないのが実情である。Eu錯体は中心にEu^{3+}イオン，その周囲に有機配位を有した構造をしており，有機配位子の結合力は無機材料と比較して弱い。そのため，大気中での紫外線照射[10,11]や高温での熱処理[12,13]によって発光特性が急速に劣化してしまう。この課題を解決するために，ゾル–ゲル法を利用してEu錯体の周囲を酸素や水分を遮断する無機材料の封止膜で覆う手法が広く研究されている[12〜18]。有機配位子の結合エネルギーは紫外光のフォトンエネルギーよりも大きいので，真空中で紫外線照射しても発光特性の劣化は見られない。しかし，水分や酸素がある大気中でEu錯体に紫外光を照射すると有機配位子の分子構造が変化して，発光効率が徐々に減少していく。太陽電池用波長変換フィルムは大気中で連続的に太陽光が照射されるので，実用化に向けてはこの課題を解決する必要がある。また，炎天下では野外に設置してある太陽電池モジュール表面は80℃近い高温になることもあるので，白色LEDよりも桁違いに高い信頼性が求められてくる。

　本章では，ゾル–ゲルプロセスの原理と太陽電池用波長変換フィルムに最適なEu錯体の封止についての技術を紹介する。また，ゾル–ゲルガラスで封止したEu錯体の光劣化特性や耐熱性に関する具体的な実験データを示し，Eu錯体の長期信頼性向上にゾル–ゲルシリカガラス封止が有効であることを示す。

2.2 ゾル–ゲル法の原理と作製方法

ゾル–ゲル法は，金属アルコキシドや有機溶媒，水，触媒などを混合・熱処理するだけというシンプルなプロセスでガラスなどの無機材料を作製可能である。そのため，古くからシリカガラスや酸化チタンなどの無機材料を低温合成する手法として幅広く研究開発が進められてきた。最も代表的なゾル–ゲルプロセスであるシリカガラスの形成は下記のような反応で行われる[19,20]。最初に，ゾル–ゲルプロセスの出発溶液中に含まれる水によってシリコンアルコキシドが加水分解反応を起こし，$Si(OH)_4$ が生成される。ここで生成した $Si(OH)_4$ は反応性に富み，②に示した化学反応で重合して SiO_2（シリカガラス）が形成される。

$$nSi(OC_2H_5)_4 + 4nH_2O \rightarrow nSi(OH)_4 + 4nC_2H_5OH \qquad ①$$

$$nSi(OH)_4 \rightarrow nSiO_2 + 2nH_2O \qquad ②$$

上記の一般的なゾル–ゲルプロセスでは 850℃ を超える熱処理を行うことでシリカガラスの形成が可能である。通常の溶融を利用したシリカガラスの形成が 1000℃ を超える高温が必要であることを考えると，ゾル–ゲル法を利用することで低温でのシリカガラスの形成ができることが分かる。

ゾル–ゲルプロセスではシリカガラスの Si と O のネットワーク中に有機成分が含有した状態で固体化も可能であるという優れた特徴を有している。そのため，ゾル–ゲルプロセスの出発溶液中に含まれる水や有機溶媒が蒸発する温度である 100℃ 程度でも十分シリカガラスネットワークが形成できる。ゾル–ゲル法を利用した Eu 錯体の封止は，この低温プロセスが可能であるという特徴を活用した手法である。図4に示すようにシランアルコキシド，水，有機溶媒，触媒などを一定の割合で混合させ，一定時間の撹拌をすることで出発溶液をゲル化する。その後，キャスト法やスピンコート法，ディップコート法などの手法を用いて，基板上にゲル化した溶液を成膜

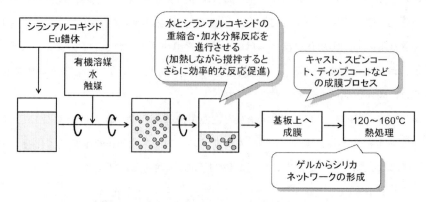

図4　Eu 錯体を含有するゾル–ゲルガラス薄膜の作製プロセスの一例

第 2 章　高効率太陽電池を作成するための材料・技術

する。ここで，出発溶液中に Eu 錯体を混入させると，Eu 錯体の周囲にシリカガラスが被覆された蛍光体が形成される。また，ゾル–ゲルプロセスでは，出発溶液の組成や撹拌時間，熱処理温度などを変化させることで，形成されるゾル–ゲルシリカ封止 Eu 錯体の形状や長期信頼性が変化する。そのため，ゾル–ゲルプロセスを最適化することで高い長期信頼性を有するゾル–ゲルシリカ封止 Eu 錯体を作製することが可能になる[12~18]。また，最近では数百 kPa から数 MPa 程度の高圧下での熱処理（ソルボサーマルプロセス）によってゾル–ゲルプロセスの加水分解・重縮合反応を効率的に進行させることで，高い封止性能を有するシリカガラスの成膜にも成功している[21]。

2.3　ゾル–ゲル法で封止した Eu 錯体の特性

　ゾル–ゲル法では出発溶液の組成を変化させることで，基板上への直接薄膜の成膜[17~19]や微粒子を形成可能[10,21]である。太陽電池用波長変換フィルムへの応用には両者の形状を用いることができる。例えば，微粒子型のゾル–ゲルガラス封止 Eu 錯体を波長変換フィルムに用いた太陽電池モジュールでは Eu 錯体の添加量に応じた発電効率の向上が実現している[9]。しかし，レイリー散乱による可視光の散乱の影響が大きく，Eu 錯体の添加量の増加に伴う可視光透過率の減少が見られる。これを防ぐためには，可視光に対するレイリー散乱の影響が無視できる 100 nm 以下の微粒子化が必要となってくる。ゾル–ゲル法では作製条件を最適化することで数十 nm 程度の微粒子化は可能であるが，凝集性の制御が困難であり，実用化へは解決すべき課題も多い。それに対して，基板上に直接薄膜を形成する手法では可視波長域での吸収がない透明な薄膜を形成することで散乱損失の影響は限りなく無視できる程度まで低減できる。そこで，ここでは Eu 錯体を用いた透明波長変換フィルムの直接形成及びその信頼性を中心に紹介する[18]。

　薄膜型のゾル–ゲルガラスを直接成膜するためには，シランアルコキシドとして phenyltrimethoxysilane（PTMS）と diethyldimethoxysilane（DEDMS）を混合したものを用いる手法が用いられている[17,19]。ここで，PTMS は剛直な立体構造を有するフェニル基が含まれているが，ポリマー状の DEDMS を混合することで，熱処理中のクラック発生を抑制できる。その一例として，図 5(a)，(b)，(c)にシリコンアルコキシドとしてそれぞれ PTMS：DEDMS, tetramethoxysilane（TMOS）：DEDMS, TMOS を用いて形成したゾル–ゲルガラス封止 $Eu(HFA)_3$(TPPO)$_2$ 薄膜の光学顕微鏡写真を示す[18]。この結果から明らかに，PTMS：DEDMS を用いた場合にクラックがない透明性の高い薄膜の形成に成功していることが分かる。また，シリコンアルコキシドに TMOS：DEDMS を用いた場合では黒い物体は多数形成された。ここで用いた $Eu(HFA)_3(TPPO)_2$ が PTMS に対して可溶性であるのに対して，TMOS には溶解しない。そのため，図 5（b）に観測された黒い物体は，熱処理時に有機溶媒が蒸発する過程で $Eu(HFA)_3$

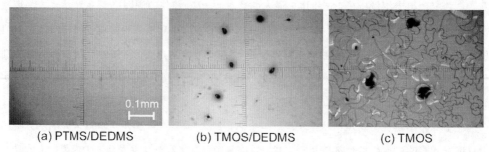

図5 シリコンアルコキシドを変化させて作製したゾル-ゲルガラス封止 Eu(HFA)$_3$(TPPO)$_2$ 薄膜の光学顕微鏡写真

(TPPO)$_2$ が凝集したものであると推測される。一方，図5（c）に示したように TMOS のみを用いた場合では熱処理時にクラックが発生してしまい，薄膜化しなかった。これらの結果から DEDMS の追加添加はクラックを発生させずに薄膜を形成することに重要であり，また Eu 錯体を直接溶解するシリコンアルコキシド（PTMS）を用いることで透明な蛍光薄膜が形成できることが分かっている。

図6(a)と(b)にそれぞれ3種類のシリコンアルコキシド(PTMS：DEDMS, TMOS：DEDMS, TMOS)を用いて封止した Eu(HFA)$_3$(TPPO)$_2$ の発光及び光励起スペクトルを示す[18]。ここで，発光スペクトル測定時の励起波長は 350 nm，光励起スペクトル測定時のモニタ波長は 612 nm である。

発光スペクトルはいずれのサンプルでも 612 nm 付近のスペクトル幅の狭い赤色発光を示した。この赤色発光は，Eu^{3+} イオンの $^5D_0 \rightarrow ^7F_2$ の遷移に対応するものであり[15]，シリコンアルコキシドの変化に対する発光スペクトルの明確な依存性は観測されなかった。それに対して，光励起スペクトルではシリコンアルコキシド依存性が観測される。一般的に Eu 錯体は紫外光照射時の分子振動による励起子失活の抑制を行うことで高効率な発光を実現している。そのため，隣り合う Eu 錯体間の距離や Eu 錯体の周囲のゾル-ゲルガラスの状態によって光励起スペクトルが変化することが知られている[18]。透明な薄膜の形成が可能な PTMS：DEDMS を用いた場合には 300〜400 nm で幅広い光励起スペクトルを示しており，この結果は太陽電池用波長変換フィルムに重要な紫外光を効率的に赤色に変換できることを示している。つまり，この波長変換フィルムを図3のようにシリコン太陽電池の上に形成することで，シリコン太陽電池で発電に寄与していない紫外光を赤色に変換して，発電効率の向上に寄与できる。

太陽電池は直射日光照射下の状態で 20 年以上もの優れた長期安定性が要求される。つまり，太陽電池用波長変換フィルムやそれに用いる蛍光体に対しても同様の長期信頼性が求められてくる。Eu 錯体に含まれる有機配位子の結合エネルギーは太陽光に含まれる紫外線のフォトンエネ

第2章 高効率太陽電池を作成するための材料・技術

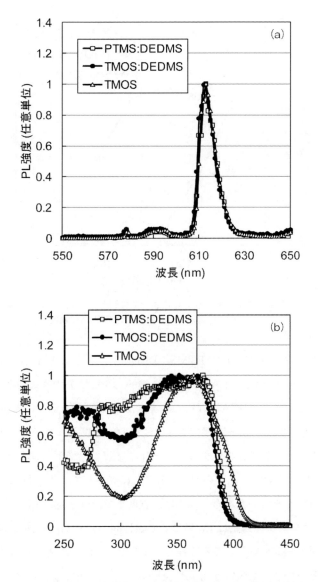

図6 シリコンアルコキシドを変化させて作製したゾル-ゲルガラス封止 Eu(HFA)$_3$(TPPO)$_2$ 薄膜の (a) 発光スペクトルと (b) 光励起スペクトル

ルギーよりも大きいので，単純に紫外線の照射や熱処理だけでは発光効率は変化しない。しかし，大気中の酸素や水分が存在する条件下では，光照射や高温での熱処理によって発光特性が急速に低下する。これは，一般的な無機蛍光体の相互作用の強い結晶構造を有しているのに対して，Eu錯体は有機分子の結合であることが最も大きな要因である。そこで，以下ではゾル-ゲルプロセスを利用した Eu(HFA)$_3$(TPPO)$_2$ の耐熱性や光劣化特性を評価して，太陽電池用波長変換フィルムに用いるための基礎的なデータを紹介する。

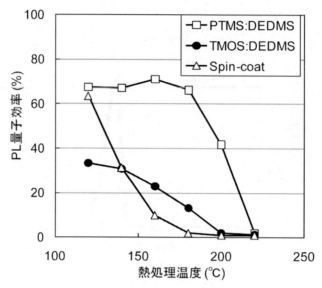

図7　シリコンアルコキシドを変化させて作製したゾル-ゲルガラス封止
Eu(HFA)$_3$(TPPO)$_2$薄膜のPL量子効率の熱処理温度依存性

図7にシリコンアルコキシドとしてPTMS：DEDMSもしくはTMOS：DEDMSを用いて作製したゾル-ゲルガラス封止Eu(HFA)$_3$(TPPO)$_2$薄膜のPL量子効率の熱処理温度依存性を示す[18]。また，比較のためにEu(HFA)$_3$(TPPO)$_2$をテトラヒドロフランに希釈したスピンコート膜の結果も併せて示す。スピンコート膜では140℃の熱処理によって急激にPL量子効率が減少して，160℃ではほとんど発光しなくなった。それに対して，ゾル-ゲルガラス封止したサンプルでは熱処理後のPL量子効率の低下を抑制することに成功している。特に，シリコンアルコキシドにPTMS：DEDMSを用いた場合には180℃程度までほぼ一定のPL量子効率を示した。このことから，ゾル-ゲルガラス封止はEu錯体の耐熱性向上に有効な手法であることが分かる。また，太陽電池モジュールを組み立てる工程を考えると，150℃程度の耐熱性を有することが必要となってくる。そのため，太陽電池用波長変換フィルム用途ではゾル-ゲルプロセスを利用した耐熱性の向上が重要な技術になってくる。

図7に耐熱性の結果を示したゾル-ゲルプロセスでは，有機溶媒にエタノールを用いているが，エタノールの代わりに重水素化メタノールを用いることで更に耐熱性が向上することも報告されている[15]。過去の研究の成果として，Eu錯体の有機配位子が重水素化することで振動失活を抑制できることが知られている[22]。つまり，ゾル-ゲルプロセスの出発溶液に重水素化メタノールを加えることでEu錯体の一部が重水素化して耐熱性の向上が実現したと考えられる。このように，Eu錯体の耐熱性を向上させるためには，熱振動をゾル-ゲルガラスで抑制することが重要であり，今後ゾル-ゲルガラスの更なる最適化で実用レベルの高い耐熱性の実現が期待される。

第 2 章　高効率太陽電池を作成するための材料・技術

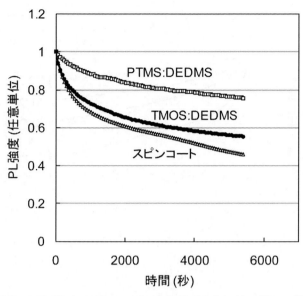

図 8　PTMS：DEDMS や TMOS：DEDMS を用いてゾル-ゲルガラスで封止した
Eu(HFA)$_3$(TPPO)$_2$ 薄膜に紫外光を連続照射したときの PL 強度の経時変化

　太陽電池用波長変換フィルムに用いる蛍光体に対しては光劣化特性の抑制が要求される。そこで，図 8 に PTMS：DEDMS や TMOS：DEDMS を用いてゾル-ゲルガラスで封止した Eu(HFA)$_3$(TPPO)$_2$ 薄膜に紫外光を連続照射したときの発光強度の経時変化を示す[18]。スピンコート膜よりも 2 種類の条件でゾル-ゲルガラス封止を行った Eu(HFA)$_3$(TPPO)$_2$ 薄膜は光劣化特性が大幅に向上していることが分かる。この結果は，Eu(HFA)$_3$(TPPO)$_2$ の周囲に存在するシリカガラスが，紫外線照射時に酸素や水分と有機配位子が反応することを抑制していることを示している。

　図 8 はスピンコート後の熱処理が 120℃ のサンプルの結果を示しているが，光劣化特性の向上のために熱処理温度を変化させた結果を図 9 に示す[18]。この結果は，シリコンアルコキシドに PTMS：DEDMS を用いているが，熱処理温度が 140℃ の場合が最も優れた光劣化特性の抑制が可能であることを示している。一般的に熱処理温度が高い方がゾル-ゲルプロセスで形成されるシリカガラスの有機成分は減少する傾向がある。つまり，熱処理温度が高い方が優れた封止性能を有するシリカガラスが形成でき，光劣化特性が抑制できると結論付けられる。しかし，図 9 の結果は熱処理温度が 160℃ の場合では光劣化特性が悪化する結果となった。これは，Eu(HFA)$_3$(TPPO)$_2$ 自体の耐久性が原因だと推測され，高温での熱処理によって Eu(HFA)$_3$(TPPO)$_2$ の分子構造が変化してしまい，図 9 に示したように光劣化特性が悪化したと考えられる。いずれにしても，熱処理温度や出発溶液の組成などのゾル-ゲルプロセスの最適化を行うことで光劣化特性の抑制も可能であり，今後さらなる封止条件の最適化によって優れた光劣化特性を実現できると

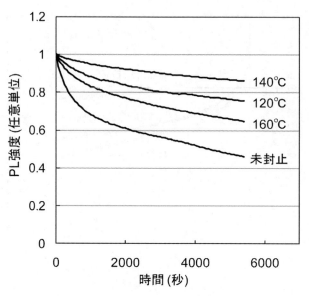

図9 PTMS:DEDMS をシリコンアルコキシドとして用いて作製した ゾル–ゲルガラス封止 Eu(HFA)$_3$(TPPO)$_2$ 薄膜の紫外線劣化特性に熱処理温度が与える影響

期待される。

2.4 おわりに—今後の研究・技術展望—

Eu 錯体は紫外光の励起によって赤色で効率的に発光するために，太陽電池用波長変換フィルムへの応用が期待される。本節では低温プロセスが可能なゾル–ゲル法を用いて Eu 錯体を波長変換フィルムに用いる場合に課題となる耐熱性や光劣化特性の抑制効果を示した。実用化という観点では更なる特性の向上が必要であるが，我々はソルボサーマルプロセスという高圧下での熱処理とゾル–ゲル法を組み合わせた新しい手法で Eu 錯体の長期信頼性の向上を検討している[21]。これらの知見を発展させて，近い将来ゾル–ゲルガラス封止した Eu 錯体を利用した太陽電池用波長変換フィルムを実現できると期待される。

謝辞

本執筆内容は埼玉大学の学生である山内修平氏（現在：出光興産株式会社）が中心になって行ったものであり，ここに感謝の意を示す。また，実験結果の解釈などについて議論した本多善太郎准教授や鎌田憲彦教授にもこの場を借りて御礼申し上げます。

第2章 高効率太陽電池を作成するための材料・技術

文　　献

1) 山元明, 応用物理, 76, 241 (2007)
2) A. M. Srivastava, *Encyclopedia of Physical Science and Technology*, 855 (2004)
3) C. R. Ronda, J. Lumin., 72-74, 49 (1997)
4) C. Ronda, Encyclopedia of Materials: Science and Technology, 8026 (2008)
5) K. Binnemans, *Chem. Rev.*, 109, 4283 (2009)
6) L. D. Carlos *et al.*, *Adv. Mater.*, 21, 509 (2009)
7) Y. Hasegawa *et al.*, *J. Alloys Compd.*, 408-412, 669 (2006)
8) E. K. Klampaftis *et al.*, *Solar Ener. Mater. Solar Cells*, 93, 1182 (2009)
9) T. Fukuda *et al.*, *Opt. Mater.*, 32, 22 (2009)
10) E. Kin *et al.*, *J. Light & Vis. Env.*, 33, 82 (2009)
11) E. Kin *et al.*, *J. Sol-Gel Sci. Technol.*, 50, 409 (2009)
12) E. Kin *et al.*, *J. Alloys Compd.*, 480, 908 (2009)
13) 山内修平ほか, 照学誌, 93, 790 (2009)
14) L. C. Cides da Silva *et al.*, *Micro. Meso. Mater.*, 92, 94 (2006)
15) T. Fukuda *et al.*, *Phys. Stat. Sol. Rapid Res. Lett.*, 3, 296 (2009)
16) A. M. Klonkowski *et al.*, *Opt. Mater.*, 30, 1225 (2008)
17) G. Qian *et al.*, *J. Am. Ceram. Soc.*, 83, 703 (2000)
18) T. Fukuda *et al.*, *Opt. Mater.*, 32, 207 (2009)
19) 作花済夫, ゾル-ゲル法の化学―機能性セラミックスの低温合成―, アグネ承風社
20) 作花済夫, ゾル-ゲル法の応用―光, 電子, 化学, 生体機能材料の低温合成―, アグネ承風社
21) S. Kato *et al.*, *Jpn. J. Appl. Phys.*, in press.
22) T. C. Schwendemann *et al.*, *J. Phys. Chem. A*, 102, 8690 (1998)

3 フォトニック結晶と太陽電池への応用

野田　進*

3.1 はじめに

「フォトニック結晶」は，特定の波長をもつ光が存在できない状態を作り出すことが可能な光ナノ構造材料を意味する[1]。自然界では，例えば，モルフォ蝶の羽が，一種のフォトニック結晶（一次元フォトニック結晶）構造をもち，特定の波長の光の侵入を禁止し，鮮やかな構造色を示す。このようなフォトニック結晶の特徴を様々に活用することにより，太陽電池の光電変換効率の増大にも，大きな寄与が可能になるものと期待される。

以下では，フォトニック結晶の基本について簡単に説明した後，フォトニック結晶の用途や作製方法を述べる。その後，フォトニック結晶をどのように太陽電池へ応用するかについて説明したい。

3.2 フォトニック結晶の基本

フォトニック結晶は，周期的な屈折率分布をもつ光ナノ構造体である（図1）。周期は光の波長程度であり，屈折率が高い部分と低い部分を交互に並べたものである。3次元の周期構造を形成することにより，ある特定の波長域において，全ての3次元方向において，ブラッグ反射が起こり，光が結晶内部に侵入できないようになる。これをフォトニックバンドギャップと呼ぶ。結晶という名前がついているのは，固体の結晶と類似性が高いからである。固体の結晶は，電子の波に対してバンドギャップを形成するが，フォトニック結晶は，光に対してフォトニックバンドギャップを形成する。

フォトニックバンドギャップの中では，光の存在が禁止されるが，その内部に，線状の欠陥を人為的に導入すると，線欠陥に沿って光が伝搬する状態ができる。欠陥を点状にすれば，その点

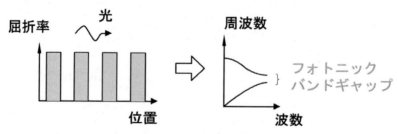

図1　フォトニック結晶の概念図

---

*　Susumu Noda　京都大学　工学研究科　電子工学専攻　教授（兼）光・電子理工学教育研究センター　センター長

第2章　高効率太陽電池を作成するための材料・技術

に光を局在させ，閉じ込めることも可能となる[2]。光閉じ込めの強さを表すQ値は，現在，数100万レベルにも達している[3]。また，フォトニック結晶のバンドギャップが形成されるぎりぎりのところ（フォトニックバンドギャップ端）では，様々な方向へ伝搬する光波が互いに結合し，定在波状態を形成する[4]。言い換えれば，光の群速度が零となる。これは大面積共振器として用いることが可能となる。

3.3　フォトニック結晶の応用例（大面積レーザ）

　上述のようなフォトニック結晶の特性をうまく利用することにより，様々なデバイスへの応用が可能になる（図2）。ナノレーザ，大面積レーザ，超効率LED，スローライト・ストップライトデバイス，さらには量子演算チップなど，次世代光デバイスへの応用が期待され，その実現に向けての研究が盛んである。

　例えば，大面積レーザ（図3）は，フォトニック結晶の性質を極めて有効に利用したものとして注目されている。レーザは通常，面積を大きくすると，多モードになってその動作が不安定になるが，フォトニック結晶の大面積共振作用を用いることにより，フォトニック結晶の面積をいくら大きくしても，単一モードでの発振が維持されると期待される。これは，3.2で述べたように，フォトニックバンドギャップ端において，光の群速度零効果，すなわち，定在波が形成される現象を利用したものである。

　一方，バンド・ギャップでもなく，バンド端でもない波数における分散曲線に着目すると，あ

---

i) フォトニックバンドギャップ・欠陥エンジニアリング
　　フォトニックバンドギャップ：光の存在、発光の禁止
　　線欠陥：局所域での光の伝播 --- ナノ導波路
　　点欠陥：光の局在 --- ナノ共振器
　　　…超小型光ナノデバイス，ナノレーザ，光を止めるチップ，
　　　　量子演算チップ，単一フォトンデバイス，太陽電池等

ii) バンド端エンジニアリング
　　バンド端における定在波状態の形成 --- 大面積光制御
　　　…大面積レーザ、各種非線形応用、太陽電池等

iii) バンドエンジニアリング
　　ユニークな分散特性 --- 光の進行方向の変換，光の速度変換
　　　…高効率LED，光バッファー，分散制御，太陽電池等

図2　フォトニック結晶における様々な光制御と応用

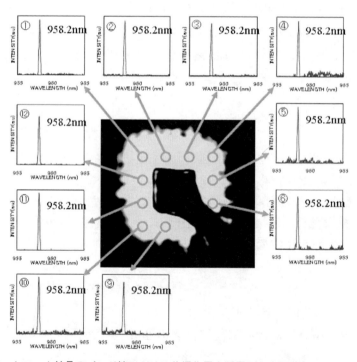

図3　フォトニック結晶のバンド端における共振作用を活用した大面積コヒーレントレーザ

る方向から光を導入した際に，全く異なる方向に光の進路を変化させることも可能になる。また，光の速度を極限的に遅くすることも可能となる。こうした特性は光を自由空間へ効率良く導くことが望まれるLEDや光の遅延回路などへも応用できる。

第 2 章　高効率太陽電池を作成するための材料・技術

3.4　フォトニック結晶の作製技術の進展

　フォトニック結晶の作製技術に関しては，現在では，2 次元結晶開発の進展は著しく，3.2 でも述べたように，共振器 Q 値として，数 100 万レベルにも達するものが実現されるに至っている。一方，3 次元フォトニック結晶に関しては，未だに，その進展は道半ばである。それはサブミクロンレベルの周期構造を 3 次元的に形成することが要求されるためである。ここでは，3 次元結晶の最近の作製技術の進展について簡単に紹介する。

　光波長域の 3 次元フォトニック結晶の形成法の一例を図 4 に示す。イオンエッチングで形成したサブミクロン周期のストライプを井桁状に順に重ねていく手法である[5,6]。まず，ストライプを形成した 2 枚の基板を用意し，基板の表面同士を重ねた後，水素雰囲気中で加熱しウエハ融着する。その後，不要な基板部分を除去し，これを繰り返すことにより，多層構造を形成する。この際，独自の数 10 nm 精度の高度な位置合わせ技術を活用することで，40 dB 以上の光遮断効果をもつ 3 次元結晶が実現されている。この結晶に発光体を導入することにより，発光の抑制や欠陥部分での強い発光効果の観察など（図 5），発光現象の根本制御の可能性もすでに実証されている[7]。

　極最近では，3 次元フォトニック結晶の作製工程を大幅に簡略化できる手法も開発されている。基板に対して斜め 45 度に深いエッチングを 2 回繰り返して行うことで（図 6），一括して，上記のストライプ積層型結晶 8 層分に相当する結晶が形成できることが示された[8]。

3.5　太陽電池への応用

　上記のように，様々な光制御への展開が着実に実証され，最も困難である 3 次元結晶の開発も

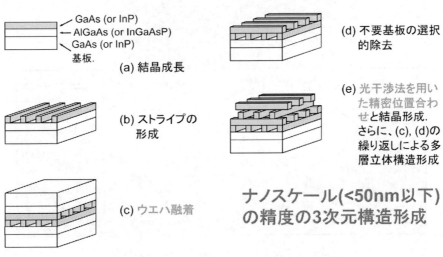

図 4　ストライプ積層法による 3 次元結晶の形成

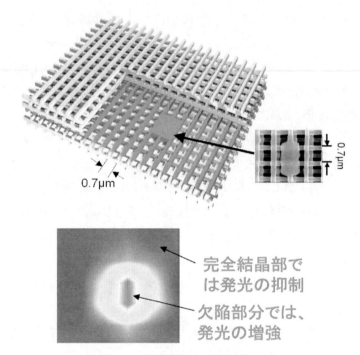

図5　3次元結晶による発光制御

完全結晶部では発光の抑制
欠陥部分では、発光の増強

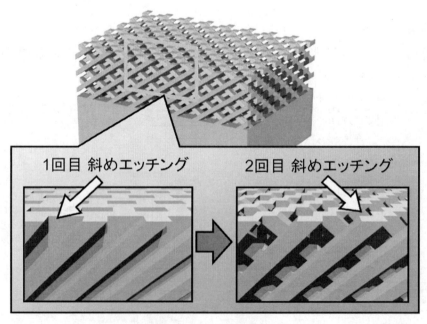

図6　3次元フォトニック結晶の簡便な作製法

第 2 章　高効率太陽電池を作成するための材料・技術

```
1. 吸収された電子・正孔対の不要な発光の抑制
   ―自然放出光制御―
2. 吸収の弱い波長域の共鳴効果による吸収増強
   ―共振作用による吸収増強効果―
3. 光の進行方向の変換、デバイス内への光トラップ
   ―反射鏡、回折格子特性―
4. 黒体輻射の制御とフォトニック結晶効果相乗効果
```

図 7　フォトニック結晶の太陽電池への応用

少しずつ進んでいる中，フォトニック結晶が太陽電池にどのように応用できるかを考察してみたい。現在，考えられるものとしては少なくとも次の4つのものが考えられる。

　(1) フォトニックバンドギャップ効果で電子・正孔の再結合を抑制
　(2) フォトニック結晶の共振作用で光の吸収を増強
　(3) フォトニック結晶の特異な分散効果の活用により光の進行方向を変換
　(4) 黒体輻射そのものを制御（フォトニック結晶効果に加え，電子状態の制御法をも併用）

である（図7）。

3.5.1　フォトニックバンドギャップ効果で電子・正孔の再結合抑制

　これは，光吸収により生成した電子・正孔対が再結合で失われることを防ぐため，フォトニックバンドギャップによる発光抑制効果を利用するものである。太陽電池は，太陽光によって生じた電子–正孔対がpn接合で分離することで電力を生み出すが，電子と正孔が分離される前に，再結合する場合も生じうる。これが発電の損失の一要因になる。再結合の際には発光を伴う過程も存在するため，フォトニック結晶バンドギャップ効果により，再結合による不要な発光を抑制できる可能性がある。

　この効果が最も強く表れるのは，前節で紹介した3次元フォトニック結晶の活用であるが，2次元フォトニック結晶においても，かなり強い効果を生み出すことが期待される。その実証例を示す。まず2次元フォトニック結晶を形成する結晶に，発光波長が一定の発光体を導入する。次に，格子定数を変化させ，発光を抑制する波長域を変化させた2次元フォトニック結晶を複数作製する（図8）。発光波長と2次元フォトニックバンドギャップ波長が異なる場合と一致する場合で，発光時定数を比較した（図9）。その結果，両者の波長が一致する場合に発光寿命が大幅に延びることが分かった[9]。発光と抑制の波長が一致する場合は，基板の水平方向への光の放出が禁止されるため，発光寿命が延びたと言える。

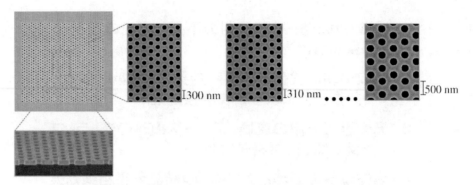

図8　2次元フォトニック結晶による自然放出制御（試料の作製）

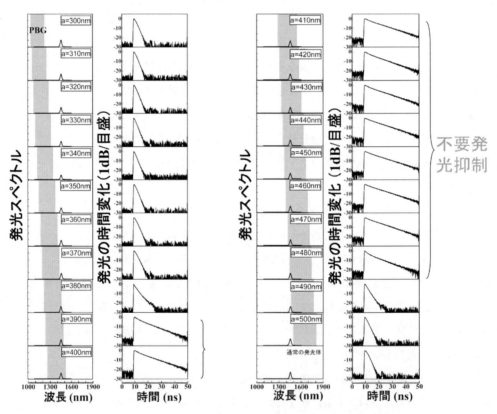

図9　2次元フォトニック結晶による自然放出制御（実験結果）

　以上の効果を太陽電池へと応用する場合は，フォトニックバンドギャップ波長を電子バンドギャップにチューニングし，再結合による光の存在のみを禁止する。これにより，太陽光を受光しながら同時に無駄な発光を抑制する太陽電池を実現できると期待される。ただし，フォトニック結晶の形成による表面再結合の影響については，表面被覆などの工夫を要する。

第2章 高効率太陽電池を作成するための材料・技術

3.5.2 フォトニック結晶の共振作用で光の吸収を増強

光吸収を増強するには，フォトニック結晶における共振作用を利用する。太陽電池の吸収波長の端部では，光の吸収が弱くなる。特に，間接遷移型半導体のSiなどでは，その現象が顕著である。さらに，材料の有効利用を目指して，薄膜太陽電池を形成することを目指す際には，その現象は顕著に表れることになる。このような吸収が減少する波長域での吸収を高めることは，変換効率を高めるために極めて重要である。

フォトニック結晶の共振作用を使って吸収を高めるには二つの手法がある。一つは複合した点欠陥共振器を利用する手法，もう一つはフォトニック・バンド端効果を利用する手法である。欠陥による手法は，フォトニックバンドギャップを形成した基板の中に，欠陥を導入して実現する[10]。入射光がフォトニック結晶の中に作られた欠陥にトラップされ，光吸収が増強される。この場合，受光面積を大きくするため，欠陥を複合していくと同時に，多数の共鳴準位を形成し，多くの入射波長成分に対応させることが重要である。

フォトニック・バンド端効果を利用する方法は，3.3で述べた大面積レーザ応用の逆利用と言える。もともと大面積での共振作用が得られる特徴（図10）をもつため，利用面積が大きく出来るという特徴をもち，極めて興味深い特性が得られる可能性をもつ。これについては，別途，その手法等を報告したい。

3.5.3 フォトニック結晶の特異な分散効果の活用により光の進行方向を変換

入射太陽光の進行方向を変換するには，フォトニック結晶の反射特性や特異な分散関係に基づく回折効果を利用する。一般に，太陽電池に入射した光のうち吸収されなかった光は，裏面の金属電極で反射されて発電層に戻る。その反射率は50％程度以下の場合もありうる。これに対し

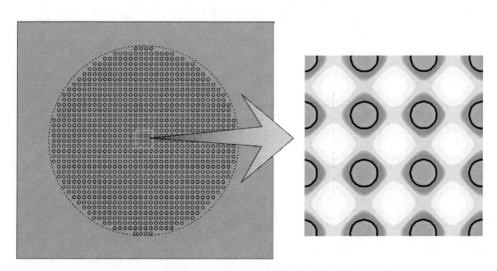

図10　2次元結晶バンド端における共振の様子（磁界分布）

て，フォトニック結晶を裏面に形成すれば，金属電極よりも高い反射率で発電層に再び光を戻すことができるようになる（図11）。発電層の吸収ピークに合うようにフォトニック結晶のピッチを調整することで，短絡電流が20％高まったという報告例もある[11]。

　回折の効果を利用する場合は，太陽電池の表面にフォトニック結晶を形成して回折格子として使うものである。基板に垂直に入射した光が，回折して斜め方向に伝搬するようになる（図12）。そうすると，発電層を通過する距離が長くなり，光吸収の確立が高まる。実際に，GaInP系の太陽電池への応用した例では，短絡電流が8％増加する報告がなされている[12]。反射と回折の両方の効果を利用した研究成果も報告されている。特に長波長領域で高い効果が示され，短絡電流が

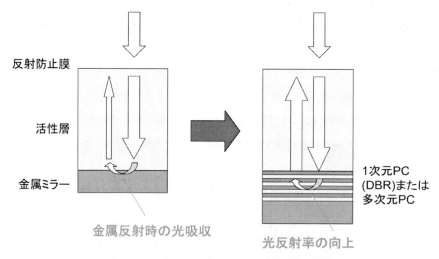

図11　フォトニック結晶による反射効果の活用

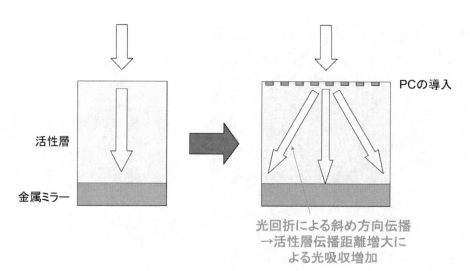

図12　フォトニック結晶による回折効果の活用

第 2 章　高効率太陽電池を作成するための材料・技術

19% 増大するという結果もあり，フォトニック結晶の比較的単純な応用例ではあるが，まだまだ工夫の余地はあると考えられる。

3.5.4　黒体輻射そのものを制御（フォトニック結晶効果に加え，電子状態の制御法をも併用）

　黒体輻射の制御は，これまでの手法とは考え方が大きく異なる。3.5.1～3.5.3 において挙げた手法は，非常に幅広い太陽光のスペクトルのうちの限られた波長の光を利用する手法である。これに対して，スペクトル自体を変えようというのが，黒体輻射の制御である。

　まず，幅広い波長の光を何らかの方法でいったん吸収して熱に変える。その後，特定の波長の光だけを発光させる。そして，出てきた波長に適した太陽電池を用意して発電する手法である。特定の波長の光を取り出す部分にフォトニック結晶を応用することが可能である。その際，フォトニック結晶効果のみならず，電子状態の制御をも併用して，その効率を高める。この発展により，極めて興味深い太陽光発電システムが生まれる可能性があると考えられる。この詳細については，別途報告する。

3.6　まとめ

　本章では，フォトニック結晶による光制御の現状の一端を紹介した後，太陽電池への応用の可能性について議論した。現状では，反射鏡や回折効果といった比較的単純な機能を用いたものが主として研究されているが，やがて，フォトニック結晶のバンド端効果や，バンドギャップ効果を用いた高度な光制御への展開が進んでいくものと考えられる。さらにチャレンジングな研究として，黒体輻射制御そのものに踏み込んだものも極めて興味深い展開と言える。フォトニック結晶の太陽光発電応用は，今後の発展が大いに期待される分野であると確信する。

文　　献

1)　例えば，野田編著，「フォトニックナノ構造の最近の進展」，シーエムシー出版
2)　Y. Akahane, *et al.*, *Nature*, 425, 944 (2003).
3)　Y. Takahashi, *et al.*, *Optics Express*, 19, 11916 (2011).
4)　M. Imada, *et al.*, *Appl. Phys. Lett.*, 75, 316 (1999).
5)　S. Noda, *et al.*, *Jpn. J. Appl. Phys.*, 35, L 909 (1996).
6)　S. Noda, *et al.*, *Science*, 289, 604 (2000).
7)　S. Ogawa, *et al.*, *Science*, 305, 227 (2004).
8)　S. Takahashi, *et al.*, *Nature Materials*, 8, 721 (2009).

9) M. Fujita, *et al.*, *Science*, **308**, 1296 (2005).
10) S. Noda, *et al.*, *Nature*, **407**, 608 (2000).
11) S. Colodrero *et al.*, *Advanced Materials*, **27**, 764 (2009).
12) I. Prieto *et al.*, *Appl. Phys. Lett.*, **94**, 191102 (2009).

4 グラフェンを用いた太陽電池用透明導電膜の開発

藤井健志[*1]，市川幸美[*2]

4.1 はじめに

これまでの太陽電池は，発電層に使う半導体のバンドギャップが狭くても1eV程度であったため，発電に利用する太陽光の波長は約 1 μm までであり，透明電極は ITO や SnO_2，ZnO などのワイドギャップ半導体で対応可能であった。しかし，40％以上の変換効率の太陽電池を実現するためには，約 2 μm 程度の赤外光まで発電に寄与させることが必要不可欠になる。一方，自由電子の密度がプラズマ周波数（密度の 1/2 乗に比例）よりも低い周波数（長い波長）の電磁波に対しては，これらの材料は金属のように振る舞うため，透過率が低下する。従って，ITO や SnO_2 では，導電率と光の透過波長にはトレードオフの関係があり，太陽電池で要求される透明電極の抵抗（自由電子密度）を維持したまま長波長光まで光を透過させることは原理的に難しい。

この困難を克服するため，我々はグラフェンに着目した。2010年のノーベル物理学賞がこの材料の分離に成功した Geim と Novoselov に与えられたことで話題になったが，この材料はいくつかの特異な性質を持つ。特に電子移動度は桁違いに大きく，非常に薄くても（数原子層）十分に抵抗の低い透明電極が実現できる可能性がある。こうした透明電極では赤外領域での自由電子による吸収は無視できる。即ち，赤外光までの透過率を 80％ 以上に維持したまま，数十 Ω/□ 以下の透明電極を実現できる可能性が高い。我々は 2008 年度よりスタートした超高効率太陽電池の実現を目指した NEDO プロジェクト（革新的太陽光発電技術開発）に参画し，グラフェンを用いた太陽電池用透明電極の研究開発に着手した。

現時点では太陽電池に適用できるところまで研究は進んでいないが，実用化に向けたいくつかの知見が得られてきた。これらについて，以下に紹介する。

4.2 グラフェンの特徴

グラフェンとは図1に示すように炭素原子がハニカム格子状に並んだ単原子層の2次元結晶と定義される。しかし，最近では2層，あるいは数層積層されたものも2層グラフェン，数層グラフェンなどと呼ばれる。また，図1(b) に示すように，グラフェンのバンド構造はその2次元性に起因して，一般的な3次元結晶とは様子が異なる。一般的な半導体ではよく知られているよう

[*1] Takeshi Fujii　富士電機ホールディングス㈱　技術開発本部　エネルギー・環境研究センター

[*2] Yukimi Ichikawa　富士電機ホールディングス㈱　技術開発本部　エネルギー・環境研究センター

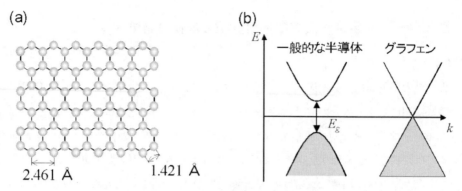

図1 グラフェンの (a) 結構構造, (b) バンド構造

にエネルギーと波数（運動量）の関係はパラボリックな曲線となっているのに対し，グラフェンではディラックコーンと呼ばれる線形の分散関係を示す。このような電子はディラック・フェルミオンと呼ばれている。また，グラフェンでは一般的な半導体に存在するバンドギャップが無いため，ゼロギャップ半導体である。

このようにグラフェンは特異なバンド構造を有しているため，半整数量子ホール効果，室温での量子ホール効果，バリスティック伝導など驚異的な物性を示すことから，現在，物性分野を中心に非常に注目を集めている。また，Novoselev らの実験によると[1]，グラフェンの移動度は 15000 cm^2/Vs とシリコンの 10 倍以上の値を示すことから，透明導電膜だけでなく，Beyond-Si 材料，スピン注入デバイス，THz デバイスなどの次世代電子デバイスを目指した研究が盛んに行われている。さらに，電子デバイス以外にも，金属の代替，単分子ガスセンサ，触媒，水素吸蔵など広い分野への適応も期待されている。

グラフェンを透明導電膜に適用すれば，ITO のような希少金属を用いる必要が無く，低コストで低環境負荷の実現が可能になる。さらに，グラフェンでは高移動度の特徴を生かして，過剰なキャリアドープの必要がないためキャリアのプラズマ周波数を長波長側にシフトすることができる。このような特性は先に説明したように，超高効率太陽電池を実現するために必須の特性であり，ITO では実現が難しい。また，グラフェン一層当たりの吸収率は 2.3% 程度であり，十層積層しても 80% の透過率を得ることができる。

4.3 グラフェンの成膜技術

グラフェンが積層されたものがグラファイトであることから，Geim 等はグラファイトから粘着テープによりグラフェン一層を剥ぎ取ることに成功し，これが人類が手にした最初のグラフェンになった。こうしてこれまで不可能と考えられていたグラフェンの生成が実現されると，それからの進展は急速であり，数年の間に様々な成膜技術が開発された。それらを大別すると，グラ

第2章　高効率太陽電池を作成するための材料・技術

ファイトの結晶を単層に剥離し基板に成膜するトップダウン方式と，基板上に直接成膜を行うボトムアップ方式がある。前者は機械剥離法と化学剥離法が，後者は CVD と SiC アニールが代表的なものである。以下に各成膜方法の概要をまとめる。

- 機械剥離法… HOPG などの単結晶グラファイトをスコッチテープに貼り付けて劈開し，劈開面を SiO_2/Si 基板に擦り付けることで，偶発的に単層剥離されたグラフェンが作製される。光学顕微鏡で数あるグラファイトや複数層のグラフェンの中からグラフェン見つけ出す（SiO_2 の膜厚を 300 nm とすることで干渉効果から光学顕微鏡においても原子一層のグラフェンを観測することが出来る）。工業生産には向かない。
- 化学剥離法… グラファイト粉末を酸と酸化剤を用いて酸化することで酸化グラファイトを合成する。層間の間隔が広がった酸化グラファイトは超音波処理することで容易に単層に剥離し，酸化グラフェン分散液が得られる。得られた分散液を基板に塗布し，乾燥・還元することでグラフェンシートが成膜される。
- CVD 法……… Ni，Cu などの遷移金属基板上にハイドロカーボン系のガスを供給し，加熱して分解することで，遷移金属基板上にグラフェンが成膜される。成膜後，遷移金属基板をエッチングし，転写することで任意の基板上にグラフェンを形成することができる。
- SiC アニール… Si 面 6 H-SiC を 1400℃ 以上でアニールすることで Si が昇華するとともに，C が自己組織化し，SiC 表面上に高品質のグラフェンがエピタキシャル成長する。しかし，SiC 基板からグラフェンを剥離することはできない。

　透明導電膜への適用を前提とすると，これら成膜方法には次のような得失がある。機械剥離法では膜質は非常に高いものの，作製に偶然性が高く，物性研究には適用できるが生産性の向上や大面積化は不可能である。化学剥離法では大量にグラフェンシートを合成することができ，かつ湿式成膜できることから低コスト大面積成膜が可能という強みもある。しかし，一度酸化しているため，膜質が低下するという問題がある。CVD では触媒効果により高品質な膜が得られており，転写により任意基板に形成可能なことから実用化には有望な方法である。SiC アニールは，電子デバイスへの応用可能性が高いが，剥離をどのようにするか等の課題から，透明導電膜への適用は難しいと考えられる。

　以上のことから，我々は化学剥離法と CVD 法に着目し，透明電極への応用を目的としたグラフェン生成方法の研究を行った。以下にそれらの結果について紹介する。

4.4 化学的剥離によるグラフェンの成膜

化学剥離法は，化学的な手法でグラファイトの層間間隔を広げ，層間の結合力を低下させた後，外部からエネルギーをあたえることで単層剥離させグラフェンを作製する方法の総称である[2]。層間間隔を広げる方法には酸化やイオンのインターカレーション，親和性の高い溶剤を用いるなどがあるが，本研究ではその中で最も一般的な酸化による単層剥離について実験を行った。

そのプロセスフローを図2に示す。①グラファイトを酸と酸化剤によって酸化させて酸化グラファイトにする。このとき，各層の表面に酸素の官能基が付加されるため層間間隔が0.34 nmから1 nmに広がり，構造的に不安定となる。②合成した酸化グラファイトを溶液に添加し，超音波処理，遠心分離を行うと各層が剥離され，酸化グラフェンを含んだ溶液が得られる。③得られら酸化グラフェン溶液を基板に塗布／乾燥することで酸化グラフェン薄片が積み重なった薄膜が得られ，これを還元して酸素の官能基を取り除きグラフェン薄膜にする。こうした方法で得られるグラフェン薄片の代表的なサイズは数μm程度であり，この薄片が幾重にも重なった状態で基板一面を覆いグラフェン薄膜を形成している。先行研究の結果では[3]，シート抵抗は数k～数十kΩとなり，実用化にはまだ高い値である。

抵抗が高い原因としては次のことが考えられる。グラフェン薄膜のシート抵抗は，図3に示す

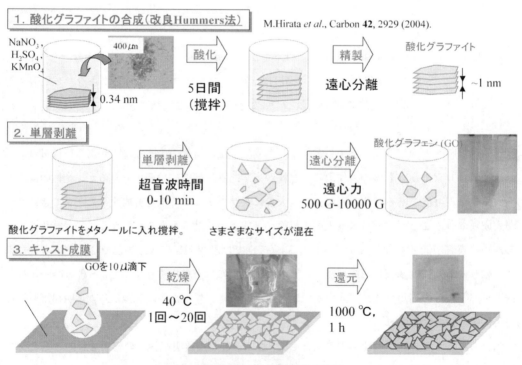

図2 酸化を用いた化学剥離の概要

第2章　高効率太陽電池を作成するための材料・技術

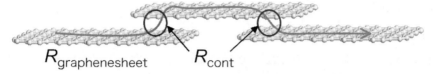

図3　グラフェンシート間の抵抗

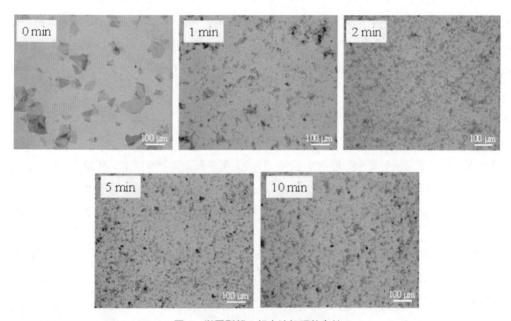

図4　単層剥離の超音波処理依存性

ようにグラフェン薄片の抵抗である$R_{\text{graphenesheet}}$と，グラフェン薄片間をキャリアが伝導するときの接触抵抗R_{cont}の和であると考えられる（$R_{\text{sq}} = R_{\text{cont}} + R_{\text{graphenesheet}}$）。したがって，一枚のグラフェンが基板一面を覆う理想の状態に比べて，シート抵抗が増加することは避けられない。この接触抵抗成分を低減するための手段として，グラフェン薄片のサイズを大きくすることは有効と考えられる。そこで薄片の大面積化を図るために，サイズに大きな影響を及ぼすと考えられる単層剥離プロセスの超音波処理，遠心分離の各条件について最適化を行った。

これまでの報告ではグラフェンの剥離工程では超音波処理が普通である。図4は得られる薄片の超音波処理時間依存性であるが，超音波をかけなくても（処理時間0 min）酸化グラファイトが単層に剥離され，サイズが100 μm程度の酸化グラフェンが形成されていることが分かる。この状態から超音波処理時間を1，2，5，10 minと増加させることによりグラフェンシートのサイズは減少し，2 minで10 μm以下となる。したがって，超音波処理を行うことによって酸化グラ

ファイトは強制的に剥離されると同時に粉砕されてしまうことが分かる。超音波処理を行わなくても剥離されるのは，溶液として用いたメタノールが酸化グラファイトと親和性が高いために層間に浸入し，自然剥離に至ると考えられる。

次に，遠心分離の遠心力依存性の結果を図5に示す。10000 Gの上澄みでは数10 μmのグラフェン薄片しか残っていないが，遠心力を3000，1200 Gと減少させた場合の沈殿物の中には100 μmを超えるグラフェン薄片が残っており，大きな薄片は弱い遠心力でも沈殿することが分かる。したがって，できるだけ低い遠心力で分離することで大面積グラフェンが抽出できる。

これまでの実験結果から，超音波処理無し（自然剥離），遠心分離 500 G，5 minが最適条件であることが分かり，その条件で作製したグラフェン薄片の形状観察結果を図6に示す。図6(a)に示す光学顕微鏡像から，100 μm以上のグラフェンが収率良く得られており，従来のプロセスよりも1桁以上の大きなグラフェンの生成に成功した。また，図6(b)に示すSEM像からも分かるように最大のグラフェンシートの大きさは約200 μmあり，これまで報告されている化学的剥離によって得られたグラフェンとしては最大級のものが得られた。

この大面積グラフェン薄片を用いて10 mm□の石英基板上にグラフェン薄膜を形成し，透明導電膜の特性評価を行った。図7(a)は作製したグラフェン薄膜の外観写真である。これらの光透過率の波長依存性を図7(b)に示す。各サンプルともに膜厚が増加すると透過率そのものは低

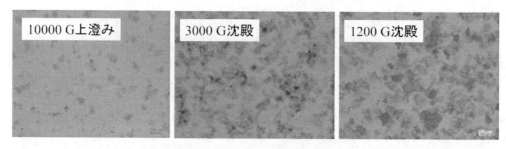

図5　遠心分離条件依存性（超音波処理 0 min）

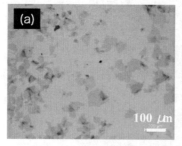

図6　最適条件で得られたグラフェンシート
　　　(a) 光学顕微鏡像，(b) SEM像

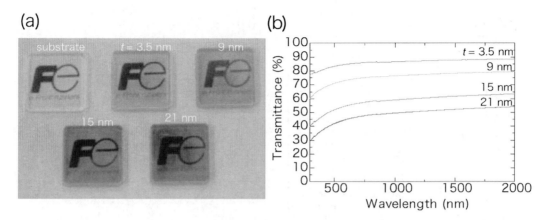

図7 化学的剥離にて作製したグラフェン透明導電膜
(a) 外観, (b) 透過率の波長依存性

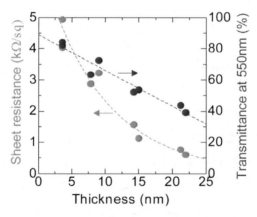

図8 シート抵抗と透過率の膜厚依存性

下するが,どの場合も赤外領域での透過率の低下は見られない。

図8は各サンプルの550 nmでの透過率とシート抵抗の関係をプロットしたものである。太陽電池の透明電極に要求される透過率80%のときのシート抵抗は約4 kΩ/sqであり,ITOに比べて2桁程高い結果となった。

シート抵抗が高い原因の一つは,グラフェン中の欠陥にあると考えられる。作製したグラフェン薄片のラマン分光測定からは,ブロードなG,D,2Dピークが観察され,酸化グラフェン(GO)を加熱還元後もDピークは依然として大きく残っている(図9(a))。このことは,グラフェン中に多量の欠陥が導入されていることを意味している。また,図9(b)のSEM像から,作製された透明導電膜には無数のしわが観測され,しわの部分でキャリアが散乱され,シート抵抗が増加する可能性も考えられる。このしわは薄片のサイズが大きくなったことにより発生したものであり,小さい時には無かった新しい課題である。

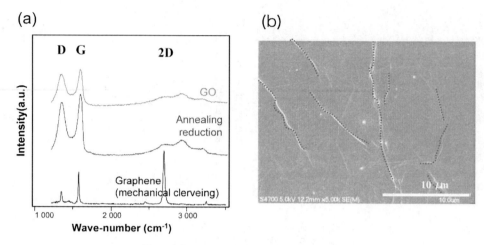

図9 (a) ラマンスペクトル，(b) SEM像

以上紹介したように，現時点では本方法で太陽電池に適用可能な透明電極を得ることはできていない。今後は，グラフェンへのダメージが少なく，より強力な還元方法と，しわのない均一な湿式成膜法の開発が性能向上への鍵になると考えている。

4.5　CVD法によるグラフェンの成膜

2010年の6月に発表されたロールツーロールによる大面積グラフェン透明電極の論文は，グラフェンが工業的に利用できるレベルまで到達しつつあることを示すものであり，この分野の関係者に衝撃を与えた[4]。そこで用いた成膜技術は，CVDによりグラフェンを気相成長で形成し，任意の基板に転写する方法である。対角線の長さが30インチのPET基板上にシート抵抗125Ω/□の単層グラフェン（光透過率97.4%）を形成することに成功すると共に，グラフェンを4層積層し，30Ω/□（光透過率90%）を達成した。

この転写によるグラフェン膜の形成法は，2009年Kim等[5]やLi等[6]により報告された。我々もこれらの論文を参考にしながら，CVD/転写を用いた研究を行ってきた。以下にそれらの結果について紹介する。

図10にCVD/転写法の工程を示す。基板である金属フォイルとしてはNiやCuなどのいろいろな金属材料が試みられているが，高品質のグラフェンが成膜できることから，現在はCuに注目が集まっている。これを反応炉に入れて1000℃程度に加熱し，ハイドロカーボン系のガスを流すとフォイル上にグラフェンが成膜される。その上にPMMA（Polymethyl Methacrylate）のような樹脂を塗布，乾燥する。それをCuのエッチング液である例えば硝酸鉄（$Fe(NO_3)_3$）に入れてCuを除去すると，表面にグラフェンが付着した樹脂シートが形成される。グラフェンを形成したい基板上にこれを圧着し，溶剤で樹脂を除去すればグラフェンが基板に転写される。

第2章 高効率太陽電池を作成するための材料・技術

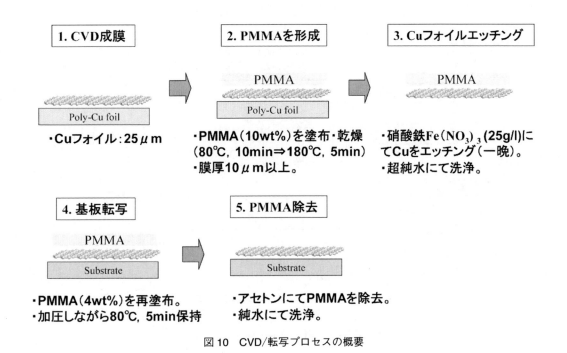

図10 CVD/転写プロセスの概要

　我々が用いたCVD装置の図と成膜時の炉の温度プロファイルを図11に示す。昇温中にH_2を流して酸化されているCu表面を還元し，その後1000℃でCH_4を供給する。流量は10 sccmに固定し，コンダクタンスバルブの調整によりガス圧を変化させる。所定の成膜時間の後，ガスを止めて降温する。降温速度は速いほうが高品質のグラフェンが得られることが知られている。

　Cuフォイルの表面モフォロジーがグラフェンの膜質に大きな影響を及ぼすことは容易に想像できる。Cuフォイルの表面は形成時の延伸のすじなどがあり，そのまま使うと欠陥の多いグラフェンが得られ，また同一条件で成膜しても製造メーカーによって得られる膜質が異なることがラマン分光の分析から分かる。そのため，成膜前にCu表面をバフ研磨やCMPで平坦化することが重要になる。図12に同一メーカーのCuの表面研磨の有無による生成されるグラフェンのラマン分光の結果を示す。研磨無しのCuに成膜した方が，欠陥に起因するDピークが大きいことが分かる。研磨無しではCuの製造メーカーによりラマンスペクトルは大きく異なるが，研磨するとその差が無くなることも明らかになった。

　得られたグラフェンシートの光透過率は90％以上あり，光学的には透明電極としては問題なく使える。電気的な特性はホール測定（Van der Pauw法）によって評価した。表1に測定結果を示す。CuをエッチングしてPMMA上に付いた状態のグラフェン，およびそれをSiウェハー上に成長させたSiO_2上，および合成石英上に転写したグラフェンのシート抵抗，キャリア密度，キャリア移動度を示している。この結果から，PMMA上ではシート抵抗は数百Ω/□である

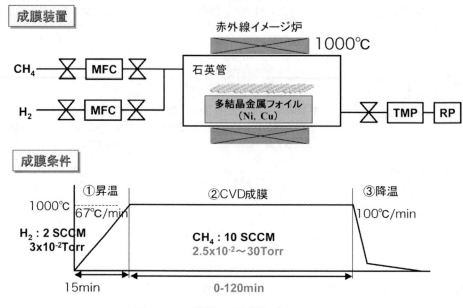

図11 CVD装置の成膜温度プロファイル

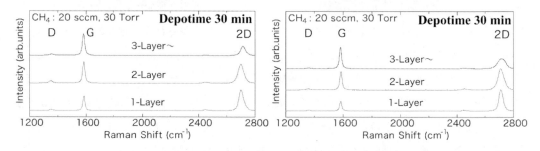

図12 Cuフォイルの表面状態によるグラフェン膜の違い

表1 ホール測定によるグラフェンの評価結果

サンプル	シート抵抗（Ω/□）	キャリア密度（cm^{-3}）	移動度（cm^2/Vs）
on PMMA #1	7.7×10^2	2.2×10^{20}	5.4×10^2
on PMMA #2	5.7×10^2	3.9×10^{20}	4.5×10^2
on SiO_2	2.4×10^3	2.3×10^{20}	1.2×10^2
on Quartz	3.3×10^3	2.1×10^{20}	0.9×10^2

第2章　高効率太陽電池を作成するための材料・技術

（化学剥離法に比べて1桁以上低い）が，これを基板に転写すると数倍に増加することが分かる。また，キャリア密度はどのサンプルでも2～3×10^{20}cm^{-3}程度であるが，移動度は転写により大きく低下する。したがって，シート抵抗の増加は移動度の低下に起因していることが分かる。

さらにホール測定からは，どのサンプルも単独のp形キャリア（正孔）であることが示された。なお，グラフェンでは電子も正孔も移動度はほぼ等しいことが実験的に明らかになってきている。PMMA上のグラフェンサンプルについて抵抗率，キャリア密度，移動度の温度依存性をホール測定により調べると，図13のように室温までの低温側では変化しない。キャリア密度が変化しないことから，フェルミ準位は真性準位（図1(b)のコーンの交点）からかなり深い位置（下方）にあることが推定される。また，移動度が変化しないことは，ここで得られたグラフェンはフォノン散乱よりもドーパントのイオン化不純物散乱が支配的であることを意味している。ドーパントはCuエッチング時のFe(NO$_3$)$_3$が考えられ，図14に示されるようにこれがグラフェン表面にインターカラントとして付着し，電子を取り込むアクセプタライクに機能するためと推定される。

以上の結果を踏まえると，今後さらにグラフェンの導電率を向上させるためにはドーピング量

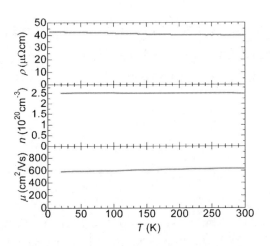

図13　ホール測定によるグラフェンの低効率ρ，キャリア密度n，移動度μの温度依存性

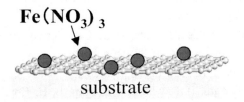

図14　Fe(NO$_3$)$_3$によるグラフェンのドーピングのイメージ図

の最適化が課題になる。ドーピング量が増えるとキャリア密度はそれに比例して増加するが，移動度は散乱のために低下する。したがって，キャリア密度と移動度の積に比例する導電率に対して，ドーピング量の最適値が存在することになり，ドーパントの種類や量の検討が重要になる。また，転写されたグラフェンシートの移動度が低下する原因は，転写時の欠陥生成によるものと推定され，転写条件の最適化も今後の課題である。

4.6 おわりに

これまで述べてきたことから分かるように，グラフェンは赤外光まで通す太陽電池用の理想的な透明電極材料となる可能性は高い。いくつかのグラフェン成長法はあるが，現時点ではCVD法が最もゴールに近いと考えられる。しかし，まだ太陽電池に適用するための研究は始まったばかりであり，実用化のためには多くの課題がある。ドーピング制御方法，転写の方法（ここではウェット処理について述べたが，Bae等はグラフェンの付いた熱伝導性シートを基板に圧着剥離することで転写），太陽電池としてのプロセスインテグレーション，耐久性，コンタクト性等々について着実に進めていけば，将来的には太陽電池の透明電極として確固たる地位を占めるものと期待している。

本研究は，経済産業省のもとNEDO革新的太陽光発電技術開発の委託事業として行われた。また，ホール測定の温度依存性に関しては産業技術総合研究所エレクトロニクス研究部門伊藤博士，井上博士のご協力いただいた。ここに感謝する。

文　　献

1) K. S. Novoselov, A. K. Geim, S. V. Morozov, D. Jiang, Y. Zhang, S. V. Dubonos, I. V. Grigorieva & A. A. Firsov, "Electric Field Effect in Atomically Thin Carbon Films", *Science* **306**, 666–669 (2004) ; A. K. Geim & K. S. Novoselov, "The Rise of Graphene", *Nature Materials* **6**, 183–191 (2007)
2) S. Park and R. S. Ruoff, "Chemical methods for the production of graphemes", *Nature Nanotechnology* **4**, 217–224 (2009)
3) X. Wang, L. Zhi and K. Müllen, "Transparent, Conductive Graphene Electrodes for Dye-Sensitized Solar Cells", *Nano Lett.* **8**, 323–327 (2008)
4) S. Bae, H. Kim, Y. Lee, X. Xu, J-S. Park, Y. Zheng, J. Balakrishnan, T. Lei, H. R. Kim, Y. I. Song, Y-J. Kim, K. S. Kim, B. Özyilmaz, J-H. Ahn, B. H. Hong & S. Iijima, "Roll-to-roll production of 30-inch graphene films for transparent electrodes", *Nature Nanotechnology*

第 2 章 高効率太陽電池を作成するための材料・技術

5, 574-578 (2010)
5) K. S. Kim, Y. Zhao, H. Jang, S. Y. Lee, J. M. Kim, K. S. Kim, J-H. Ahn, P. Kim, J-Y. Choi and B. H. Hong, "Large-scale pattern growth of graphene films for stretchable transparent electrodes", *Nature* **457**, 706 (2009)
6) X. S. Li, W. W. Cai, J. H. An, S. Kim, J. Nah, D. X. Yang, R. D. Piner, A. Velamakanni, I. Jung, E. Tutuc, S. K. Banerjee, L. Colombo and R. S. Ruoff, "Large-area synthesis of high-quality and uniform graphene films on copper foils", *Science* **324**, 1312-1314 (2009)

5　薄膜太陽電池用 ZnO 系透明導電膜

山本哲也[*1]，佐藤泰史[*2]，牧野久雄[*3]，山本直樹[*4]

5.1　はじめに

2002年（平成14年），電気事業者による新エネルギー等の利用に関する特別措置法（Renewables Portfolio Standard：RPS法）が策定され，翌年から施行された[1]。このような政策的促進を背景に，自然現象に由来するほぼ無尽蔵のエネルギー資源（再生可能エネルギー）に関連する環境ビジネスの市場規模は世界的に拡大しており，今後もこの市場成長が続くと予想される。上記エネルギー資源を用いた発電システムには太陽光発電・風力発電・地熱発電などが含まれる。本稿では太陽光発電に関わる透明導電膜，特に資源安定供給，人体への毒性無し，低温条件での成膜でも良好な機能の発現，といった特徴を有する酸化亜鉛（ZnO）透明導電膜について，光電変換効率向上への一般的な課題を明白にし，それに照らし合わせて，当該透明導電膜の長所，および課題について議論する。

現在，コストと性能の両面におけるバランスの良さから最も普及しているのは多結晶シリコン太陽電池（変換効率：13～15%）である。一方でシリコンの価格と今後の需給バランスとの両面を考えると，シリコン使用量の少ない（結晶シリコン太陽電池系に比べ1/100といわれる）薄膜シリコン型（アモルファスシリコン：a-Si，あるいは微結晶 Si など）太陽電池，そして全く使用しない薄膜太陽電池（例：$CuInGaSe_2$（CIGS と略称）など）が，今後，さらに期待されるとともに，様々な要求（市場（高性能要求，低コスト要求）に順当なモジュールコストや変換効率向上）に対する早急な解決が望まれる。

本稿で述べる透明導電膜は上記第2世代太陽電池（第1世代は結晶シリコンを用いたバルク型の太陽電池）といわれる薄膜太陽電池において使用される。基材としては酸化錫（SnO_2）および酸化亜鉛（ZnO）が代表的なものである。

図1に a-Si 太陽電池の異なる2つの構造（superstrate 型構造と substrate 型構造，封止剤，バックシートを除く）と CIGS 型太陽電池の構造（substrate 型，小面積）をそれぞれ示す。

本稿では，第1に透明導電膜の基本的役割についてまとめる。第2に先述の代表的な透明導電膜である SnO_2, および ZnO の特性について，それぞれの特徴や課題を整理する。第3に電気特性（高導電性）と光学特性（高透明性）の制御およびそれらの両立に対する開発方針を明確にす

[*1]　Tetsuya Yamamoto　高知工科大学　総合研究所　マテリアルデザインセンター　教授
[*2]　Yasushi Sato　高知工科大学　総合研究所　マテリアルデザインセンター　助教
[*3]　Hisao Makino　高知工科大学　総合研究所　マテリアルデザインセンター　准教授
[*4]　Naoki Yamamoto　高知工科大学　総合研究所　マテリアルデザインセンター　教授

第2章　高効率太陽電池を作成するための材料・技術

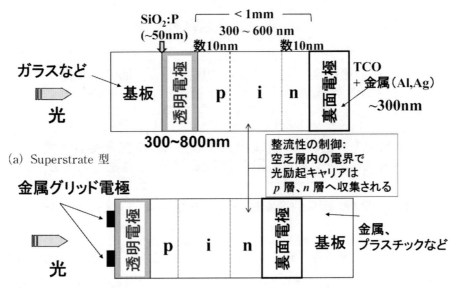

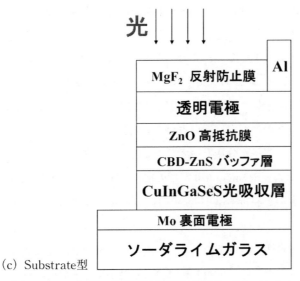

図1　(a) superstrate 型 a-Si 薄膜太陽電池の構造，(b) substrate 型 a-Si 薄膜太陽電池の構造および
(c) substrate 型 CIGS 薄膜太陽電池の構造

べく，理論に基づいた議論を行い，最後にまとめる。

5.2 透明導電膜の基本的役割

図2に透明導電膜に対し，光電変換効率向上のために要求される3つの特性をまとめた。

第1は「透明性」である．地表に届く太陽光スペクトルにおける割合は，紫外線は約5～6%,

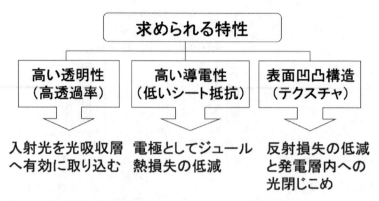

図2　薄膜太陽電池用透明導電膜に対する光電変換効率向上のための要求特性

可視光線が52％，そして赤外線が42％である。「入射太陽光に対する窓層」としての機能が，図2左にあるように高い透明性である。透明性とは上記3つの波長領域では通常，可視光領域に対して用いられるが，太陽電池では上記太陽光スペクトルの割合から光電変換効率向上のために近赤外領域の一部（およそ780～1200 nm：nm；ナノメートル10^{-9}m）も含まれた機能が望ましい。

太陽電池用透明導電膜の屈折率は2.0前後（a-Siの屈折率は～4.0）である。superstrate型（太陽光が透明基板（例：ガラス基板など）から入射，図1(a)参照）を想定すると，太陽光がガラス基板（屈折率は1.5～1.6）を通過後，基板からの透明導電膜への入射の際に生じる反射ロスを抑制するには屈折率がよりガラスの屈折率に近い方が高い効果が望める。屈折率の大きさは一般に薄膜のイオン性が小さくなり，電子が分極しやすくなるとその大きさは大きくなる。ZnOはITO（錫添加された酸化インジウム）やSnO_2よりもこの電子状態の特徴に因り，小さな屈折率をもつ。イオン性，絶縁性が大きいと屈折率は小さい（例：SiO_2の屈折率1.46，MgF_2の屈折率1.38など）。

注意すべきは透明導電膜における透明機能低下であり，その原因は吸収と散乱の2種類に分けられる。図3にそれらの要因を整理した。特に可視光領域では不純物や格子欠陥，組成むらなどがその原因となる。可視光領域における長波長側から近赤外光領域では自由電子（キャリア）吸収があり，これら両領域で高透過率を実現するため，可能な限りキャリア密度は抑えたい。これについては後述する。

第2の要求特性は「上部電極」としての機能であり，低シート抵抗（シート抵抗R_sと抵抗率ρとは膜厚をtとすると$R_s = \rho/t$の関係にある）である。集積化モジュールではセル間を流れる電流（superstrate型構造の場合（図1(a)参照）），あるいはセル内窓層を横に流れる電流（substrate型構造の場合（図1(b)参照））によるジュール熱の損失はR_sに比例するため，より低

第2章　高効率太陽電池を作成するための材料・技術

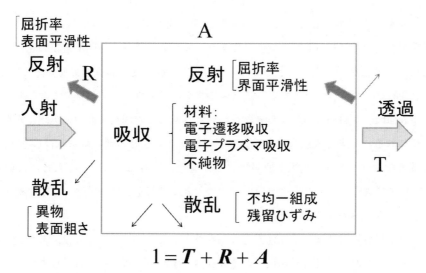

図3　透明導電膜中での反射因子，散乱因子および吸収因子

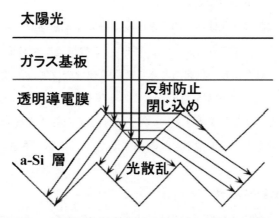

図4　透明導電膜表面凹凸（テクスチャ）構造の効果

いことが望まれる。上記の関係式から低シート抵抗実現の最も簡単な解決策は膜厚 t を増やすことである。しかし，透明導電膜中での光吸収総量がその分だけ増えてしまい，太陽光入射光量ロスとなる。ZnO系透明導電膜（ドーパント：ホウ素（B），アルミニウム（Al）およびガリウム（Ga）などで順にBZO，AZOおよびGZOと略称される）を用いたCIGS太陽電池では R_s ～10 Ω/Sq. が目安になっている[2,3]。

第3の要求特性は，「光電変換層への入射光量増大」機能であり，表面凹凸（テクスチャ）構造である[4~6]。図4に当該構造による効果の概念図をまとめた。入射面のテクスチャ化のポイントは表面での反射率低減効果と同時に，入射光の光路長を実効的に増大させるような構造設計（光拡散長の増大）である。反射率低減効果のもたらす透明導電膜としての屈折率特性は，理想

的な反射防止膜としての役割をsuperstrate型a-Si（図1（a）参照）でもって想定した場合，透明導電膜が不均一性媒質（屈折率傾斜）であり，ガラス基板側の透明導電膜の屈折率がガラス基板の屈折率に可能な限り近く（小さくなる），a-Si層側の透明導電膜の屈折率がa-Siの屈折率に可能な限り近くなる（大きくなる）ことが望まれる。太陽光の波長よりも数分の1以下の大きさをもつ表面凹凸は斜め入射による光路長制御とともにこの屈折率傾斜の実現に寄与していることが期待される。一方，入射光の光路長を実効的に増大させる散乱効果は薄膜Si太陽電池には2つの重要な役割を担う。光電変換層はp-i-n構造におけるi層でなされる。入射光の光路長増大は吸収量増大をもたらし，より薄い層での大きな内部電界に因るキャリア分離効率の向上とともに，高生産性への寄与にも直接つながる。

　表面凹凸構造にさらにミュー散乱効果をも，もたらすことが可能となれば，散乱光の波長選択が可能となる。すなわち，可視光領域での短波長系，すなわち青系の散乱が促進され，先ずはバンドギャップが広い上部光電変換層でそれらを光電変換し，残りのより長波長側の赤系は下部のより狭いバンドギャップ光電変換層で吸収すればよい。

　次に上述した第3の役割の強化機能への促進的役割が裏面電極側の一部にある透明導電膜である。superstrate型a-Siに注目する（図1（a）参照）。この構造では裏面で未吸収太陽光の反射を増大させる役割として裏面電極が供えられる。裏面電極での反射は，波長0.3〜2μm光に対し高反射率を示す銀，アルミニウム等を用いる。この金属層とa-Si層との接合界面で予想される合金化，そしてその結果による金属電極表面の光沢喪失がもたらす光反射特性低下を阻止する役割と同時に直列抵抗を減少させる役割をもつのがZnO透明導電膜である。

5.3　太陽電池用透明導電膜の特性

　前節で触れたように太陽光スペクトルの3波長領域の割合は，紫外線領域：約5〜6%，可視光線領域：52%，そして赤外線領域：42%である。後述するように太陽電池の光感度を近赤外光領域での1200 nm程度まで広げるためにはキャリア密度を抑え，自由電子吸収を抑制すると同時に，高いホール移動度が高い透明性だけでなく，低抵抗率（低シート抵抗）実現にも要求される。本節では実際使用されている主たる透明導電膜に関して，特性（長所，工業的応用に即した課題など）に焦点を絞り，個々の透明導電膜の特徴を明白とさせたい。

5.3.1　薄膜Si太陽電池用透明導電膜SnO_2

　透明導電膜の特性を決めるうえで重要な因子は成膜温度である。成膜温度制御に関してはデバイス製造に依る。すなわち，光電変換層(電池層)と透明導電膜層との成膜工程に依る。substrate型（光電変換層（＝下地層）の上で透明導電膜層を成膜し，太陽光は透明導電膜から入射する，（図1（b）参照））の場合には，上記下地層への熱ダメージを抑えるために低温成膜（例：200℃

第 2 章　高効率太陽電池を作成するための材料・技術

以下）で良好な前節での機能が発生可能であることが望まれる。superstrate 型（透明基板上に成膜された透明導電膜層の上で光電変換層（電池層），（図 1（a）参照））では上記温度制御はガラス基板を用いる場合には必要ないが，生産に関わるエネルギー制御の観点からは上記成膜条件が期待されよう。

薄膜 Si 太陽電池では，化学的な耐久性(SnO_2>ITO>ZnO)，水素プラズマ耐性(ZnO>SnO_2>ITO) の両面（＋価格＋工業生産性），およびテクスチャ構造制御の成功から，SnO_2（ドーパント：フッ素（F），成膜法は熱 CVD）がこれまで工業的に使用されてきている。ドナードーパントとしては Sn サイト置換型として第 V 族元素の 1 つである Sb（N, P, As とは異なり電子を供給する元素で第 1 イオン化エネルギーは第 III 族元素 B に近く，キャリア密度を抑えるには適当と期待される）および Nb も候補であるが，これまで高いホール移動度（$\geq 40\,cm^2/Vs$）は報告されていない。

SnO_2（結晶構造：正方晶系ルチル型構造）は ITO（結晶構造：立方晶系ビックスバイト型構造）や ZnO（結晶構造：六方晶系ウルツ鉱型構造）よりも熱的化学的安定性に優位性をもつ。一方，ウエットエッチング加工に難があり，またより低抵抗率（$3\text{-}5\times10^{-4}\,\Omega cm$）の実現には高温成膜が必要である。この低抵抗に必要な成膜温度条件は，薄膜 Si 太陽電池が superstrate 型（図 1（a）参照）を採用する 1 つの理由でもある。実際の成膜温度は 500～700℃ であり，（オフライン CVD（透明導電膜成膜ラインがガラス基板の製造工程であるフロートガラス製造ラインと直接つながっていない）の方がオンライン CVD[7]（前述でつながっているもので，板ガラスの成形に必要な熱エネルギーを利用した高速成膜装置）よりも成膜温度は低い），膜厚はシート抵抗～$10\,\Omega/Sq.$（ホール移動度$<40\,cm^2/Vs$）を実現させるためには 500～800 nm 程度を要する。

5.3.2　CIGS 太陽電池用透明導電膜 ZnO

図 5 に CIGS 太陽電池の断面走査型電子顕微鏡像を示す。最上部に ZnO 透明導電膜が成膜されている（AZO はスパッタリング法で成膜され，BZO は MOCVD（有機金属化学成長）法で成膜される）。

ZnO は低温成膜（基板無加熱から 300℃ 以下の範囲）でも低抵抗率と高透明性の両方の実現が可能であることが特徴である。表 1 に ZnO の基本特性をまとめた。n 型ドーパントとしては 5.2 節で述べたように B, Al, Ga らの第 III 族元素が挙げられる[8～10]。CIGS 太陽電池では BZO および AZO が多く使用されている。

第 2 周期の B は第 1 イオン化エネルギーが大きく（8.3 eV で他の 3 つは～6 eV），低キャリア密度の制御には有効である。一方，Al はコスト優位，Ga は耐熱性に優位性がある。当方では液晶ディスプレイパネル[11, 12]および液晶ディスプレイテレビ用共通電極には Ga を用い，20 インチ型試作後において表示の信頼性評価（60℃，相対湿度 95%，240（500）時間前後での評価）を

図5 CIGS太陽電池の断面走査型電子顕微鏡像
（中田時夫（青山学院大教授）から提供）

表1　無添加酸化亜鉛の基礎物性

ZnO 式量	81.39，CAS：No. 1314-13-2
結晶構造	六方晶ウルツ鉱型構造
格子定数	$a = 3.2407$ Å，$c = 5.1955$ Å
融点	1973℃（加圧下），1800℃
昇華温度	1100℃
蒸気圧	1600 Pa（1773 K）
	1.0×10^5 Pa（2223 K）
比熱容量	40.3 JK^{-1}mol^{-1}（298 K）
熱伝導率	54 WK^{-1}m^{-1}（300 K）
線熱膨張率	2.92×10^{-6}K^{-1}（$a \parallel c$, 300 K）
	4.75×10^{-6}K^{-1}（$a \perp c$, 300 K）
密度	5.676×10^{-3}kgm^{-3}（X線）
比誘電率	8.15（298 K，赤外）
モース硬度	4～5
屈折率	1.9～2.0（可視・赤外光領域）
溶解度	25.2×10^{-4}（(g/100 g・H$_2$O)，93℃）

第 2 章　高効率太陽電池を作成するための材料・技術

終えている。ウエットエッチング特性においては線幅／線間隔（ラインアンドスペース）2μm／2μm を実現できる[11]。

抵抗率は成膜法に大きく依存する[13]。表 2 にスパッタリング法，電子ビーム真空蒸着法，およびアーク放電を用いた反応性プラズマ蒸着法の比較をまとめた。

薄膜成膜に適した基板への飛来粒子のエネルギーは化学結合当たりの凝集エネルギーを考慮すれば 1 eV 以上 100 eV 以下である。表 2 に示すように dc マグネトロンスパッタリング法では，基板へ衝突する飛来粒子にはエネルギーが大きい（≥100 eV）飛来粒子も含むため，抵抗率が高く，高周波（RF）重畳によりエネルギーを下げる[14]と，抵抗率は下がる（キャリア発生率を向上させる）。アーク放電を用い，飛来粒子のエネルギーの大きさ，およびその幅をそろえるとキャリア発生率と薄膜内配向性がさらに改善し，キャリア発生率を向上させるとともにホール移動度の向上がなされ，その結果，さらに抵抗率が下がる。表 3 に高 Ga 添加の条件下で，上記を端的に表す電気特性データをまとめた。上述のポイントはキャリア密度の制御を可能にして，さらにホール移動度をも制御できるかどうかである，すなわち低抵抗率を維持できるかどうかである。この点は後述する。

さて，CIGS 太陽電池では光電変換層を形成する p（p-CIGS）n（n-CdS あるいは Cd フリー材料：n-ZnO，ZnS，$Zn(OH)_x$ の混晶）接合部形成，特に p-CIGS の結晶性向上にある程度の

表 2　スパッタリング法，真空蒸着法，反応性プラズマ蒸着法の特徴

ソース		スパッタ	真空蒸着（電子ビーム）	反応性プラズマ蒸着法
ソース	原理	スパッタ	昇華	昇華
	形状	面	点	面
飛来粒子種		・スパッタ原子 ・イオン ・高エネルギー中性ガス分子，反跳 Ar	・中性原子 ・高エネルギー粒子なし	・中性原子 ・イオン ・高エネルギー粒子なし
飛来粒子のエネルギー（eV）		10〜100	0.1〜0.2	25〜55
密着性		やや弱い	弱い	強い

表 3　各種成膜法による GZO 薄膜（ガラス基板温度：180℃，膜厚：150 nm）の電気特性

	反応性プラズマ蒸着法	マグネトロンスパッタリング法	
		DC	RF＋DC
抵抗率（Ωcm）	2.75×10^{-4}	6.00×10^{-4}	3.88×10^{-4}
Hall 移動度（cm²/Vs）	22.20	14.42	14.26
キャリア密度（cm^{-3}）	1.02×10^{21}	6.27×10^{20}	1.03×10^{21}

高温成膜条件が必要であることから，substrate 型構造を採用している[15]。n 型 ZnO 透明導電膜は上記 pn 接合層上に成膜される。当該接合層における n 層の膜厚は 30 nm 以下であることから，下記 2 つの点に注意しなければならない。

① 高温基板加熱による pn 接合界面での原子相互拡散からの接合特性劣化に因る FF 低下
② スパッタリング法を用いた場合の上記高エネルギー粒子による機械的衝撃に因る接合特性劣化に因る FF 低下

上記①に対しては 200℃ 以下で成膜することが解決策とされる。②に対しては n 層材料とそれに応じた成膜法の選択が解決策である。現在 pn 接合における n 層では，n–CdS 層（高抵抗バッファ層とよばれており，湿式成長法を用いる）を用いる場合と 2006 年 7 月施工されたヨーロッパでの RoHS 指令（電気製品と電子機器に対する特定有害物質の使用制限指令）を考慮した Cd フリー材料を基材とするものとに分かれている。表 4 に最新の小面積 CIGS 太陽電池の性能をまとめた[16]。特筆すべきは小面積（ラボサイズ）の場合，変換効率は多結晶 Si（20.3%）の大きさにすでに匹敵するものとなっていることである。

櫛屋らの報告によれば Cd フリー材料：n-ZnO，ZnS，$Zn(OH)_x$ の混晶の場合，DC（直流）

表 4　小面積 CIGS 太陽電池／ガラス基板の性能（2010 年 7 月現在）

セル構造	面積 (cm²)	V_{oc} (mV)	J_{sc} (mA/cm²)	FF	変換効率 (%)	研究機関	発表年	文献
【CdS 含有太陽電池】								
ZnO：Al/ZnO/CdS/CIGS	0.503	720	36.3	0.768	20.1	ZSW	2010	17)
ZnO：Al/ZnO/CdS/CIGS	0.419	691.8	35.74	0.810	20.0	NREL	2008	18)
ZnO：Al/ZnO/CdZnS/CIGS	0.41	705	35.5	0.779	19.5	NREL	2006	19)
ZnO：Al/ZnO/CdS/CIGS	0.50	718.5	34.3	0.784	19.3	シュツットガルト大	2007	20)
ZnO：Al/ZnO/CdS/CIGS	0.50	697	35.5	0.775	19.2	HZB／ショット社	2009	21)
ZnO：Al/ZnO/CdS/CIGS	0.49	725.4	32.7	0.788	18.7	青学大	2009	22)
ZnO：Al/ZnO/CdS/CIGS	0.52	717	34.3	0.757	18.6*	産総研	2007	23)
ITO/ZnO/CdS/CIGS	0.96	674	35.4	0.774	18.5*	松下電器	2001	24)
ZnO：Al/ZnO/CdS/CIGS	—	727	32.8	0.759	18.1	EMPA	2009	25)
【Cd フリー太陽電池】								
ZnS（O, OH）/CIGS	0.40	661	36.1	0.782	18.6	青学大／NREL	2003	26)
ZnS（O, OH）/CIGS	0.40	670	35.1	0.788	18.5	NREL	2004	27)
Zn（0 S）/CIGS	0.50	689	35.5	0.758	18.5	ウプサラ大	2006	28)
ZnS（O, OH）/CIGS	0.16	671	34.9	0.776	18.1*	青学大	2002	29)
ZnMgO/CIGS	0.5	668	35.7	0.757	18.1	ウプサラ大	2007	30)
ZnMgO/ZnS(O, OH)/CIGS	0.5	680	34.5	0.770	18.0	ZSW	2009	31)

＊印は真性変換効率で上部電極部分を差し引いた受光面積で計算した変換効率（Active-area efficiency）
他は電極部分を含めた実効変換効率（Total area efficiency）

第 2 章 高効率太陽電池を作成するための材料・技術

スパッタリング法を用いて AZO を n 層上に成膜すると接合特性劣化に因る FF 低下が確認された。この問題は CdS を用いた場合，問題とならなかったものであった。2 元半導体化合物における異種化学結合での凝集エネルギーでは，ZnO，ZnS，CdS ではそれぞれ 1.89 eV，1.59 eV および 1.42 eV である。混晶であることと，極薄膜であるのでヤング率は判明しないが，先の凝集エネルギーの大きさからは Cd フリー材料上に ZnO が形成されれば機械的衝撃による劣化は解決されることが期待される。一方，同グループでは成膜法として MOCVD（有機金属化学気相成長法）[32]を採択，高抵抗率 BZO を形成（その上にさらに低抵抗率 BZO を成膜する）し，高光電変換効率を達成している[33~35]。

5.4 ZnO 透明導電膜の電気特性・光学特性の両立

本節ではドーピング（外的不純物）や組成制御（真性欠陥）によってキャリア注入することで導電性を上げるその制御と，可視光領域での光吸収につながる格子欠陥および可視光領域長波長側から近赤外光領域で光吸収につながるキャリア密度，これら 2 種類を抑制することで透明性を上げる制御との両立について理論面および実験面の両面から解説する。

5.4.1 導電性

金属や n 型半導体における直流導電率 σ は，キャリアである電子の電荷 e，キャリア密度 N_e，キャリア移動度（ホール移動度）μ_{Hall}，真空の誘電率 ε_0，キャリアの有効質量 m_e^*，キャリアの衝突時間 τ（電子が自由に運動可能な時間幅）で次の通りに表わされる。

$$\sigma = eN_e\mu_{Hall} = \frac{e^2 N_e \tau}{\varepsilon_0 m_e^*} \tag{1}$$

上式から，高導電率，すなわち低抵抗率実現のためには，高いキャリア密度 N_e と高いホール移動度 μ_{Hall} とが必要であることがわかる。N_e の増大は不純物元素をドーピングするか，単独あるいは先のドーピングに合わせて Zn と O との組成制御（薄膜中の Zn/O 比を高くする）に対して意図的（n 型真性欠陥：酸素空孔（V_O）や格子間亜鉛（Zn_i）の形成とその密度制御）に成膜プロセスを制御し，最適化することで可能となる。μ_{Hall} は N_e の大きさおよび散乱機構に大きく依存[9,36,37]するが，同時に結晶性にも依存する。太陽電池用透明導電膜は多結晶構造であり，多結晶金属薄膜（例：Cu，Al など）同様，導電率（抵抗率）は膜厚に依存する（注：ITO（錫添加酸化インジウム）は極端にこの依存性が小さいことが特徴である）。

図 6（a）に多結晶 GZO 透明導電膜の断面走査型電子顕微鏡像を示し，図 6（b）には基板表面に垂直な方向からの平面透過型電子顕微鏡像を，図 6（c）で示される多結晶構造に応じた μ_{Hall} の概要をまとめた。図 6（a）が示すように GZO 薄膜は基板に平行な方向に対して垂直方向に伸びた柱状構造が密に並んだ多結晶構造である。この場合，μ_{Hall} は結晶子内でのキャリア散乱と

(a)
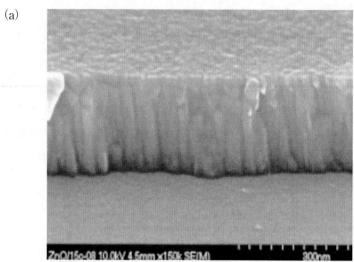

(b)
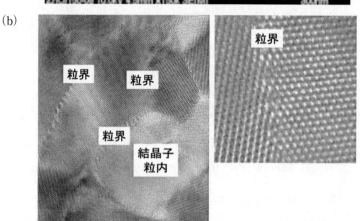

(c)
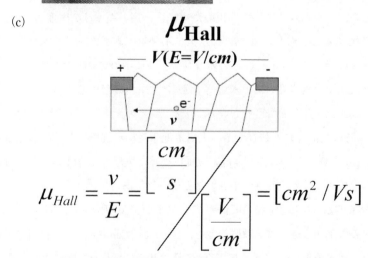

図6 （a）多結晶 GZO 透明導電膜の断面走査型電子顕微鏡像，（b）基板表面に垂直な方向からの平面透過型電子顕微鏡像，および（c）多結晶構造に応じたホール移動度 μ_{Hall} の概要図

粒界での散乱，これら2つが合わさった結果で得られる測定値であることに注意されたい。すなわち，μ_{Hall}は結晶子内（grain）でのキャリア移動度μ_gと粒界（grain boundary）でのキャリア移動度μ_{gb}とで下記の通りにて表わされる[9,37]。

$$\frac{1}{\mu_{Hall}} = \frac{1}{\mu_g} + \frac{1}{\mu_{gb}} \tag{2}$$

μ_gはイオン化不純物散乱や中性不純物による散乱（前者と比較し，1桁小さい効果）などで決まり，一方，μ_{gb}は粒界にある散乱中心（不純物析出，水分などの吸着物およびダングリングボンド（dangling bond）など）の密度などで決まる。われわれは光測定を用いてキャリアの運動範囲を結晶子内に留める（粒界の影響を可能な限り除去する）ことにより得られる光学移動度μ_{opt}でμ_gを評価し，μ_{Hall}との比較を行うことで上記，粒界散乱のμ_{Hall}への影響を検討した[36,37]。

図7にその結果を記す[37]。サンプルは基板温度200℃で基板は無アルカリガラスである。膜厚がほぼ100 nm以下では結晶子サイズが小さく（30 nm以下），μ_{opt}は粒界の影響を受けている。膜厚100 nm以上では結晶子サイズは膜厚とともにゆるやかに増大する。図7が示すように，μ_{opt}は膜厚依存性が小さく，結晶性の向上などに応じて若干，膜厚とともに増加する。すなわち，膜厚増大とともに不純物の薄膜中への取り込みに関する変化や粒内での不純物析出などは生じていない。一方でμ_{Hall}は膜厚とともに増大し，μ_{opt}へ近づいていくことが理解されよう。すなわち，膜厚増大とともに粒界散乱効果が減少していくことが理解される。膜厚350 nmではμ_{Hall}はμ_{opt}の大きさとほぼ同じ大きさとなり，そのサンプルでは抵抗率$1.8 \times 10^{-4}\,\Omega{\rm cm}$（シート抵抗～5.1Ω/

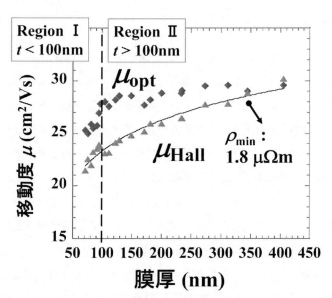

図7 高キャリア密度Ga添加ZnO透明導電膜（基板温度200℃，基板は無アルカリガラス）における光学移動度μ_{opt}とホール移動度μ_{Hall}の膜厚依存性

Sq.) となる。このサンプルは高キャリア密度であり，近赤外光領域に吸収があることを注記したい。太陽電池用にキャリア密度を抑えた場合（次のセクションで議論）には電子のフェルミエネルギーが小さくなり，粒界散乱効果に違いが予想され，プロセスの最適化を必要とする。実際，N_e を 3.6×10^{20} cm^{-3} まで抑えた場合には膜厚 500 nm で μ_{Hall} は 39 cm^2/Vs であり，抵抗率 4.47×10^{-4} Ωcm（シート抵抗～8.9 Ω/Sq.）となり，散乱機構における粒界散乱の寄与の度合いに変化が生じることがわかっている。同サンプルでの透過率はガラス基板込みで，波長 1.1 μm 以下 79 %以上であり，波長 400～1100 nm（＝1.1 μm）での平均透過率は 83.6% である（図9参照）。それゆえ，太陽電池用透明導電膜としては電気特性および光学特性ともに良好なものと判断されよう。

　ここで述べた2つの散乱機構の μ_{Hall} への寄与の割合は成膜法にも依存し，スパッタリング法では当方でのこれまでの研究ではより粒界散乱の度合いが大きいことがわかっている[36]。今後，更なる評価が最適な成膜法や成膜プロセスを検討する上で必要である。

5.4.2 透明性

　ここでは透明性（可視光領域から近赤外光領域まで）を実現させるためにいかに導電性と関連させるかについて議論する。前のセクションで記述した式(1)において，衝突時間 τ，すなわちキャリアが自由に運動可能な時間幅に着目すると，容易に予想されるようにこの大きさが大きくなればなるほど低抵抗率となることがわかる。そこで導電率 σ と τ の比例係数を ω_p^2 とおき，光学特性につながる波長 λ_p（プラズマ波長：後述）に関連させる。

$$\sigma = \omega_p^2 \tau, \quad \lambda_p = 2\pi c/\omega_p = 2\pi c \sqrt{\frac{\varepsilon_0 m_e^*}{N_e e^2}} \tag{3}$$

上記，波長 λ_p はプラズマ波長と呼ばれる。c は光速である。透明導電膜中では，正の電荷をもつイオンと負の電荷をもつキャリア電子との混合物，プラズマ状態であり，全体では電荷の相殺の結果，中性である。容易に予想されるように電場がかかると正極の方にキャリア電子は引力で移動する。しかし，電子よりも千倍程度の重みを有するイオン格子は移動はしない。キャリア電子が移動する際には密度の変化が生じ，それを元に戻そうとする力とそのまま移動しようとする慣性力との結果，振動状態となる。このときの振動に対する波長がプラズマ波長と呼ばれる。

　式(3)のみからわかることは，低抵抗率（高導電率）実現には，比例係数 ω_p^2 の大きさを増大させることが望ましい。言い換えると小さいプラズマ波長となる材料が望ましい。

(1) 可視光領域透明性のための制限されるべき最大キャリア密度

　プラズマ波長は重要な光学特性の指標となる。高導電率には式(1)から高キャリア密度 N_e が必要である。このとき式(3)から，プラズマ波長 λ_p はそれに応じて短くなり，プラズマ波長 λ_p が短くなればなるほど，それに応じた光の振動数，プラズマ振動数は大きくなり，その振動数と同

第2章 高効率太陽電池を作成するための材料・技術

一な大きさをもつ太陽光は共鳴し，透明導電膜中に吸収される。またプラズマ振動数（プラズマ波長）よりも小さな（長い）太陽光は透明導電膜表面で反射される。この節では透明性をどの波長領域で確保するかに対する解決策について順を追って議論する。

透明導電膜として，可視光領域（波長：380～780 nm）では太陽光が反射しないようにするには，$\lambda_p > 800$ nm でなければならず，妥当なキャリア有効質量 m_e^*（0.25～0.4）を式(3)に当てはめると，キャリア密度の上限が大まかに見積もられる。すなわち，

【可視光領域透明性のための最大制限キャリア密度閾値 $N_e < \sim 2 \times 10^{21} \mathrm{cm}^{-3}$】

となる。図7のZnO透明導電膜では膜厚に関係なく，これ以下のキャリア密度となっている。応用が今後，多岐にわたることを考えると，このレンジ内で自由にキャリア密度の大きさを変えることが可能な成膜装置およびそのための原料が必要である。極端な場合として金属を考える。金属の場合にはキャリア密度が $\sim 8 \times 10^{22} \mathrm{cm}^{-3}$ であり，このときのプラズマ振動数，プラズマ波長はそれぞれ，$\sim 1.6 \times 10^{16} \mathrm{sec}^{-1}$，$\sim 100$ nm（典型的な大きさであることに注意）である。すなわち，プラズマ波長は紫外光領域であり，これよりも長波長の可視光領域，近赤外領域では近似的に全反射体となる。これが金属光沢の起源である。

(2) 可視光領＋近赤外域における光学特性：透明性の制御におけるキャリア密度閾値

図8に高キャリア密度サンプル（シート抵抗～10Ω/Sq.（膜厚：200 nm，基板：無アルカリガラス，基板温度：200℃））における透過率T（%），反射率R（%）および吸収率A（＝1－T－

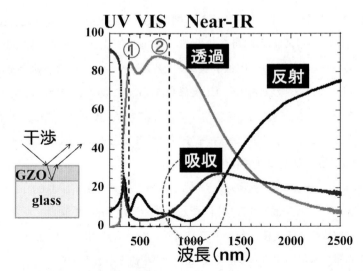

図8 Ga添加酸化亜鉛透明導電膜（キャリア密度：1.2×10²¹cm⁻³，基板温度200℃，膜厚200 nm，シート抵抗～9.9Ω/Sq.）における透過率，反射率，および吸収率の波長依存性

R)(%)を示す。図8が示すように波長1230 nm（1.23μm）付近で吸収率に極大が観察される。この波長領域近辺に前述したプラズマ共鳴波長 λ_p がある。透過率においてはガラス基板との多重干渉効果で図中，①，②にあるように局所的に透過率が極大値をもつ。図8を整理すると紫外光領域では A＞T，R，可視光領域では T＞R＞A，および近赤外光領域（但し，1200 nm 以下と限定）では T＞A＞R となっている。

紫外光領域での吸収は価電子帯から伝導帯への電子励起が原因である。吸収特性は可視光領域，近赤外光領域の2つの波長領域にまたがることに注視されたい。波長 600～1250 nm での吸収率に着目すると長波長側から短波長側へ吸収率の裾が広がっていることがわかる。この主な原因は"自由電子（キャリア電子）吸収"である。この吸収特性には Lambert-Beer の法則に従って，単位長さ当たりの吸収量である吸収係数 a（消衰係数 k とは $k=a\cdot\lambda/4\pi$ の関係がある）を基に議論するのがわかりやすい。原式中において，キャリアの衝突時間が用いられるが，これがホール移動度と直接関連すると仮定した場合，下記の通りの式(4)となる。

$$a = \frac{e^3}{m_e^2 \varepsilon_0 c \omega^2} \frac{1}{n_r} \frac{N_e}{\mu_{Hall}} \tag{4}$$

上式で n_r（下付添え字は <u>r</u>efractive index の略）は透明導電膜の屈折率を表す。一般に n_r は波長に依存（"分散"と呼ばれる）し，波長が長くなるに従い，小さくなる（コーシー（Augustin-Louis Cauchy）の定理：下記式(5)）。

$$n_r = A + \frac{B}{\lambda^2} + \frac{C}{\lambda^4} + \cdots \tag{5}$$

大まかな挙動は，波長が短波長側に近赤外（図中 780～1250 nm）から可視光領域（380～780 nm）へ向かうと，光の振動数 ω と屈折率 n_r は式(5)に従って大きくなり，吸収係数が式(4)に従って小さくなっていく。図8では自由電子吸収による影響を受けたこの挙動が確認できよう。

ポイントは式(4)中にある吸収係数 a の比例係数 N_e/μ_{Hall} である。透明導電膜材料設計での目的は吸収係数 a を小さくし，高透過率を実現することにある。このためには，先ずは導電性設計とは切り離して考えると，キャリア密度 N_e を小さくするとともに，同時にホール移動度 μ_{Hall} を大きくすればよいことが式(4)より理解されよう。

改めて式(3)に戻り，薄膜太陽電池の強い光感度領域を近赤外光領域 1100 nm 程までに拡張したいときには，先のプラズマ波長 λ_p に対して λ_p＞1100（1.1μm）を満足しなければならない。大まかなキャリア密度の上限見積もりは下記の通りとなる（式(3)にあるようにプラズマ波長はキャリアの有効質量にも依存するのであくまで1つの指標とされたい）。

【可視光領域，近赤外光領域透明性のための最大キャリア密度閾値 N_e＜～6×10^{20}cm^{-3}】

第2章　高効率太陽電池を作成するための材料・技術

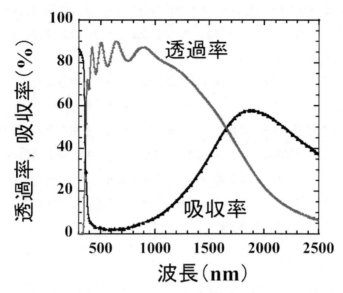

図9　Ga添加酸化亜鉛透明導電膜（キャリア密度：$3.6×10^{20}cm^{-3}$，ホール移動度 $39\ cm^2/Vs$，基板温度 200℃，膜厚 500 nm，シート抵抗～$8.9\ \Omega/Sq.$）における透過率，反射率，および吸収率の波長依存性

5.4.1項で高透明性のサンプルに言及したが，そのN_eは$3.6×10^{20}cm^{-3}$であり，上記の閾値以下である。図9に透過率および吸収率をまとめた。プラズマ波長λ_pが大きく長波長側にシフトしていることが明確にわかる。式(3)を用いてキャリア密度と有効質量とを考慮して計算されたシフト量はほぼ実験と整合するものとなることを確認している。膜厚が図8とは異なり，500 nmといった厚膜（干渉効果に因る極大点が増えている）であるにもかかわらず，吸収率が大幅に小さくなっていることが図8との比較で容易にわかる。解析の結果，aは10^3cm^{-1}以下となっており，吸収が十分に抑えられていることが定量的に確認された。

5.5　まとめ

薄膜太陽電池の開発には電池層（本稿ではその機構はpn接合に限った）の開発，透明導電膜の開発および透明導電膜と電池層との界面に関する開発との3つが挙げられる[38]。本稿では後の2つに沿った内容に焦点を絞り，さらに透明導電膜としては低温でも高透過率，高導電性，高結晶性を可能とし，さらに高い熱伝導率を有することや毒性の問題を抱えないこと，および需給バランスに優位なZnO系にウエイトを置いた。

多接合構造を用いることで太陽光利用スペクトル領域を拡大することは長期的にみても今後の大きな開発方向である。そのためには，高導電性とは高キャリア移動度の意味となり，導電性と透明性とをいかに両立していくかが鍵となる。本稿ではこの課題について理論的な考察に基づい

て解説,および議論を行った。具体的なデータは当方で開発しているZnO透明導電膜に絞った。ホール移動度向上には結晶性向上(一般的には成膜温度を上げ,成長速度を下げることで実現できる)が必要ではあるが,プロセスコストとのバランスとなる。

本稿では紙面の都合上,省略したが,薄膜太陽電池における透明導電膜設計にはバンド構造に対する設計(バンドエンジニアリング)も重要である。加えて動作中に生じる素子内温度の上昇が原因となる特性劣化解決のための熱(流)の制御に関わる素子構造と熱伝導率の制御も必要である。ZnOでテクスチャ構造に関しては文献[39]を参照されたい。透明導電膜の全コストにかかる割合は,液晶デイスプレイテレビとは異なり,薄膜太陽電池では1桁大きい。それだけに今後は本稿で述べた制御因子同士のバランスを踏まえた材料研究開発(要素技術)とデバイス設計工学との抱き合わせによる研究開発体制がますます望まれよう。

謝辞

本研究の一部は,NEDO希少金属代替材料開発プロジェクト,テーマ名:透明電極向けインジウム代替材料開発,の研究助成により行われた。CIGS太陽電池における透明導電膜に関しては青山学院大学の中田時夫教授から有益な議論をはじめ,多くの助言をいただいた。紙面を借りて深く謝意を表する。

文　　献

1) RPS法ホームページ　http://www.rps.go.jp/RPS/new-contents/top/main.html
2) S. Wiederman, J. Kessler, L. Russel, J. Fogleboch, S. Skibo, T. Lommason, D. Carlson, R. Arya, Proc. 13 th EU Photovolt. Sci. Eng. Conf., 2059 (1995)
3) M. Powalla, Proc. 21 st EU Photovolt. Sci. Eng. Conf., 1789 (2006)
4) T. Oyama, N. Taneda, M. Kambe and K. Sato, Technical Digest of the International PVSEC-17, Fukuoka, Japan, 181 (2007)
5) M. Kanbe, K. Masumo, N. Taneda, T. Oyama and K. Sato, Technical Digest of the International PVSEC-17, Fukuoka, Japan, 1161 (2007)
6) 尾山卓司,第7章 Si系薄膜太陽電池用の透明導電膜,南内嗣監修,「透明導電膜の新展開III」,シーエムシー出版 (2008)
7) 藤沢章,【第3編　ガラス編】内2. オンラインCVD法,上條榮治,鈴木義彦,藤沢章監修,「無機材料の表面処理・改質技術と将来展望」,シーエムシー出版 (2007)
8) T. Yamamoto and H. Katayama-Yoshida, *Jpn. J. Appl. Phys.*, **38**, L 166 (1999)
9) T. Minami, *MRS Bulletin*, **25**, 38 (2000)
10) 山本哲也(分担筆),第3章 透明導電膜,八百隆文監修,ZnO系の最新技術と応用,シーエムシー出版 (2007)

第2章 高効率太陽電池を作成するための材料・技術

11) N. Yamamoto, T. Yamada, H. Makino and T. Yamamoto, *J. Electrochem. Soc.*, **157**, J 13 (2010)
12) H. Makino, N. Yamamoto, A. Miyake, T. Yamada, T. Yamamoto, H. Iwaoka, T. Itoh, Y. Hirashima, H. Hokari, M. Yoshida, and H. Morita, SID 2009 Digest of Tech. Papers, **40**, 1103 (2009)
13) 山本哲也（分担筆），第8章2 アークプラズマ薄膜製膜とZnO薄膜性能，南内嗣監修，透明導電膜の新展開Ⅲ，シーエムシー出版（2008）
14) S. Ishibashi, Y. Higuchi, Y. Ota and K. Nakamura, *J. Vac. Sci. Technol.*, **A 8**, 1403 (1990)
15) 櫛屋勝己（分担筆），第8章2 CIS系薄膜太陽電池用の透明導電膜，南内嗣監修，透明導電膜の新展開Ⅲ，シーエムシー出版（2008）
16) 中田時夫，CIGS太陽電池の基礎技術，表3.5 p. 37，日刊工業新聞社（2010）
17) M. Powalla, Private communication (2010)
18) M. A. Conteras, Private communication (2008)
19) R. N. Bhattacharya, M. A. Conteras, B. Egass, R. N. Noufi, A. Kanevce, and J. R. Sites, *Appl. Phys. Lett.*, **89**, 253503 (2006)
20) P. Jackson, R. Wuerz, U. Rau, J. Mattheis, M. Kurth, T. Scholotzer, G. Bilger and J. H. Werner, *Proc. Photovolt. Res. Appl.*, **15**, 507 (2007)
21) J. Windeln *et al.*, presented at 24 th EU-PVSEC, 3 DO.5.4. (2009)
22) T. Nakada, presented at 19 th Int. Photovolt. Sci. and Eng. Conf. (Jeiu, November, 2009)
23) S. Ishizuka *et al.*, Private communication (2008)
24) T. Negami, Y. Hashimoto, S. Nishiwaki, Solar Energy Materials and Solar Cells, 67 (1-4), 331 (2001)
25) A. Chirila, D. Guettler, D. Bremaud, S. Buecheler, R. Verma, S. Seyrling, S. Nishiwaki, S. Haenni, G. Bilger and A. N. Tiwari, Proc. 34 th IEEE PVSC (2009)
26) M. A. Conteras, T. Nakada, M. Hongo, A. O. Pudow and J. R. Sites, Proc. 3 rd World Conf. Photovoltaic Energy Conversion, 570 (Osaka, 2000)
27) R. N. Bhattacharya, M. A. Conteras and G. Teeter, *Jpn. J. Appl. Phys.*, 11 B, L 1475 (2004)
28) U. Zimmermann, M. Ruth and M. Edoff, 21 st European Photovoltaic Solar Energy Conf., 1831 (Dresden, 2006)
29) T. Nakada and M. Mizutani, *Jpn. J. Appl. Phys.*, **41**, No. 2 B, L 165 (2002)
30) A. Hultqvist, C. Platatzer-Bjorkman, T. Torndahl, M. Ruth and M. Edoff, 22 nd European Photovoltaic Solar Energy Conf., 2381 (2007)
31) D. hariskos *et al.*, presented at 24 th EU-PVSEC, 4 DO.4.5. (2009)
32) K. W. Mitchell, C. Eberspacher, J. H. Ermer, K. L. Pauls and D. N. Pier, IEEE Trans. Electron Devices, **37**, 410 (1990)
33) K. Kushiya, B. Sang, D. Okumura and O. Yamase, *Jpn. J. Appl. Phys.*, **35**, 3997 (1999)
34) B. Sang, K. Kushiya, D. Okumura and O. Yamase, *Sol. Energy. Mater. Sol. Cells*, **67**, 237 (2001)
35) K. Kushiya, S. Kuriyagawa, I. Hara, Y. Nagoya, M. Tachyuki and Y. Fujiwara, Proc. 29 th. IEEE Photovolt. Spec. Conf. 579 (2002)

36) H. Makino, N. Yamamoto, A. Miyake, T. Yamada, Y. Hirashima, H. Iwaoka, T. Itoh, H. Hokari, H. Aoki and T. Yamamoto, *Thin Solid Films*, **518**, 1386 (2009)
37) T. Yamada, H. Makino, N. Yamamoto and T. Yamamoto, *J. Appl. Phys.*, **107**, 123534 (2010)
38) 日本学術振興会,次世代の太陽光発電システム第175委員会監修,小長井誠・山口真史・近藤道雄編著,太陽電池の基礎と応用,培風館 (2010)
39) J. Hüpkes, Wet-Chemical Etching of Sputter Deposited ZnO: Al Films in Transparent Conductive Zinc Oxide, K. Ellmer, A. Klein and B. Rech ed., Springer, New York (2007)

6 超低損傷・中性粒子ビーム加工を用いた量子ナノ構造の形成

寒川誠二*

中性粒子ビーム加工技術はプラズマからの紫外線と荷電粒子の放射を抑制し，基板表面への損傷を抑制することで超低損傷加工が実現できる。蛋白質をテンプレートとして中性粒子ビーム加工することで，均一で高密度で間隔制御された無欠陥ナノ円盤アレイ構造が実現できた。この構造は高効率光吸収と高精度バンドギャップ制御が可能であり，高効率量子ドット太陽電池への応用が期待される。

6.1 序論

半導体デバイス製造においては過去30年間の間エッチングプロセスとして反応性プラズマが用いられてきた。今や原子層レベルの加工精度が要求されている。最近，プラズマエッチング表面反応メカニズムに関しても新たな進展があった。図1に示すように，プラズマエッチングにおける表面反応にはプラズマから放射されるラジカル，イオンだけでなく紫外線が大きく寄与しているというものである[1]。紫外線照射の結果，表面に高密度な欠陥が生成してラジカルの吸着確率も上昇し，エッチング確率が上昇するというものである。その結果，プラズマエッチングはかなり高速な加工が実現できる。しかしながら，今後の主流となるナノオーダーの極微細デバイスにおいては，図2に示すようにプラズマから放射される電子やイオンによる電荷蓄積や紫外光などの放射光による欠陥生成などのデバイス特性を劣化させるダメージがより深刻な問題になってくる[2~11]。ナノデバイスではわずかな揺らぎでも大きくデバイス特性を左右するためである。こ

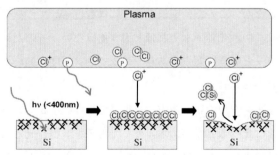

図1 プラズマエッチング表面反応メカニズム

従来はラジカル吸着とイオン衝撃のみが考慮されていた。紫外線照射が表面反応に対して大きな役割を果たしていることが分かった。

---

* Seiji Samukawa 東北大学 流体科学研究所 教授

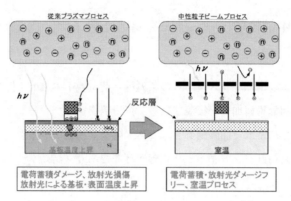

図2 プラズマプロセスの問題と中性粒子ビームプロセスの利点

れらの問題を解決する実用的手段として，図2に示すような中性粒子ビーム技術が注目を集めている[12~14]。中性粒子ビームは反応性プラズマを用いるが荷電粒子や放射光の基板への入射を抑制し，運動エネルギーを持った中性粒子のみを照射できるので，ダメージフリーの高精度プロセスが可能である。最近，実用的な加工特性が実現できる中性粒子ビーム源が開発された。50 nm世代以降のデバイス製造には原子層レベルの表面反応，欠陥生成などの制御が必要になってきており，このような加工技術は不可欠となる。本稿では，プラズマプロセスにおける深刻なダメージとそれらの問題を解決するために開発された中性粒子ビームエッチングを紹介し，ナノデバイス製造において求められるエッチングプロセスについて議論する。

6.2 中性粒子ビーム生成装置

中性粒子ビームエッチング装置[12~15]は正イオンを加速してガス分子との電荷交換により中性化する方法が取られてきたが，この電荷交換を行うには数百 eV 以上のイオン加速エネルギーが必要であるばかりでなく，中性化効率もそれほど大きくはない。そのため結果として，低ビーム密度，高ビームエネルギーという問題点があり，エッチング速度が低い，あるいはエッチング選択性が低く実用性に乏しかった。

そこで，私たちは負イオンを中性化する方法を用いて中性粒子ビームを生成する方法を開発した。負イオンは正イオンに比べると弱いエネルギーで電子を離脱させることが可能であり，低エネルギーで高効率な中性粒子ビーム生成を実現できた。図3に私どもが開発した中性粒子ビーム生成装置の概要を示す[16]。基本的にプラズマ生成は通常の誘導結合プラズマ源を用い，その石英チェンバの上下にイオン加速用のカーボン電極が設置されている。

この平行平板電極に印加する直流電圧の極性により，正イオンあるいは負イオンを加速することができる。プラズマ放電としては連続放電およびパルス変調放電を用いることができるが，本

第2章　高効率太陽電池を作成するための材料・技術

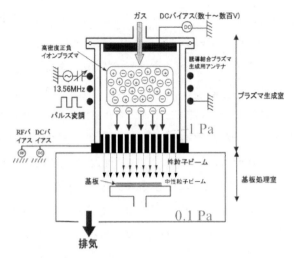

図3　高効率中性粒子ビームエッチング装置

装置では主に負イオンを用いて中性粒子ビームを生成させるために μ秒オーダーパルス変調プラズマを用いた。ガスは上部電極からシャワー状に導入され，プラズマから加速されたイオンは下部電極に形成された径 1 mm で厚さ 10 mm のアパーチャーを通過する過程で中性化される。正イオンが加速された場合には中性化率は精々 50～60% であるが，負イオンを加速した場合には 90% 近い中性化率が得られることが分かっている。このようにパルス変調プラズマを用いることでより効率の良い中性粒子ビームの生成が可能となり，本稿では Cl 原子ビームを用いたサブ 10 nm 量子ナノ構造の作製について述べ，量子ドット太陽電池への応用に関して紹介する。

6.3　サブ 10 nm 量子ナノ構造の作製

　2020 年までにはムーアの法則の破綻やトランジスタ動作の物理的限界に到達すると指摘されている。そういうなかで量子効果を利用した新しい原理のデバイスの開発が進められている。このデバイスにおいては如何に精度良く損傷がなくナノ構造（ドット，ワイア）を形成するかが大きな鍵になっている。ナノドットの形成にはプラズマエッチングを用いたトップダウン方式と自己組織化を利用したボトムアップ方式の両面で検討が行われている。しかし，プラズマを用いたトップダウン加工ではマスク材料との選択性やイオンなどの活性粒子の入射方向性に問題があり，現在までの結果では精々数十 nm 程度の加工が限界であると考えられる。さらに，量子サイズのデバイスではプラズマからのイオン衝撃や紫外光照射による結晶欠陥などダメージが大きな問題となっている。一方，ボトムアップ方式では損傷などの問題は少ないものの，ナノドット配列や構造の均一性などの問題を抱えている。いずれにしても，精度の良いナノ構造の作製が今後のポイントとなる。

そこで，私どもは低エネルギーダメージフリープロセスが実現できる中性粒子ビームを用いたトップダウン加工による10 nm以下のナノドットの形成を検討している。数nmドットの加工マスクとしては，山下らが提案しているバイオナノプロセス[21]を用いた。

図4に示すように生体超分子（蛋白質）であるフェリティンは直径12 nmで内部が7 nmの空洞となっている。この空洞内部は負の電荷を帯びており，鉄イオンが溶けた溶液中にフェリティンを入れると鉄イオンがフェリティン内部に吸収され鉄コアを作る。この鉄コアの直径は7 nmである。この鉄内包のフェリティンをシリコン基板上に2次元配列した上でUVオゾン処理で蛋白質を除去し，鉄コアだけを基板上に残してエッチングマスクとするプロセスである（図4）[22~24]。このプロセスを用いて量子ナノディスク構造を使った量子効果デバイスの開発を行っている。ナノディスクとは，高さ（厚さ）が直径よりも小さいシリコンナノカラムを，SiO_2上に作製したものである。そのサイズと形状から，量子デバイスへの応用が考えられる。本研究では，〈酸化膜/poly-Si/酸化膜/Si基板〉構造のサンプルを作製し，フェリティン鉄コアをマスクにエッチングすることで，ナノディスク構造の作製を検討した。最適化された条件を用いて作製した2次元ナノディスクアレイ構造のSEM画像を図5に示す。直径6 nm，間隔2 nmで10^{12} cm^{-2}の高密度に配置されている。

この高密度・均一2次元シリコンナノディスクアレイ構造を用いて光吸収特性からバンドギャップエネルギーを算出した結果を図6に示す。ナノディスク膜厚を変化させることで，量子サイズ効果によりバンドギャップエネルギーを2.2～1.3 eVまで制御できることが分かった。バンドギャップの制御性が高い原因は，図7に示すように量子閉じ込め効果が膜厚方向と直径方向の2方向で決定されており，両方向ともボーア半径よりも小さい場合には3次元的な量子閉じ込めが実現できていることによる。このことから，この2次元シリコンナノディスクアレイ構造は制御性が高い構造であり，量子ドット太陽電池などの量子効果デバイスに有用な構造であることが分かった。

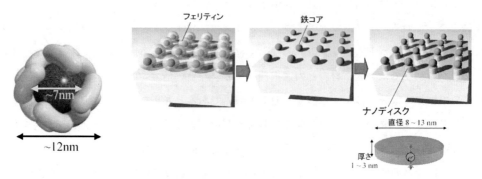

図4　鉄内包フェリティンによるナノ加工

第 2 章　高効率太陽電池を作成するための材料・技術

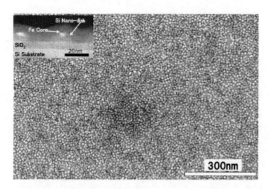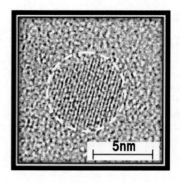

図5　バイオナノプロセスにより作製された2次元ナノディスクアレイ構造の SEM 像とナノディスク上面からの TEM 像

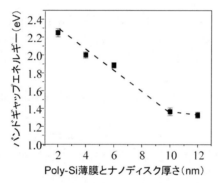

図6　高密度均一2次元シリコンナノディスクアレイ構造における膜厚とバンドギャップエネルギー

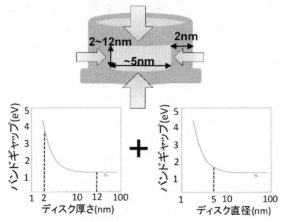

図7　シリコンナノディスク構造における量子閉じ込め効果概念図

6.4 まとめ

本論文ではプラズマエッチングプロセスで益々大きな問題となる照射損傷を解決できる手段として中性粒子ビームエッチングプロセスの有効性を述べた。更に，この中性粒子ビームエッチングプロセスと蛋白質マスクとを組み合わせることで高密度・均一量子ドットを作製することが世界で初めて可能となり，将来の量子ドットデバイスに極めて有効であることが分かった。

文　　献

1) S. Samukawa, B. Jinnai, F. Oda and Y. Morimoto, *Jpn. J. Appl. Phys.*, **46**, L 64（2007）
2) T. Nozawa and T. Kinoshita, *Jpn. J. Appl. Phys.*, **34**, 2107（1995）
3) T. Kinoshita, M. Hane and J. P. McVittee, *J. Vac. Sci. & Technol.*, B 14, 560（1996）
4) H. Ootera, *Jpn. J. Appl. Phys.*, **33**, 6109（1993）
5) H. Ohtake and S. Samukawa, Proc. 17 Dry Process Symp., p. 45 (Institute of Electrical Engineering of Japan, Tokyo, 1995)
6) K. P. Cheung and C. S. Pai, *IEEE Device Lett.*, **16**, 220（1995）
7) J-P. Carrere, J-C. Oberlin and M. Haond, Proc. Int. Symp. on Plasma Process-Induced Damage, p. 164（AVS, Monterey, 2000）
8) T. Dao and W. Wu, Proc. Int. Symp. on Plasma Process-Induced Damage, p. 54（AVS, Monterey, 1996）
9) M. Joshi, J. P. McVittee and K. Sarawat, Proc. Int. Symp. on Plasma Process-Induced Damage, p. 157（AVS, Monterey, 2000）
10) C. Cismura, J. L. Shohet and J. P. McVittee, Proc. Int. Symp. on Plasma Process-Induced Damage, p. 192（AVS, Monterey, 1999）
11) J. R. Woodworth, M. G. Blain, R. L. Jarecki, T. W. Hamilton and B. P. Aragon, *J. Vac. Sci. & Technol.*, A 17, 3209（1999）
12) T. Mizutani and S. Nishimatsu, *J. Vac. Sci. & Technol.*, A 6, 1417（1988）
13) 鈴木敬三，応用物理，**57**（11），1721（1988）
14) F. Shimokawa, *J. Vac. Sci. & Technol.*, A 10, 1352（1992）
15) 徳山巍，半導体ドライエッチング技術，産業図書（1992）
16) S. Samukawa, K. Sakamoto and K. Ichiki, *J. Vac. Sci. Technol.*, A 20（5），1566（2002）
17) S. Noda, H. Nishimori, T. Ida, T. Arikado, K. Ichiki and S. Samukawa, Extended Abstracts of International Conference on Solid State Devices and Materials, 472（Tokyo, 2003）
18) S. Samukawa, Y. Ishikawa, S. Kumagai and M. Okigawa, *Jpn. J. Appl. Phys.*, **40**, pp. L 1346（2001）
19) K. Endo, S. Noda, T. Ozaki, S. Samukawa, M. Masahara, Y. Liu, K. Ishii, H. Takashima, E.

第 2 章 高効率太陽電池を作成するための材料・技術

Sugimata, T. Matsukawa, H. Yamauchi, Y. Ishikawa and E. Suzuki, Extended Abstrcts of international Conference on Micro and Nanotechnology (Tokyo, 2005)
20) K. Endo, S. Noda, M. Masahara, T. Ozaki, S. Samukawa, Y. Liu, K. Ishii, H. Takashima, E. Sugimata, T. Matsukawa, H. Yamauchi, Y. Ishikawa and E. Suzuki, IEDM Tech Digest (Washington, 2005)
21) K. Endo, S. Noda, M. Masahara, T. Ozaki, S. Samukawa, Y. Liu, K. Ishii, H. Takashima, E. Sugimata, T. Matsukawa, H. Yamauchi, Y. Ishikawa and E. Suzuki, Electron Device Letter, to be submitted.
22) 山下一郎, 応用物理, **71** (8), 1014 (2002)
23) T. Kubota, T. Baba, H. Kawashima, Y. Uraoka, T. Fuyuki, I. Yamashita and S. Samukawa, *Applied Physics Letters*, **84**, 9, pp. 1555 (2004)
24) T. Kubota, T. Baba, H. Kawashima, Y. Uraoka, T. Fuyuki, I. Yamashita and S. Samukawa, *Journal of Vacuum Science and Technology*, B 23, pp. 534 (2005)

7 ナノインプリント技術とその応用

萩原明彦*

7.1 はじめに

　近年，従来の結晶シリコン系太陽電池と異なる薄膜太陽電池が注目されており，生産も急増している。薄膜太陽電池は，ポリマーフィルムや金属シート上に形成可能なため，従来の1/10程度の軽量化ができることを大きな特徴としている。また，フレキシブルな基材を使用することにより，ロールtoロール製造プロセスが適用できるため，量産性に優れ，輸送・保管のコストを抑えることができること，フレキシブルであるため曲面設置が可能なことも特徴である。

　本稿では，フレキシブル薄膜シリコン太陽電池の光閉じ込めのために，ポリマーフィルム上にテクスチャ構造を形成するプロセスに関して，UVナノインプリントを応用した事例として紹介する。本事例は後述するフレキシブル太陽電池基材コンソーシアムの研究成果である。また，それに併せて，ナノインプリントプロセスの特徴およびナノインプリント装置に関して紹介する。

7.2 ナノインプリントの特徴

　ナノインプリント技術は，1995年Princeton大学のChou教授らによって提案され，数十〜数百nmの微細な凹凸形状で形成されたモールドを，樹脂材料に押し付けて形状を転写する機械的な方法によるナノ構造加工技術である。ナノインプリント技術の利点としては，従来の露光と現像を用いたフォトリソグラフィと比較して，

- 高価な光学機構が不要であり，複数の工程を1工程に集約可能であるため，製造コストが安価である。
- 10nm程度の解像度を有しており，モールドの凹凸形状を忠実に転写でき，3次元構造の凹凸が形成されたモールドにより，一度のプロセスで3次元構造が転写可能である。

などがあげられ（図1），次世代半導体露光プロセスの候補として，半導体集積回路，ディスプレイ，光学素子，バイオ・メディカル等の分野で採用に向けて研究が進められており，要求される転写パターンの形状およびサイズ，転写エリアは多岐に渡る（図2）。

　ナノインプリントプロセスは，紫外線により硬化する紫外線硬化樹脂をモールドに充填させ，光硬化させる光（UV）ナノインプリントプロセスと，熱可塑性樹脂およびモールドをガラス転移温度以上に加熱，押圧して構造を転写する熱ナノインプリントプロセスが代表的である（図3）。

　熱ナノインプリントは，熱可塑性樹脂の種類が豊富であることから，用途に応じて幅広い材料

---

* Akihiko Hagiwara　東芝機械㈱　押出成形機技術部　コンバーティングマシン設計担当主任

第2章　高効率太陽電池を作成するための材料・技術

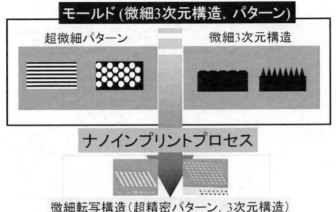

図1　ナノインプリントプロセスの特徴

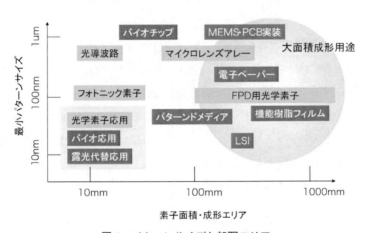

図2　パターンサイズと転写エリア

の選択が可能である。欠点としては，ヒートサイクルにより高スループット化が困難なこと，高荷重転写，熱収縮による形状精度の低下があげられる。また，転写パターンが最終成形品として使用する場合が多いことも特徴である。

光（UV）ナノインプリントは，ヒートサイクルがないため，高スループット化が容易である。また，熱膨張による寸法変化が小さく，形状精度が高いことから，半導体素子等の高精度・高微細化が要求される分野で適用され，転写パターン層をレジストの代替として用い，基板エッチングを行った後に，最終素子となる場合が多い。欠点としては，モールドもしくは基材のいずれかがUV光を透過する材料が必要となるため，熱インプリントと比較すると使用する材料が制約されることである。

超高効率太陽電池・関連材料の最前線

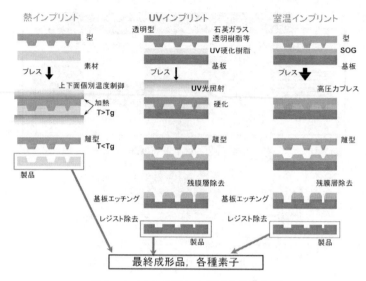

図3　ナノインプリントプロセスの分類

7.3　ナノインプリント装置の方式と特徴

　ナノインプリント装置は，プレス（平行・平板）方式とローラ転写方式に大別され，使用するモールド及び基材の材質やサイズによって適切な方式が選択される（図4）。

　プレス（平行・平板）方式は，基材の全面積を一度に転写する一括プレス方式と，モールドを順次繰り返し転写するステップ＆リピート式がある。一括プレス方式は，最も一般的な転写方式であり，必要な面積のモールドを用意できれば，一度の工程でパターン転写ができる。しかし，面積が大きくなるほど，モールドと基材の平行管理，押付圧の均一化，高プレス力対応，高離型

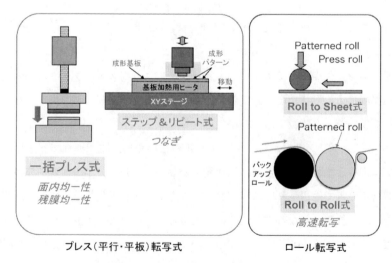

図4　ナノインプリント装置の分類

力対応等，インプリント装置への要求スペックが厳しくなる。一方，ステップ＆リピート式は，比較的小さいサイズのモールドを使用するため，一括プレス方式で生じる大面積化の問題を解消できるが，モールドを基材の所定位置に転写するためのアライメント機構および高精度なステージが必要となる。

ロール転写式は，微細パターンを設けたロールをモールドとし，ロールに基材を押し当てながら回転させることでロール表面のパターンを基材に転写する方式であり，使用する基材がリジッドなガラス基板等であればロール to シート転写式，フレキシブルなポリマーや金属フィルムであればロール to ロール式が選択される。特徴としては，プレス式が面での接触・離型が要求されることに対して，線での接触・離型が可能であり，転写する際に必要な荷重と離型力を低減できる。また，シームレスパターンを有するロールモールドであれば，シームレスな転写パターンが得られる点である。

7.3.1　プレス式ナノインプリント装置

プレス式 ST シリーズは，様々なモールド，樹脂，基材に対応するために，熱，UV 転写両方式に対応している。また高精度な均一転写を実現するために，「高剛性プレス機構」，「モールドと被成形体の平行度調整機構（ST ヘッド）」，「真空チャンバ」，「XY ステージ」，「アライメント」等の機能を有し，一括転写，ステップ＆リピート両方式に対応可能である（図5）。

制御装置は自社開発製のものを使用し，所定のプレス力，プレス速度，プレスパターンで制御できる。また熱インプリントにおける加熱温度，速度，パターン，UV インプリント時の UV 光強度，照射パターンも複数段設定可能である。

7.3.2　ロール to ロール式 UV インプリント装置

押出成形と精密コータのロール技術を応用しており，樹脂フィルム上に UV 硬化樹脂をスロットダイにて塗工し，グラビアロールと呼ばれるロールモールドに樹脂フィルムを回転させなが

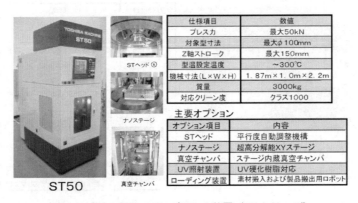

図5　プレス式ナノインプリント装置（ST シリーズ）

ら押圧することにより，UV硬化樹脂をモールドパターンに充填させる。その後UV硬化，離型することにより樹脂フィルム上へのパターン転写ができる。図6に装置構成，図7に装置外観および仕様を示す。フレキシブルな基材であれば，プレス式より大面積，高生産性が要求されるケースにおいて有効な転写方式である。

ロールtoロール式UVインプリント装置において，パターン転写精度を左右するプロセスパラメータとして，「シート送り速度（充填時間）」，「UV硬化樹脂膜厚」，「モールド押込み量（ニップ量）」，「UV光照射量」が挙げられる。気泡やパターン欠損なく均一転写を可能とするため，これらのパラメータの最適化を行っている（図8）。ただし，プレス式では，モールドパターンへの樹脂充填，UV硬化，離型のプロセスごとに単独で最適な速度，時間，温度に調節可能であることに対して，ロールtoロール式では，UV硬化樹脂の塗工から離型まで全てのプロセスが連続的に同一速度で行われ，静止および低速化することができないといった制約がある。よって，

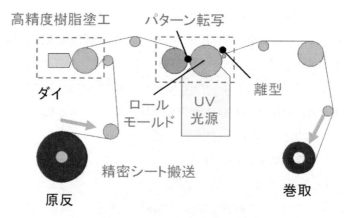

図6 ロールtoロール装置の構成

仕様項目	数値
送り速度	0.2〜10m/min
転写幅	100〜230mm
モールドサイズ	幅300mm以下，厚み0.25mm以下
ロール円周長	785mm
シート張力	10〜200N
UV光源	無電極ランプ 照射幅＝254mm，出力＝240W/cm H（高圧水銀），D（メタルハライド）
原反，巻取	フィルム幅＝150〜360mm フィルム径＝φ400mm以下 フィルム厚＝50〜200μm コア径＝3インチ，6インチ
UV硬化樹脂	粘度＝4〜300mPa·s ※低粘度の方が均一塗工しやすい

図7 ロールtoロール装置外観と装置仕様

第2章　高効率太陽電池を作成するための材料・技術

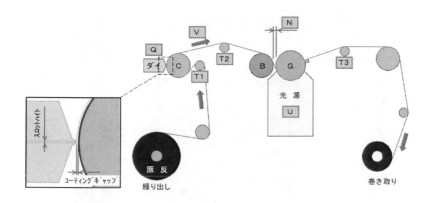

図8　ロール to ロール　プロセスパラメータ

モールドのパターン形状および配置や UV 硬化樹脂の物性（粘弾性，表面張力，光感度）が転写性および離型性に与える影響は大きい。

7.3.3　モールドの大面積化

ロールモールドはパターンの微細化と大面積化の両立が求められている。ロールに直接パターン加工している方式としては，超精密機械加工法，レーザ加工法があげられる。しかし，ダイヤモンド刃物を用いた超精密機械加工法では $10\,\mu m$，レーザ加工法では $1\,\mu m$ レベルが微細化の限界といわれている（図9）。ナノオーダのパターンサイズが要求される場合，EB 描画，ステッパといった露光装置で作製したマスター基板から電鋳プロセスで製作した薄板状のモールドを，ロール外周に巻付・固定，もしくはベルト状に貼り合わせて使用しているのが現状であり，シームレス化が課題である。

また，ナノオーダの大面積モールドを製作する手法として，ステップ＆リピート式のナノインプリント装置を使用した小面積モールドのパターン接続方法がある。当社では，早稲田大学と共同で，ダブル（マルチ）UV インプリントプロセスと呼ばれるパターン作製技術および装置の開発に取り組んでおり，本プロセスを用いて小面積モールドのパターン接続による大面積化に取り組んでいる（図10）。

図9 大面積モールド製造技術

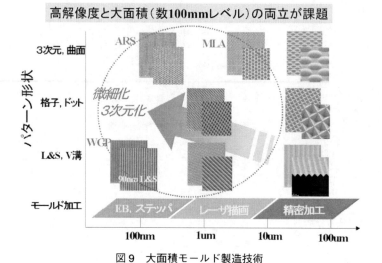

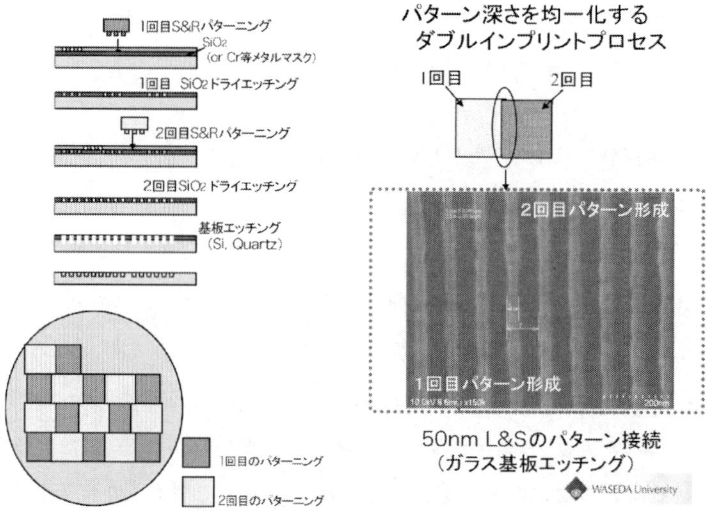

図10 ダブルインプリントプロセスの概要

7.4　フレキシブル薄膜シリコン太陽電池におけるナノインプリントへの応用
7.4.1　フレキシブル太陽電池基材コンソーシアム

　フレキシブル太陽電池基材コンソーシアムは，㈱産業技術総合研究所　太陽光発電センター産業化戦略チームが2006年に設立したプロジェクトであり，きもと，帝人デュポンフィルム，日本合成化学工業，三菱瓦斯化学，住友ベークライト，東芝機械の民間企業が参画している。フレキシブル薄膜シリコン太陽電池性能に効果的な基材の開発を目的とし，基材へのテクスチャ構造形成ならびにバリアコートに関して研究を行ってきた。本コンソーシアムで実施した，UVナ

ノインプリントプロセスを用いた基材へのテクスチャ構造の形成に関する研究成果について紹介する。

7.4.2 薄膜シリコン太陽電池の特徴

薄膜シリコン太陽電池の基本構造はpin構造であり,光を基材側から導入するスーパーストレート型と,光を太陽電池側から導入するサブストレート型がある。従来のガラス基板では,スーパーストレート型が採用されており,基材が光透過性である必要があるが,サブストレート型は基材が不透明でもよく,金属フィルムも使用できる(図11)。また,光電変換効率を向上するために,入射した光が太陽電池層で光散乱する様,テクスチャ構造を形成している(図12)。従来のガラス基板では,常圧CVD法により,透明電極に用いるフッ素添加酸化錫膜(SnO_2:F)を500℃程度で製膜すると,波長程度の大きさを有する凹凸が自己形成され,これがテクスチャとして機能している。しかし,耐熱性の低いポリマーフィルムでは,テクスチャ構造が自己形成される製膜温度まで上げることができないため,低温でテクスチャ構造を形成するプロセスが必要となる。そこで,常温でパターン形成が可能であるUVナノインプリントプロセスに着目し,ポリマーフィルム上にテクスチャ構造を形成した。

7.4.3 UVナノインプリントプロセスによるテクスチャフィルムの形成

テクスチャ構造を有するガラス(Asahi-U)上に紫外線硬化樹脂を塗布し,ポリマーフィルムをラミネートした後にUV硬化し,ガラスからポリマーフィルムを剥離することで,テクスチャ付与されたポリマーフィルムを得ることができる(図13)。さらに,量産性を考慮した場合,ロールtoロール方式のUVナノインプリントプロセスの適用が望ましい。ロールtoロール方式は,ポリマーフィルム上に紫外線硬化樹脂をダイ塗工し,紫外線硬化樹脂を塗工したポリマーフ

図11 薄膜シリコン太陽電池の構造

図12 テクスチャ構造

図13　UVナノインプリントによるテクスチャ構造付ポリマーフィルム基材の作成方法

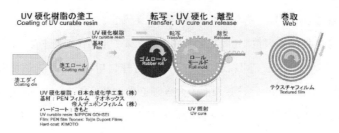

図14　ロールtoロールプロセスによるテクスチャの形成

ィルムをロールモールドに押し当て，パターン転写→UV硬化→離型し，パターン転写したテクスチャフィルムを巻き取る一連のプロセスを連続かつ高速で行うことができ，大面積化に対応できるからである（図14）。

7.4.4　テクスチャ付セルの太陽電池特性

UVナノインプリントプロセスにより作成したテクスチャ付ポリマーフィルムのSEM像を図15に示す。いずれのパターンもモールドの形状を高精度に転写できることを確認した。次に，薄膜シリコン太陽電池に対応したテクスチャ形状を計算し，規則的なテクスチャモールドを製作し，ガラス基板およびPENフィルム上にアモルファスシリコン太陽電池を製膜し，太陽電池特性を確認した。図16にガラス基板における結果を示す。テクスチャを付与したセルは，テクスチャなしのセルと比較すると，光閉じ込め効果により短絡電流（J_{sc}）が増大し，光電変換効率が向上した。また，規則的テクスチャは，Asahi-U形状に近い電流値を達成していることを確認した。図17にPENフィルムにおける結果を示す。規則的テクスチャは，PENフィルム上で

旭硝子製　ASAHI-U構造
（日本合成化学（株）転写品）

モスアイ構造
（RTRプロセス転写例）

図15　テクスチャ付ポリマーフィルムのSEM像

第 2 章　高効率太陽電池を作成するための材料・技術

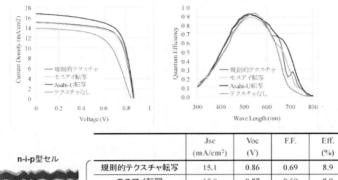

n-i-p型セル	Jsc (mA/cm²)	Voc (V)	F.F.	Eff. (%)
規則的テクスチャ転写	15.1	0.86	0.69	8.9
モスアイ転写	15.0	0.87	0.69	8.9
Asahi-U転写	16.8	0.86	0.67	9.7
テクスチャなし	13.9	0.84	0.60	7.0

図 16　ガラス基板におけるテクスチャ付太陽電池セルの特性

n-i-p型セル	Jsc (mA/cm²)	Voc (V)	F.F.	Eff. (%)
規則的テクスチャ転写	15.1	0.85	0.68	8.6
モスアイ転写	15.6	0.84	0.66	8.6
Asahi-U転写	16.4	0.85	0.66	9.1

図 17　PEN におけるテクスチャ付太陽電池セルの特性

もガラス基板と同様の太陽電池特性が得られていることを確認した。今後，光学設計技術，ナノインプリントプロセスが進歩すれば，変換効率の更なる向上を図ることが可能である。また，さらに長波長に対応したテクスチャを作製すれば，タンデム型のセルにも対応できると考える。

7.5　おわりに

　ナノインプリントの応用事例の1つとして，薄膜シリコン太陽電池のテクスチャ構造を形成するプロセスに関して紹介した。ナノインプリントは，従来の半導体製造工程よりも簡単な工程で微細パターンの転写ができる低コストなナノ加工技術であり，多くの分野での適用が見込まれている。適用分野によっては，研究開発段階から量産への移行を検討する段階にきているが，生産技術として確立するためにクリアすべき課題は多い。ナノインプリントが量産プロセスとして適用されるためには，デバイスをはじめ，ナノインプリント装置およびプロセス，樹脂材料，モールド，離型剤，計測・検査等の製造工程に関わる全ての要素技術の完成度を向上することが不可欠である。

文　　献

1) 前田龍太郎，後藤博史，廣島洋，粟津浩一，銘苅春隆，高橋正春，ナノインプリントの話，日刊工業新聞社
2) 谷口淳，はじめてのナノインプリント技術，工業調査会
3) Electronic Journal　別冊，2007ナノインプリント技術大全，電子ジャーナル
4) 片座慎吾，石橋健太郎，小久保光典，庄子習一，後藤博史，水野潤，ダブルUVインプリントプロセスによるパターン作製技術を用いた大面積モールドの開発，2008年度春季　第55回応用物理学関連連合講演会　講演予稿集，㈳応用物理学会（2008），29 a-ZL-8（No. 2 p. 728）
5) 後藤博史ほか，ロール to ロール要素技術と可能性，情報機構
6) 増田淳，フレキシブル薄膜太陽電池，応用物理　第77巻　第10号，2008

第3章　多接合太陽電池

1　超高効率多接合太陽電池の研究開発

山口真史*

1.1　はじめに

　砒化ガリウム（GaAs）や燐化インジウム（InP）などのⅢ-Ⅴ族化合物半導体太陽電池は，宇宙用太陽電池として実用化されている。これらの材料は，光電変換効率が最適なバンドギャップエネルギー 1.5 eV に近く，かつ放射線耐性に優れているからである。また，Ⅲ-Ⅴ族化合物半導体の InGaP/InGaAs/Ge 3接合構造太陽電池の集光動作で，効率 41.6％ が実現しており，4接合，5接合の多接合化により，効率 50％ 以上の超高効率化が期待できる。地上用太陽光発電システムとして，現在主流の結晶 Si 技術，2番手の薄膜技術に続き，3番手として，Ⅲ-Ⅴ族化合物の集光技術が期待されている。

　ここでは，超高効率が期待される多接合太陽電池開発の現状と今後の展望について述べる。

1.2　多接合太陽電池の高効率化の可能性

　単接合太陽電池では，変換効率 26～30％ が限界である。さらに高効率化をはかるためには，波長感度帯域を拡大する必要があり，バンドギャップの異なる材料からなる太陽電池を多層に積層した多接合構造が主流である。多接合太陽電池の効率計算は，多く[1,2]あるが，図1には，Fanらの計算結果[1]をベースにまとめた多接合太陽電池の理論効率の接合数依存性[3]を示す。3, 4接合の非集光で，効率 42％, 46％，集光動作で 52％, 55％ の高効率化が期待できる。太陽電池の集光動作は，非集光に比べて，絶対効率で 7～12％ の効率向上が可能で，魅力的である。

　多接合太陽電池の高効率化のためには，構成材料の選定も重要であり，バンドエンジニアリングがなされる。図2は，3接合タンデム太陽電池の変換効率に及ぼすトップセルおよびミドルセルのバンドギャップの組み合わせを示す。3接合を例にとると，高効率の観点からは，最適バンドギャップの組み合わせは，1.8/1.1/0.66 eV で，InGaP/Si/Ge 3接合セルなどが候補となるが，格子不整合系である。格子整合の観点から，1.85/1.4/0.66 eV の組み合わせの InGaP/GaAs/Ge 3接合セルが主に研究開発されてきた。

＊　Masafumi Yamaguchi　豊田工業大学　大学院工学研究科　主担当教授

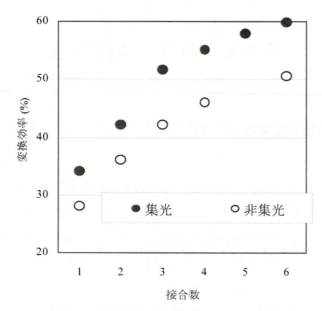

図1　多接合太陽電池の理論効率の接合数依存性

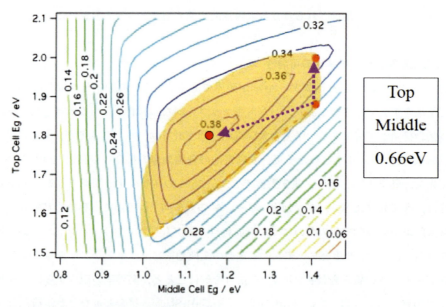

図2　3接合タンデム太陽電池の変換効率に及ぼすトップセルおよびミドルセルのバンドギャップの組み合わせ（図中の数字は変換効率：（例）0.38→38％）

1.3　多接合太陽電池の主要効率支配要因

1.3.1　バルク再結合損失

多接合太陽電池の効率は，太陽電池各層の少数キャリア拡散長に依存する。少数キャリア拡散

第3章 多接合太陽電池

長 $L = \sqrt{D\tau}$ であり,移動度 μ,少数キャリア寿命 τ の支配要因の理解と制御が必要である。少数キャリア寿命 τ は,放射再結合寿命と非放射再結合寿命からなり,キャリア濃度,再結合中心の制御が必要となる。図3は,GaAs 太陽電池効率の少数キャリア拡散長依存性に関する計算結果を示す。

多接合太陽電池におけるバルク再結合損失低減の例として,NREL による AlGaAs に代わる高品質 InGaP トップセル材料の提案[4]がある。AlGaAs 中の酸素は,再結合中心として働き[5],効率向上の制約となっていたが,InGaP の採用は,多接合セルの高効率化につながった。表1には,トップセル材料 InGaP と AlGaAs の特徴を比較して示す。

InGaP トップセルの高効率化に向け,フォトルミネッセンス(PL)解析を行った例[6]を紹介する。図4は,InGaP トップセルの表面再結合速度 S およびベース層の少数キャリア寿命 τ と InGaP トップセル活性層のフォトルミネッセンス(PL)強度の関係[6]を示す。GaAs 基板上への InGaP の MOCVD 成長において,GaAs バッファ層の導入および成長条件の最適化により,少数キャリア寿命5 ns 以上の高品質 InGaP 層を実現している。また,AlInP 窓層の導入により,5800 cm/s の低表面再結合速度を得,効率 18.5% の高効率 InGaP 単接合太陽電池を実現している[6]。

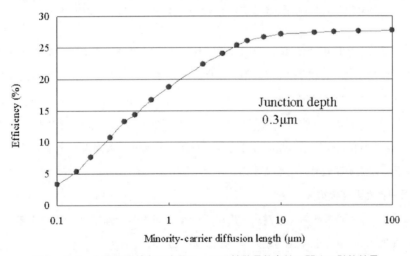

図3 GaAs 太陽電池効率の少数キャリア拡散長依存性に関する計算結果

表1 トップセル材料 InGaP,AlGaAs の比較

	InGaP	AlGaAs
界面再結合速度	$<5 \times 10^3$ cm/s	$10^4 \sim 10^5$ cm/s
酸素関与欠陥	少	多
窓層(Eg)	AlInP (2.5 eV)	AlGaAs (2.1 eV)
他の課題	p–AlInP の高ドープが難	低効率 (2.6%)

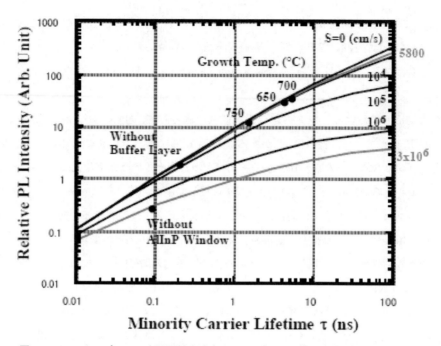

図4 InGaPトップセルの表面再結合速度 S およびベース層の少数キャリア寿命 τ と InGaPトップセル活性層のフォトルミネッセンス（PL）強度の関係

これまで，多接合太陽電池では，バルク再結合損失低減を重きにおき，太陽電池各層の格子定数と基板のそれを整合した格子整合系[7]が主に検討されてきた。今後さらなる高効率化のためには，バンドギャップエネルギーの最適化，すなわち，格子不整合系[8]の検討が重要となる。

図5は，Ⅲ-V化合物半導体の少数キャリア寿命の転位密度依存性に関する計算結果と実測値[9]を示す。格子不整合転位等の転位も再結合中心として働き，太陽電池効率を低下させるので，$10^5 cm^{-2}$ 以下に転位密度低減が必要である。

1.3.2 表面・界面再結合損失

図6には，GaAs太陽電池の短絡電流密度に及ぼす表面再結合速度 S の影響を示す。GaAsの表面再結合速度は $5×10^6 cm/s$ 程度なので，ダブルヘテロ（DH）接合構造の導入が効率向上に有効であった。GaAs太陽電池は，簡単なpnのホモ接合からAlGaAsの窓層付きのヘテロフェイス構造を経て，AlGaAs(InGaP)-GaAs-AlGaAs(InGaP)のDH接合構造へと進化を遂げた。成長方法も，当初の液相エピタキシャル成長（LPE）法から量産に向いた有機金属気相成長（MOCVD）法へと移行した。

裏面再結合損失低減のためには，裏面電界（BSF）層の導入が有効である。図7は，InGaPトップセルの開放端電圧 Voc，短絡電流密度 Jsc に及ぼす障壁ポテンシャル差 ΔE の効果を示す。従来，高濃度ドープInGaP-BSF層が用いられていたが，高バンドギャップAlInP-BSF層が提

第3章　多接合太陽電池

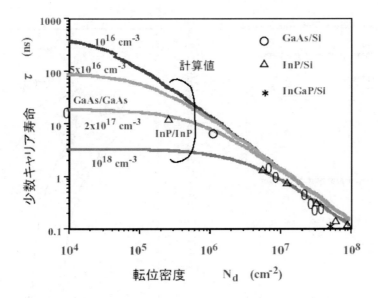

図5　Ⅲ-Ⅴ化合物半導体の少数キャリア寿命の転位密度依存性に関する計算結果と実測値

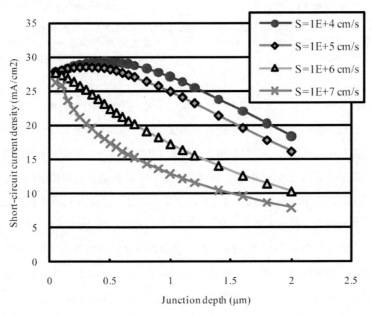

図6　GaAs太陽電池の短絡電流密度に及ぼす表面再結合速度 S の影響

案され[10]，高 Voc, Jsc を実現している。

1.3.3　セルインターコネクション

多接合構造太陽電池の研究開発の初期は，RTI(Research Triangle Institute)[11]，NTT や NREL(National Renewable Energy Laboratory) の貢献が大きかったように思う。1980年代半ばまで

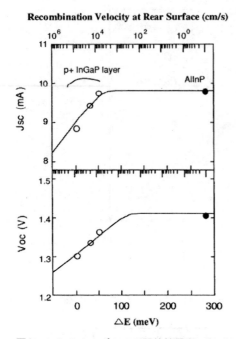 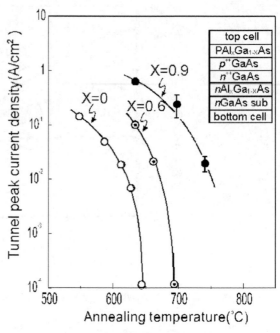

図7 InGaP トップセルの開放端電圧 Voc，短絡電流密度 Jsc に及ぼす障壁ポテンシャル差 ΔE の効果

図8 DH 接合構造トンネルダイオードのトンネルピーク電流密度のアニール温度依存性に及ぼす $Al_xGa_{1-x}As$ 障壁層の Al 組成 X の効果

は，多接合セルの複数のセルを接続する上で低抵抗損失，低光学損失が要求されるトンネル接合の実現に大きな課題があった。トンネル接合を形成するために高濃度にドープした不純物が，上部太陽電池層の成膜中に拡散し，低抵抗損失，低光学損失のトンネル接合の実現を阻んでいた。

モノリシック型タンデムセルの実現は，NTT による不純物拡散抑制に優れた DH 接合構造トンネル接合の提案[12]の寄与が大である。NTT のグループは，1987 年に，不純物拡散抑制に優れた DH 構造トンネル接合を提案すると共に，当時世界最高効率 20.2%（AM 1.5）の AlGaAs/GaAs 2 接合太陽電池を実現した[13]。DH 構造トンネル接合の有効性の発見は，5 年間に及ぶ試行錯誤実験の結果である。図8には，DH 接合構造トンネルダイオードのトンネルピーク電流密度のアニール温度依存性に及ぼす $Al_xGa_{1-x}As$ 障壁層の Al 組成 X の効果を示す。

1.3.4 その他の効率支配要因

表2には，高効率多接合太陽電池のための主要要素技術を示す。高効率多接合太陽電池実現のために重要な要素技術として，①トップセル材料の選定，②低抵抗損失，低光学損失のトンネル接合の他，③基板，④格子整合，⑤キャリア閉じ込め，⑥光閉じ込め，などがある。

第3章　多接合太陽電池

表2　高効率多接合太陽電池のための主要要素技術

要素技術	過　去	現　在	将　来
トップセル材料	AlGaAs	InGaP	AlInGaP
3層目材料	なし	Ge	InGaAsN 等
基板	GaAs	Ge	Si
トンネル接合	DH構造 GaAs	DH構造 InGaP	DH構造（Al）GaAs
格子整合	GaAs ミドルセル	InGaAs ミドルセル	(In) GaAs ミドルセル
キャリア閉じ込め	InGaP–BSF	AlInP–BSF	Widegap–BSF（QDs）
光閉じ込め	なし	なし	Bragg 反射等
その他		（逆エピ構造），薄層	逆エピ構造，薄層

1.4　多接合太陽電池の高効率化と宇宙用太陽電池としての実用化

　筆者のグループは1982年から多接合太陽電池の研究開発をスタートし，1990年度からNEDOにおける地上電力用超高効率太陽電池の技術開発が開始された。1997年には，ジャパンエナジーによる効率30.3%のInGaP/GaAs 2接合セルの実現[14]，ジャパンエナジー，住友電工，豊田工大による共同研究成果として，InGaP/GaAs/InGaAs 3接合セルで，世界最高効率33.3%（AM 1.5）[15]が得られている。

　InP太陽電池の優れた放射線耐性を見出した[16]のに続き，1997年には，図9に示すように，3

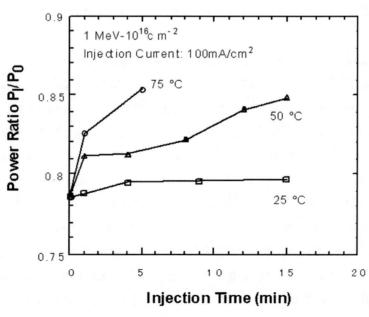

図9　InGaP セルの種々の温度での電流注入（100 mA/cm^2）による放射線劣化の回復現象

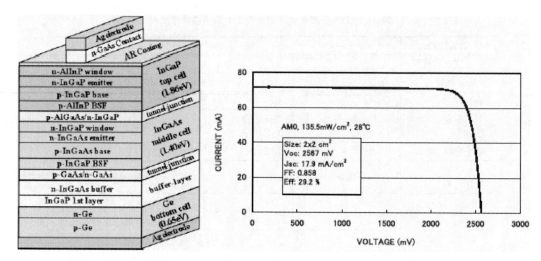

図10 宇宙用 InGaP/GaAs/Ge 3 接合セルの構造と光照射 I-V 特性

接合太陽電池用トップセル材料 InGaP 中の放射線照射欠陥の少数キャリア注入促進アニール現象を見い出す[17]と共に，ジャパンエナジーにより 2000 年に InGaP/GaAs/Ge 3 接合セルの高効率化（31.7%）[18]が達成された。また，実証試験衛星"つばさ（MDS-1）"に InGaP/GaAs 2 接合セルが 2 枚搭載され，宇宙用実証試験が行われ，InGaP 系多接合太陽電池が，宇宙用高効率太陽電池として適用可能であることが実証された[19]。これにより，2002 年頃より，シャープにおける InGaP 系高効率太陽電池の宇宙用太陽電池として実用化がなされた。図10は，宇宙用 InGaP/GaAs/Ge 3 接合セルの構造と光照射電流（I）-電圧（V）特性を示す

1.5 格子不整合系 InGaP/GaAs/InGaAs 3 接合太陽電池の高効率化

従来は，格子整合を重視して研究開発が進められてきた。さらなる高効率化をはかるためには，最適バンドギャップの観点から，格子不整合系の適用が重要である。本研究では，格子不整合系 InGaAs/GaAs に関する基礎的研究を進めている。GaAs 基板上に高品質な歪緩和 InGaAs 層を形成するためには，InGaAs 層中における転位挙動とそれに伴う歪の緩和過程の理解が重要である。CCD 検出器を有した分子線エピタキシー（MBE）装置と X 線回折（XRD）装置とが一体化した MBE-XRD システムを用いて，InGaAs/GaAs（001）成長中のその場 X 線逆格子空間マッピング（in situ XRSM）測定を行うことで，InGaAs 層の残留歪と転位挙動を反映する結晶性のリアルタイム変化を同時に観測することに成功している[20,21]。これにより，格子不整合Ⅲ-Ⅴヘテロエピタキシャル成長中の歪緩和過程に支配的な転位挙動が明らかになりつつある。上記の基礎的知見が，格子不整合系多接合太陽電池の高効率化にいかされている。

2008 年度から開始された「革新的太陽光発電技術研究開発」プログラムにおいて，高効率集

第3章 多接合太陽電池

光型多接合太陽電池の研究開発に関して，シャープ，豊田工大，東大，名城大，九大，宮崎大で共同研究が進められている。2014年度末までに，集光下でのセル効率45%，モジュール効率35%の達成を目指している。

　InGaP/InGaAs/Ge 3接合セルに関して，ボトムGeセルを用いた格子整合3接合太陽電池は，理論限界効率に近づいている。Ge接合を1.0 eV接合で置き換えると，電流のロスなく，セル電圧を上げることで，効率向上が期待できる。上記格子不整合系の解析の知見等をもとに，多接合セル層の成長時の熱負荷軽減と格子不整合層を最終段にする狙いで，シャープでは，逆エピ構造が検討された。図11に示すように，GaAs基板上に，有機金属気相堆積（MOCVD）法で，1.8 eV $In_{0.5}Ga_{0.5}P$/1.4 eVGaAs/1.0 eV$In_{0.3}Ga_{0.7}As$ 3接合セルが，逆エピ構造でモノリシックに成長された。格子不整合$In_{0.3}Ga_{0.7}As$接合は，最後に成長されている。図12に示すように，3接合セルの効率は，1-sunのAM 1.5 Gで35.8%[22]で，非集光下での世界最高効率を達成している。これまでの非集光下での世界最高効率は，1997年に達成したジャパンエナジー，住友電工，豊田工大によるInGaP/GaAs/InGaAs 3接合セルの33.3%[15]，2008年にNRELのグループが，InGaP/GaAs/InGaAsで達成した33.8%であったが，今回の成果は，これらの値を凌駕した。

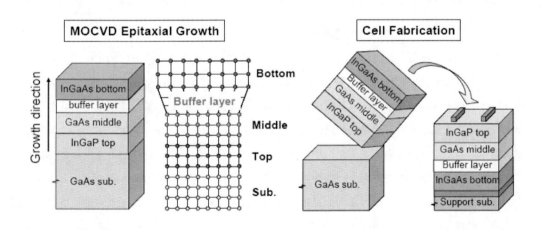

図11　逆エピ構造太陽電池の作製プロセス

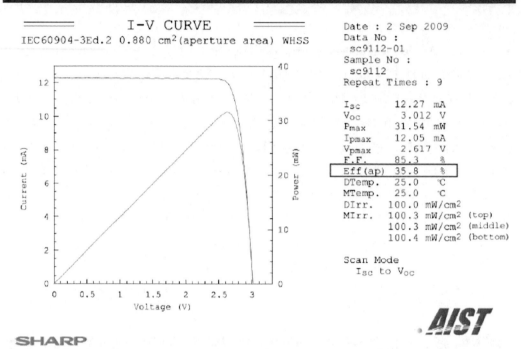

図12　シャープの世界最高効率 InGaP/GaAs/InGaAs 3 接合太陽電池の I-V 特性

1.6　低コスト化を狙った集光型太陽電池

　レンズや反射鏡を用いた太陽光の集光技術は，太陽電池の変換効率向上に加え，太陽電池材料使用量の飛躍的削減が可能で，省資源化，低コスト化が期待できる。図13は，集光式太陽光発電システムのイメージを示す。太陽電池セル，レンズや反射鏡の光学系，追尾系で構成される。集光技術は，太陽電池材料使用量の飛躍的削減による省資源化・低コスト化に加え，太陽電池の変換効率の向上が可能である。集光倍率にもよるが，太陽電池の集光動作により，非集光に比べて，絶対値で7～12%の効率向上がはかられ，集光式太陽光発電の魅力ある点の一つである。勿論，集光動作下での太陽電池の温度上昇による特性低下，高集光動作（高電流密度）下での太陽電池の信頼性などの課題があった。筆者のグループは，1995年から集光型太陽電池の研究を開始した。

　1990年度から開始されたNEDOの第一期超高効率多接合太陽電池技術開発プロジェクトに続き，2001年度から高効率集光型多接合太陽電池・モジュールの技術開発が開始された。

　本プロジェクトにおける主な成果は下記の通りである。

（1）多接合太陽電池の集光型太陽電池への適用に向け，①InGaP-Ge ヘテロフェイス構造ボト

第3章　多接合太陽電池

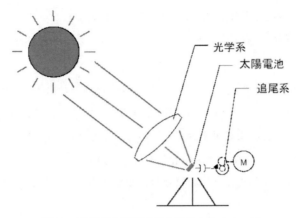

図13　集光式太陽光発電システムのイメージ

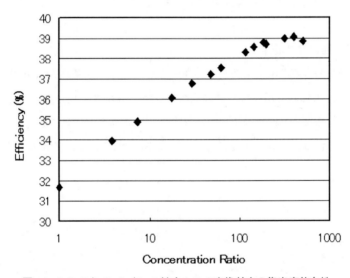

図14　InGaP/InGaAs/Ge 3接合セルの変換効率の集光度依存性

ムセルの高性能化，②（Al）InGaP トップセルおよび InGaAs ミドルセルのバンドギャップ最適化，③セル接続用トンネル接合の改善，④集光用電極構造の最適設計，をはかり，図14に示すように，200倍の集光下で，シャープにより39.2%[7]の世界最高効率（最近，Spectrolab が41.6%[23]を発表）InGaP/GaAs/Ge 3接合太陽電池が実現している。

（2）1次集光レンズに関しては，①耐候性加速試験をもとに，レンズ用最適樹脂を選定し，②低コスト化に向け，射出成形技術の最適化，③光学設計による光学効率の向上，集光分布の均一化により，集光効率86.2%の550倍集光用ドーム形フレネルレンズを実現した。さらに，2次光学レンズの設計と製作により，①色収差の低減，②集光強度分布の均一化をはかった。

（3）①集光型太陽電池モジュールの放熱設計，②良熱伝導性エポキシラミネート層の挿入によ

103

り，500倍集光でも，温度上昇は25℃以下であることを実証した。また，③セルラミネート実装技術を開発し，500倍の高倍率集光下でも，ヒートシンクなしの自然空冷で動作する集光モジュールの実現に成功した。

(4) 大同特殊鋼，大同メタル，シャープの共同により試作された400倍集光モジュール（面積7,200 cm^2）に関しては，モジュール発電効率27～30%を実現し，Frauhofer ISEおよびNRELでのクロスチェックでも同様な結果を確認している。また，500倍集光モジュール（面積5,500 cm^2）に関しては，モジュール発電効率31.5%が得られた[24]。

(5) メンテナンスフリーの太陽2軸追尾装置を実現すると共に，軽量化（0.2 kg/W）をはかった。

(6) 集光式太陽光発電システムの屋外実証試験を愛知県豊橋，犬山で実施し，平板型システムに比べて，単位面積当り1.6倍高い年間発電量を実現した。

1.7 多接合太陽電池の将来展望

今後も太陽光発電の広範な導入・普及を促進するためには，多結晶Siや単結晶Siの結晶系Si太陽電池に加えて，太陽電池用原材料量の飛躍的削減と低コスト化が期待できるa-Si太陽電池等の薄膜太陽電池や多接合太陽電池を用いた集光システム導入が必要である。

太陽電池の高効率化は，低コスト化にも有効である。図15には，各種太陽電池の光電変換効

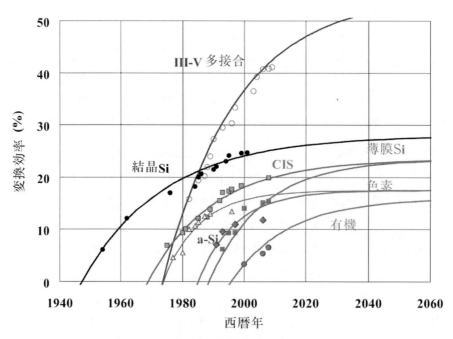

図15　各種太陽電池の高効率化の変遷と予想曲線

第3章 多接合太陽電池

率向上の変遷と今後の変換効率の向上に関する予想曲線[25]を示す。現在，太陽電池の主流は，結晶 Si 太陽電池で，電力用太陽電池生産の9割を占めているが，光電変換効率の飛躍的向上は難しい。結晶 Si 太陽電池では，効率 24.7% が達成されているが，29% が限界である。低コスト化技術として期待されているアモルファス Si 太陽電池や微結晶 Si 太陽電池の現状効率 14.5%，16% に対して，限界効率は 18.5%，23.5% と試算されている。これらに比べて，Ⅲ-Ⅴ族化合物半導体技術をベースとした InGaP/InGaAs/Ge 3 接合構造太陽電池の集光動作で，効率 41.6% が実現しており，4接合，5接合の多接合化により，効率 50% 以上の超高効率化が期待できる。

　従来，太陽電池層の結晶性の観点から格子定数整合系に注力してきたが，今後は，変換効率のポテンシャルの観点から格子不整合系太陽電池の研究開発が進もう。さらなる高効率化のためには，図1に示すように，接合数の拡大が一つの方向である。4接合，5接合の多接合化により，効率 50% 以上の超高効率化が期待できる。4, 5接合の実現のためには，Ge 基板や GaAs に格子定数整合し，バンドギャップ 1 eV の新材料の開発が必要である。InGaAsN や InGaN などが期待されている。InGaN は，一つの材料で，組成を変えるだけで，太陽光スペクトルのほぼ全域となる 0.7～3.4 eV の広い波長範囲をカバーできるメリットがある。しかし，両材料共，現状では，結晶欠陥や pn 制御等の課題があり，高効率太陽電池の実現に向け，研究のブレークスルーを期待している。実現すれば，半導体レーザー等の光デバイスや電子デバイス等，他分野への波及効果が期待できる。

　この他，太陽電池の超高効率化を目指して，①量子井戸や量子ドット構造，②中間バンドの概念による多重バンド励起，③衝突電離など多重電子-正孔対生成，④多光子吸収，⑤ホットキャリア，などが提案されている。

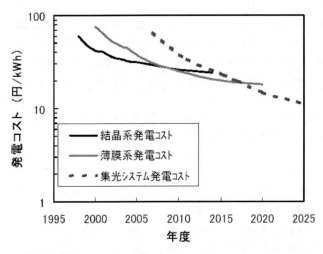

図16　結晶 Si 太陽電池，薄膜太陽電池および集光型太陽電池の開発による太陽光発電システムの電力コストの低減シナリオ[3]

以上述べたように，多接合太陽電池は，さらなる高効率化が期待でき，このような超高効率太陽電池と組み合わせる集光発電システムは，量産性はもとより，製造エネルギーとコスト，資源量，リサイクル性において，現用の非集光平板型太陽電池システムと比較して有利な位置にあり，将来的に大きなポテンシャルを持っていると考えられる。図16示すように，現在の主流の結晶Si技術に続き，薄膜技術やⅢ-Ⅴ族化合物の集光技術が参入することを予想している。太陽電池そのものの使用量を減らし，発電コストの抜本的な改善が可能で，大規模発電所に適した集光式太陽光発電が，2020年頃には，主流になることを期待している。

1.8 おわりに

結晶系Si太陽電池，薄膜型に続き，3番手の太陽電池として集光型太陽電池が，広範な太陽光発電システムの導入・普及に貢献することを期待したい。太陽電池および太陽光発電システムの性能向上，低コスト化により，地球環境にやさしいクリーンな太陽光発電が広く導入普及され，私達が住んでいるこの地球を子孫の代までもクリーンな状態で文明を伝承して行くことに貢献できることを期待したい。

文　献

1) J. C. C. Fan, B-Y. Tsaur and B. J. Palm, *Proceedings of the !6th IEEE Ptotovoltaic Specialists Conference*, p. 692（1982）
2) S. P. Bremner, M. Y. Levy and C. B. Honsberg, *Progress in Photovoltaics*, **16**, 225（2008）
3) M. Yamaguchi, *Solar Energy Materials & Solar Cells*, **75**, 261（2003）
4) J. Olson, S. Kurtz and K. Kibbler, *Appl. Phys. Lett.*, **56**, 623（1990）
5) K. Ando, C. Amano, H. Sugiura, M. Yamaguchi and A. Salates, *Jpn. J. Appl. Phys.*, **26**, L 266（1987）
6) M-J. Yang, M. Yamaguchi, T. Takamoto, E. Ikeda, H. Kurita and M. Ohmori, *Solar Energy Materials and Solar Cell*, **45**, 331（1997）
7) T. Takamoto, M. Kaneiwa, M. Imaizumi and M. Yamaguchi, *Progess in Photovoltaics*, **13**, 495（2005）
8) T. Sasaki, K. Arafune, H. S. Lee, N. J. Ekins-Daukes, S. Tanaka, Y. Ohshita and M. Yamaguchi, *Physica*, **B 376-377**, 626（2006）
9) M. Yamaguchi and C. Amano, *J. Appl. Phys.*, **58**, 3601（1985）
10) 高本達也，博士学位論文（豊田工大，1999）
11) J. A. Hutchby, R. J. Markunas and S. M. Bedair, *Proceedings of the SPIE, "Photovoltaics"*,

S. K. Ded Ed., **543**, p. 543 (1985)
12) H. Sugiura, C. Amano, A. Yamamoto and M. Yamaguchi, *Jpn. J. Appl. Phys.*, **27**, 269 (1988)
13) C. Amano, H. Sugiura, A. Yamamoto and M. Yamaguchi, *Appl. Phys. Lett.*, **51**, 1998 (1987)
14) T. Takamoto, E. Ikeda, H. Kurita, M. Ohmori and M. Yamaguchi, *Jpn. J. Appl. Phys.*, **36**, 6215 (1997)
15) T. Takamoto, E. Ikeda, T. Agui, H. Kurita, T. Tanabe, S. Tanaka, H. Matsubara, Y. Mine, S. Takagishi and M. Yamaguchi *Proceedings of the 28th IEEE Photovoltaic Specialists Conference*, pp. 1031 (IEEE, New York, 1997)
16) M. Yamaguchi and K. Ando, *J. Appl. Phys.*, **63**, 5555 (1988)
17) M. Yamaguchi, T. Okuda, S. J. Taylor, T. Takamoto, W. Ikeda and H. Kurita, *Appl. Phys. Lett.*, **70**, 1566 (1997)
18) T. Takamoto, T. Agui, E. Ikeda and H. Kurita, *Proceedings of the 26th IEEE Photovoltaic Specialists Conference*, pp. 1031 (IEEE, New York, 2000)
19) M. Imaizumi, S. Matsuda, S. Kawakita, T. Sumita, T. Takamoto, T. Ohshima and M. Yamaguchi, *Progess in Photovoltaics*, **13**, 529 (2005)
20) 佐々木拓生，博士学位論文（豊田工大，2010）
21) T. Sasaki, H. Suzuki, A. Sai, J.-H. Lee, M. Takahasi, S. Fujikawa, K. Arafune, I. Kamiya, Y. Ohshita and M. Yamaguchi, *Applied Physics Express*, **2**, 085501 (2009)
22) 高本達也，シャープ技報，**100**, 28 (2010)
23) R. R. King, A. Boca, W. Hong, X.-Q. Liu, D. Bhusari, D. Larrabee, K. M. Edmondson, D. C. Law, C. M. Fetzer, S. Mesropian and N. H. Karam, *Proceedings of the 24th European Photovoltaic Solar Energy Conference*, pp. 55 (WIP, Munich, 2009)
24) K. Araki, H. Uozumi, T. Egami, M. Hiramatsu, Y. Miyazaki, Y. Kemmoku, A. Akisawa, N. J. Ekins-Daukes, H. S. Lee and M. Yamaguchi, *Progress in Photovoltaics*, **13**, 513 (2005)
25) M. Yamaguchi, *Proceedings of the 19th European Photovoltaic Solar Energy Conference*, xl (WIP, Munich, 2004) ; A. Goetzberger, J. Luther and G. Willeke, *Solar Energy Materials and Solar Cells*, **74**, 1 (2002)

2 薄膜多接合シリコン太陽電池の高効率化・高生産性化技術

外山利彦*

2.1 はじめに

　地球環境問題への意識の高まりを背景に，脱化石燃料へ向けた国家レベルでの太陽光発電などの再生可能エネルギー普及政策が提唱されている。特に，再生可能エネルギーで作り出した余剰電力の買い取り制度（フィードイン・タリフ制度）を施策したドイツなどヨーロッパ諸国を中心に太陽電池の導入量の伸びは著しい。このような振興政策は世界的に広がり，太陽電池需要は，急激に増加している。これに呼応し，全世界における太陽電池の年間生産量は，飛躍的に増大し，2009年には，約10 GWを超えたと見込まれている[1]。この太陽電池需要の急伸に対し，アモルファスシリコン（a-Si）や微結晶シリコン（μc-Si）およびその合金系を用いた薄膜シリコン太陽電池への期待が高まっている。多結晶シリコンの1/60～1/70程度の膜厚しか要しない薄膜シリコン太陽電池では，シリコン原料費の太陽電池製造コストに占める割合が少なく，また，プラズマ化学気相堆積（Chemical Vapor Deposition：CVD）法などの低温（＜300℃）製造プロセスのため，多結晶シリコンよりも生産に使用するエネルギーが少ないことから，エネルギー・ペイバック・タイムがより短いことなどの利点を有するためである。このような薄膜シリコン太陽電池には，日本の技術開発が大きく貢献しており，現在もさらなる進化が期待されている[2,3]。

　薄膜シリコン材料は，結晶性や合金化により多彩な光学吸収係数を示す材料を作製すること，すなわち光学バンドギャップエンジニアリングが可能な材料である。この特長を基に，現在の薄膜シリコン太陽電池は，図1に示すように，異なる光学バンドギャップを有する発電層（i層）を有するp-i-n単接合太陽電池を積層した多接合（タンデム）構造で構成される[2～8]。そのため，多接合太陽電池は，太陽光スペクトルに広く対応した分光感度を持ち，また，電気的には単接合太陽電池の直列接続になるため，1つのセルで高い電圧が出力可能となる。各単接合太陽電池としては，主に青色から緑色の短波長光で発電を行うa-Si太陽電池，黄色～近赤外の長波長光で発電を行うアモルファスシリコンゲルマニウム（a-SiGe）太陽電池およびμc-Si太陽電池，さらに長波長側の赤外領域で発電を行う微結晶シリコンゲルマニウム（μc-SiGe）太陽電池などが開発され，様々な組み合わせが研究されてきた。高効率化に関しては，現在までに，アメリカ・United Solar Ovonic社が，a-Si/a-SiGe/μc-Si 3接合太陽電池において，初期効率15.39％（安定化効率13.31％）を達成している[9]。今後，薄膜シリコン太陽電池のさらなる高性能化のためには，各単接合太陽電池の高効率化が必要であるとともに，多接合時における電流マッチングには，光閉じ込めなど光マネジメント技術も必須となっている。本節では，μc-SiGe太陽電池について

＊　Toshihiko Toyama　大阪大学　大学院基礎工学研究科　助教

第3章 多接合太陽電池

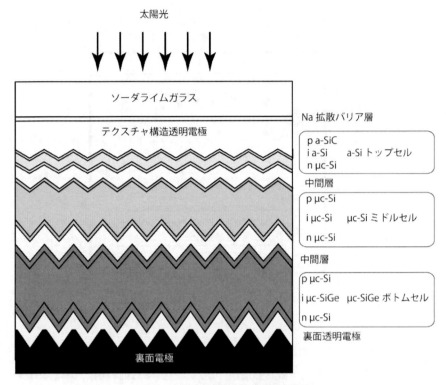

図1　3接合太陽電池の構造模式図

は，第3章1節に詳細な解説があるので割愛し，a-Si単接合太陽電池，μc-Si単接合太陽電池および光マネジメント技術を中心に概説する[2〜8]。

薄膜シリコン太陽電池の生産には，多結晶シリコンよりも大きな初期投資が必要である。これは，薄膜シリコン堆積用のプラズマCVD装置や電極形成用のスパッタリング装置などの真空プロセス装置やモジュール形成用のレーザーパターニング装置の導入費用が高額であることに起因する。したがって，世界的な太陽電池需要増に応えるため，また高額である初期投資を早く回収するためにも生産性の向上に対して高い関心が寄せられている。高生産性を得るための製膜に関する技術的手法としては，①製膜時間の短縮化，②製膜面積の大面積化，および③同時製膜基板の複数枚化がある。本節では，高速製膜技術と大面積化技術を中心に，最近の技術開発動向についても概説する[10, 11]。

2.2 高効率化技術

2.2.1 a-Si太陽電池

図2に現在広く用いられている容量結合型平行平板プラズマCVD装置の概念図を示す。a-Siは，モノシラン（SiH_4）ガスを原料とする。プラズマCVD法では，高周波電界を印加すること

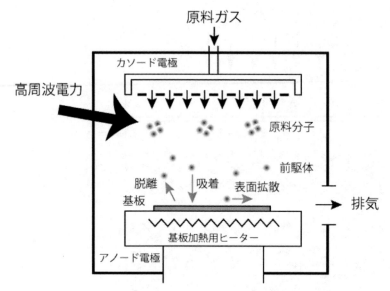

図2　容量結合型平行平板プラズマCVD装置概念図

により，カソード電極から電界放出された電子により，SiH_4分子が衝突解離し，SiH_3などの前駆体（ラジカル，イオン）を形成する。したがって，プラズマCVD法は，イオンエネルギー，プラズマ密度，電子温度などのプラズマパラメータで決定される物理気相堆積（Physical Vapor Deposition：PVD）法の要素を持つCVD法である[5]。作製条件によっては，PVD的要素が強く現れるが，a-Siにおいては，それを抑えた条件で良質な膜が得られている。a-Si（およびμc-Si）膜成長過程においては，SiH_4分子の電子衝突解離により，解離に要するエネルギーの最も低いSiH_3ラジカルが多く解離されるため，SiH_3ラジカルが最も大きく関与する[4,12]。最近では，SiH_3ラジカルの表面反応に表面下数原子層（subsurface）における反応を加え，分子動力学と第一原理計算密度汎関数理論を組み合わせたシミュレーション解析により，原子レベルでの反応が検討されている[13]。

　水素含有量および水素結合状態は，a-Siにおいて光学バンドギャップや欠陥密度などに深く関わる重要な構造的要因である。また，Steabler-Wronski効果（光劣化および熱アニールによる回復現象）にも大きく寄与することから，太陽電池においても，初期効率，安定化効率および年間発電量にも大きく影響を与える。フーリエ変換赤外（Fourier Transfer Infrared：FTIR）分光法により評価されるSi結合水素に関しては，SiH_n（$n=1, 2, 3$）結合ごとの結合量が算出可能であり，全反射吸収（Attenuated Total Reflection：ATR）分光法等の反射測定では，SiH_2/SiH結合比が*in-situ*で測定可能である。これまでに，SiH_2結合量を減らすことにより，光劣化率の少ないa-Siが得られることが明らかとなっている。ただし，現状の製膜方法では，SiH_2結合量

第3章 多接合太陽電池

を減らすとSiH等の他の結合も同時に少なくなり、水素含有量は数％程度となる。最近、分光エリプソメトリー法により、SiH_2およびSiH結合量の面内分布を測定する試みが行われている[14]。分光エリプソメトリー法では、すでに膜厚、屈折率の面内分布を測定することが行われており、さらに、SiH_2およびSiH結合量の面内分布測定が加われば、安定化効率および年間発電量の予測において、有力な情報が得られると期待される。

a-Si太陽電池は、p-i-n接合によって構成される。i層で生成された光キャリアは、電界によって、正孔と電子に分離され、それぞれp層とn層へドリフト輸送される。したがって、i層内でキャリアの再結合が生じないことが必須となる。また、キャリアの再結合は、Steabler-Wronski効果を引き起こす。したがって、再結合抑制のために、結合水素量に関連したi層材料のバルク欠陥密度の低減だけでなく、$a-SiC_x$, $a-SiO_x$, μc-Siなどのワイドギャップ・高キャリア濃度p, n層の開発、p/i, i/n界面への$a-SiC_x$バッファ層挿入、酸素など不純物混入によるn形化の防止、膜厚の最適化が行われてきた[2~4]。

2.2.2 μc-Si ボトムセル

i層用μc-Si薄膜の作製には、a-Si同様の平行平板型容量結合型プラズマCVD装置が広く用いられており、基板温度200℃程度で製膜が行われている。また、触媒CVD法などその他の非熱平衡系CVD法でも作製が試みられている。μc-Siは、a-Siと同様に、主にプラズマCVD法で作製される薄膜Si材料であり、微小な結晶粒で構成される結晶相（c相）とそれらを取り囲むアモルファス相（a相）の混相材料である[5,7,12]。したがって、μc-Siにおいては、a-Siの膜成長過程に加えて、一般の非平衡条件下での結晶成長過程：①結晶核形成、②凝集、③競争成長を経るが、結晶核形成段階までは、a-Siと同様な表面反応による解釈が可能である。結晶核形成には、H_2ガスによる希釈と高投入電力が有効であり[5,12]、Hラジカルが表面のSi-Si二量体へ侵入することにより、大きな歪みが生じ、核形成に寄与するとのモデルが提案されている[15]。核形成前後におけるSi膜全体の平均的なストレスの変化は、実験的にも明らかにされていることから、局所的な歪みを反映していることが示唆される。

結晶核形成以降の膜成長過程に関する研究には、μc-Siのナノ構造およびナノ構造と深く関連する表面モフォロジー像を利用するのが効果的である[2,7,8,16]。また、μc-Siの構造を巨視的に評価する方法として、X線回折（X-Ray Diffraction：XRD）法とラマン散乱法が広く用いられている[8]。断面透過電子顕微鏡（Transmission Electron Microscope：TEM）観測から、μc-Siに含有される結晶相の形状には、粒状構造と柱状構造の2種類あることが明らかとなっている。結晶学的には、前者は、(111)優先配向、後者は、(110)優先配向で分類される。また、μc-Si太陽電池においては、前者は、ドープ層（p層、n層）に多用され、後者は、i層に好適である。開発初期のμc-Siは、概ね粒状構造であったが、1990年半ばにi層に適用可能なμc-Siが開発さ

111

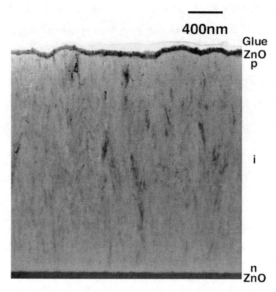

図3　μc-Si 太陽電池（n-i-p 構造）の断面 TEM 像

れ，柱状構造を有することが明らかとなった。図3に μc-Si 太陽電池の断面 TEM 像を示す。結晶成長初期の膜厚 100～200 nm 程度の領域には，a 相が存在し，その中を c 相が下地 n 層直上から円錐状に広がりながら成長している。一方，結晶成長初期領域以外では，a 相は明確には観測されず，柱状（樹枝状）の c 相の合間に転位による明瞭な粒界が点在する。下地層や製膜条件により，構造は多様に変化し，特に結晶成長初期領域は，c 相を含まない例，すなわちインキュベーション層を明確に含む例もあるが，太陽電池として十分な光電流を得るためには，図3のように下地 n（または p）層直上から成長が開始していること，成長方向には，ボイドや a 相が無く，結晶粒が連続していることが肝要である。さらに，このような成長方向の結晶化率などの構造不均一性を抑制するために，結晶化に最も効果が現れる水素希釈率を結晶成長初期領域において製膜中に連続的に変化させる水素プロファイル法も提案されている[17]。

　c 相自体も小さな結晶子が自己相似的に凝集し，大きな結晶粒を構成するフラクタル構造により形成されていることが明らかになっている[2,7,8,16]。XRD 観測により，各 (hkl) 面配向結晶子の大きさは，Scherrer 則を用いて，10～20 nm 程度であると算出されている。また，大きな結晶粒の粒界は，高性能な太陽電池における i 層 μc-Si ほど不明確になる。この不明確な粒界のため，横方向粒径を算出するのは，多結晶材料とは異なる手法が必要になる。我々は，原子間顕微鏡（Atomic Force Microscope：AFM）で観測した表面像から，そのフラクタル構造の有するスケーリング性を利用した横方向粒径算出方法を提案した。図4に製膜時間の異なる μc-Si 薄膜の表面 AFM 像を示す。大きな結晶粒の横方向粒径は，膜厚に応じて増加し，膜厚 2 μm では，

第3章　多接合太陽電池

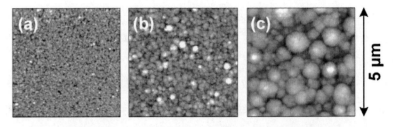

図4　製膜時間の異なる μc-Si 薄膜の表面 AFM 像（製膜速度約 7 nm/s）
(a) 1.4分，(b) 5.4分，(c) 13.6分。横方向粒径は，それぞれ (a) 70 nm
(b) 280 nm (c) 590 nm である。

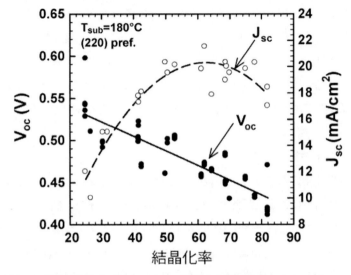

図5　i 層の結晶化率が異なる μc-Si 単接合太陽電池における J_{SC} と V_{OC}

100～500 nm 程度である。また，定常光キャリアグレーティング（Steady-State Photocarrier Grating：SSPG）法を用いて光キャリアの面内拡散長を測定した結果，この大きな結晶粒の横方向粒径との相関を見いだした[16]。この結果は，大きな結晶粒間の粒界が再結合中心となっていることを定量的に示す。

ラマン散乱スペクトルの 450～520 cm^{-1} に現れる SiTO フォノンモードから算出される結晶化率も極めて重要な構造パラメータであり，i 層用の μc-Si には，算出方法の違いもあり 50～70% が適当とされる[2,8]。図5に一例として，結晶化率の異なる μc-Si i 層を有する太陽電池における短絡光電流密度（J_{SC}）と開放電圧（V_{OC}）を示す[18]。結晶化率の増加にともない，c 相からの光キャリアが増加し，J_{SC} は，増加傾向にあるが，V_{OC} は単調に減少する。これは，適度な a 相が大きな結晶粒の粒界に数原子層程度の厚みで存在することで，上述した大きな結晶粒の粒界における光キャリアの再結合を抑制できるため高 V_{OC} が得られるが，a 相の減少にともない，製膜後

酸化が粒界を通して生じ，n 形化が生じ，i 層中にフラットバンドが生じるため，キャリア再結合が促進すると解釈されている。このような J_{SC} と V_{OC} の相反する挙動の結果，中間的な結晶化率において，高効率 μc–Si 太陽電池が得られる。

最近になり，FTIR 法による赤外吸収スペクトルの詳細な解析により，2000 cm^{-1} 付近に現れる SiH$_n$ のストレッチングモードに超微細構造が存在するような μc–Si 膜では，製膜後酸化が容易に生じることが見いだされた。さらに，柱状構造の大きな粒界を水素が直接終端する場合には，超微細構造が生じるが，数原子層程度の a 相により覆われている場合には超微細構造が現れず，後者の方がよりパッシベーション効果が高いため，製膜後酸化が進まないとの解釈が提案された[19]。加えて，(110) 優先配向膜の方が，この超微細構造が現れにくいとの報告がなされ，(110) 優先配向膜の優位性がさらに強まっている[20]。一方，(110) 優先配向性を制御するためには，製膜時の Si 二量体の表面反応が重要であると示唆される結果が報告され[21]，また，(110) 結晶子が，大きな結晶の柱状構造の外側に鞘上に集中して存在することが，3 次元 TEM トポグラフィ法の開発により示唆される[22]など，より詳細なナノ構造の解明および結晶配向性の制御に関する進捗が著しい。

2.2.3 光マネジメント技術

薄膜シリコン太陽電池，特に光吸収係数の小さな μc–Si を i 層とする μc–Si 太陽電池の高性能化には，光閉じ込め効果による光路長の増加は不可欠である。また，図 1 のような多接合太陽電池の場合には，各セルの中間に，波長選択性を有する中間層を挿入することで，光電流増加が達成されている[2,3]。また，裏面電極側には，金属電極でのプラズモン吸収を抑えるため，透明電極を挿入する。このような，光学的な観点から，薄膜シリコン太陽電池の太陽電池性能を向上させる技術，すなわち光マネジメント技術も最近，特に活発に開発が行われている。

光閉じ込め効果には，フッ素を添加した酸化スズ（SnO$_2$：F）膜や，ホウ素，アルミニウムまたはガリウムを添加した酸化亜鉛（ZnO：B，ZnO：Al，ZnO：Ga）などの透明導電酸化物（Transparent Conductive Oxide：TCO）膜の表面テクスチャ構造を利用することが広く行われている。図 6 にテクスチャ構造上に作製した μc–Si 太陽電池の走査型電子顕微鏡（Scanning Electron Microscope：SEM）像を示す。特に，a–Si においては，旭硝子の SnO$_2$：F 膜を用いた Type-U（およびその後継の Type-SU）基板が，事実上の標準として用いられている[2]。また，最近では，同社は，多接合太陽電池に対応した W テクスチャも発表している[23]。一方，自由電子吸収による長波長感度低下を避けるため，ZnO：B などの電子の移動度が比較的速い材料も多接合太陽電池では重要となっている。

光閉じ込め効果の増強を狙い，TCO 表面の表面粗さを増加させると，太陽電池性能がかえって低下する。この傾向は，μc–Si 太陽電池では，特に顕著である[24]。これは，テクスチャ構造の

第3章　多接合太陽電池

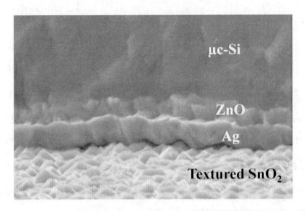

図6　テクスチャ構造基板上に作製したμc-Si太陽電池のSEM像

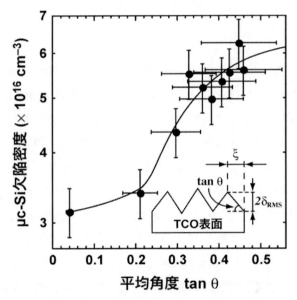

図7　平均角度tan θの異なるテクスチャ構造上に製膜した
　　μc-Si膜の欠陥密度

平均角度 tan θ に応じて生じる μc-Si の欠陥に起因する。テクスチャ構造には，CVD 法やスパッタ法で製膜後そのままの表面構造や，製膜後のウェットエッチング処理により，さらに粗くした表面構造が用いられているが，いずれの表面構造においても，一般的にはフラクタル構造が形成される。したがって，テクスチャ構造の平均角度 tan θ に関しても，スケーリング解析を利用して，その評価が可能である[25]。図7に示すように，tan θ の増加にともない μc-Si 膜の欠陥密度が増加し，特に，臨界値（約0.3）を超えた領域では，欠陥密度の増加は顕著である。この結果は，太陽電池における性能低下に関する tan θ の臨界値と一致する。さらに，欠陥密度の膜厚依存性の結果から，緩やかな稜角を有するテクスチャ構造上では，TCO/μc-Si 界面での欠陥の増

加に主に起因するが，$\tan\theta$ が臨界値を超える稜角を有するテクスチャ構造上では，μc–Si 膜中の欠陥も増加することが示唆された。なお，$\tan\theta$ の臨界値は，製膜条件により異なる。平均角度に応じた V_{OC} の低下を抑制するために，U 字型テクスチャ構造が提案されている[26]。

非接触・非破壊によるテクスチャ構造の評価として，近紫外レーザー光による評価が報告された[27]。これは，垂直入射したレーザーの散乱光をある反射角（例えば 45 度）で測定し，その強度により散乱の程度すなわち光閉じ込めの程度を評価するものである。空気中のレーザー光の波長 375 nm は，μc–Si 膜（屈折率約 3.5）中では，波長 1.3 μm に相当するため，光閉じ込めに必要な長波長光の波長に近い。その結果，散乱光強度と μc–Si 太陽電池の光電流にはよい相関が得られ，好適な評価方法であることが実証されている。

2.3 高生産性化技術
2.3.1 高速製膜技術

前述した通り，薄膜型シリコン太陽電池の普及のためには，生産性の向上が必要である。図 1 の多接合太陽電池の場合には，a–Si トップセルにおける i 層の膜厚は，おおよそ 0.2～0.3 μm，μc–Si ボトムセルにおける i 層の膜厚は，おおよそ 1～2 μm となる。また，p 層および n 層の膜厚は，いずれも 0.05 μm 以下であるため，i 層の製膜時間，特に μc–Si ボトムセルの i 層の製膜時間が，生産性向上に対するボトルネックになることは，容易に想像できる。これに対し，p 層および n 層の膜厚（製膜時間）との差を考慮し，一般的には，i 層は複数のチャンバーに分けて製膜するが，この分割数が多くなると装置が複雑となり，初期投資額が増大する。そこで，より少ない分割数で行うために，高速製膜と i 層の膜厚の低減化が，最近の開発の中心課題となっている。しかし，μc–Si 太陽電池の i 層膜厚の低減には，前述した光閉じ込め効果の増強が必要であり，また，ナノ構造の異なる初期製膜領域の割合が増大するため，高速製膜技術は必要である。ここでは，μc–Si の高速製膜を中心に，高速製膜技術の進捗について説明を行う。

前述した通り，プラズマ CVD 法による μc–Si の製膜には，a–Si 同様に SiH_3 ラジカル種が大きく関与する[12]。したがって，製膜速度向上には，SiH_3 ラジカル種を効率よく生成する必要がある。さらに，低欠陥密度膜を製膜するためには，プラズマの電子温度を低くすることが有効である。ラジカル生成の促進およびプラズマの電子温度の低減の両者に有効な製膜パラメータは，励起周波数の増加である。スイス・Neuchâtel 大学グループによる μc–Si 太陽電池および a–Si/μc–Si 2 接合太陽電池（Micromorph セル）の報告により[26]，従来使用されてきた励起周波数 13.56 MHz よりも超高周波（VHF）帯域である 60～100 MHz での励起が，μc–Si 製膜に好適であることが明らかとなった。また，励起周波数の増加により，プラズマ中の電子温度が低下することも報告された。これらの報告から，プラズマ CVD 法でしばしば問題となる励起イオンラジカルに

第3章　多接合太陽電池

よるイオン衝撃を軽減する効果が，μc–Si 製膜に有効であると理解されている．加えて，励起周波数を増加すれば，SiH$_4$ 原料ガスのラジカル化が促進されるため，製膜速度は増加し，ガス使用効率が向上することになる．さらに，励起周波数の増加は，a–Si[28]，a–SiGe[29]，そして μc–SiGe[30] の製膜速度増加にも有効である．

しかし，周波数を増加させると，波長は短くなり，後述する大面積化との両立が困難となる．つまり，周波数 60～100 MHz であれば，半波長は，2.5～1.5 m となる．現在では，基板サイズが，既に 1 m を超え，さらに大型化が検討されていることから，定在波が生じることを避ける必要がある[31,32]．この問題の対策として，製膜サイズに対応した励起周波数の選択（例えば，周波数 40 MHz，半波長 3.75 m）[33]，もしくは，後述するように，アレイアンテナ型[33]，ラダー型[34,35]，マルチホローカソード[36]，局在プラズマ[37] などの従来の平行平板型以外の新たなプラズマ励起源の開発が試みられており，一部は既に生産設備に導入されている[34,35]．いずれにせよ，μc–Si の高速製膜には，まず励起周波数の増加が必要である．

μc–Si の高速製膜には，高圧枯渇領域での製膜も有効である．独立行政法人産業総合研究所（産総研）は，高製膜圧力下で高水素希釈・高投入電力条件での製膜を行った結果，単に製膜速度を増加させるだけでなく，欠陥密度の少ない μc–Si を製膜するためには，高圧枯渇条件下で製膜することが有効であることを報告した[38]．これは，従来 0.1 kPa（約 1 Torr）前後であった製膜圧力を数倍以上増加させ，SiH$_4$ 原料ガスの供給を十分にした上で，高電力を投入し，SiH$_3$ ラジカル生成を促進させる．その結果，製膜速度は，投入電力に対して，増加から，飽和さらには減少へと転じる．製膜速度の飽和・減少領域では，SiH$_4$ はすべてラジカル化し，枯渇しているため，このような製膜領域は高圧枯渇領域と呼ばれている．高圧条件は，プラズマの電子温度が低減する効果があるため，これも μc–Si の欠陥密度低減に有効であると考えられる．

VHF 励起・高圧枯渇条件での μc–Si の高速製膜ならびに太陽電池応用は，現在広く行われており，これまでに産総研[36,38]のほか，三菱重工業株式会社[34,35]，三洋電機株式会社[37]，キヤノン株式会社[39,40]，ドイツ・Forschungszentrum Jülich GmbH[41]，オランダ・Utrecht 大学[42]，富士電機ホールディングス株式会社[43]から高圧枯渇条件での研究結果の報告がなされている．大阪大学では，2 kPa を超える高圧条件を用いることにより，製膜速度 8.1 nm/s の高速製膜 μc–Si を用いた太陽電池で変換効率 6.30% を達成している[44～46]．図 8 に各研究機関および企業から報告された μc–Si 単接合太陽電池の i 層製膜速度と変換効率との関係をまとめている[34～46]．製膜速度が増加すると，太陽電池の変換効率が低下傾向にある．製膜圧力の増加にともない，枯渇条件を満たす投入電力も増加するため，前述した問題点，高い投入電力よるイオン衝撃の増加が顕著になり，変換効率が低下傾向にあると推察される．

また，高圧化が進むと Paschen 則により，製膜圧力に反比例して，電極間距離が狭くなる．

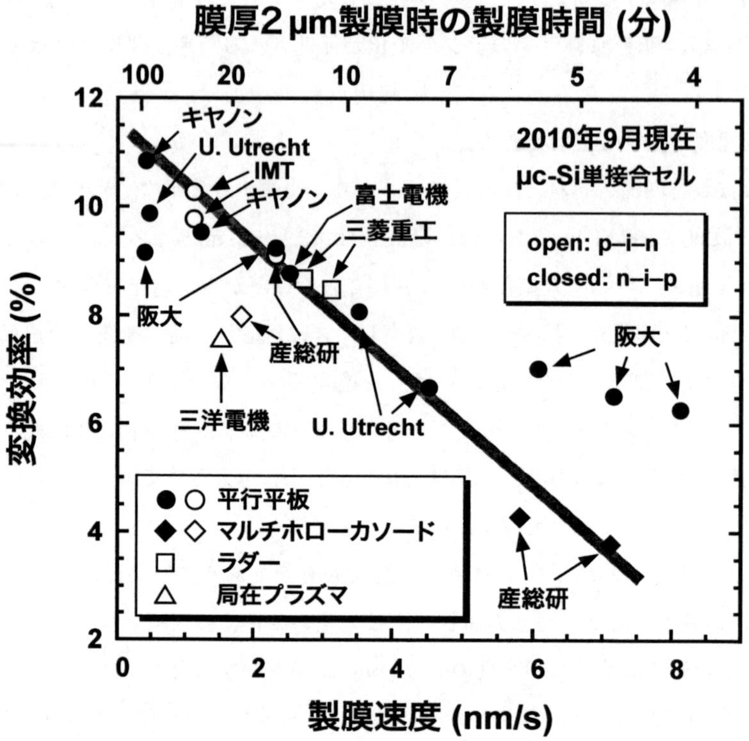

図8　各研究機関から報告された様々な製膜速度で作製したi層を用いた
μc-Si 太陽電池の変換効率
上横軸は膜厚 2 μm に要する製膜時間。

上述した 2 kPa を超える高圧条件では，我々は，電極間距離 4 mm を用いた[44]。電極間距離が狭くなれば，大面積化における装置の機械的制約が厳しくなるため，生産設備の設計が，より難しくなる問題がある。また，高圧プラズマによる基板加熱の影響を受け易くなる[44,47]。マルチホローカソード電極や局在プラズマ CVD 法では，電極間距離の制約は緩和される[36,37]。また，三洋電機株式会社は，局在プラズマ CVD 法を用いて，1.1 m×1.4 m の基板上で，a-Si/μc-Si 2 接合太陽電池（μc-Si i 層製膜速度 2.4 nm/s）で初期効率 11.1% を報告した[48]。

　a-Si の製膜に関しては，膜厚が薄いため，要求される製膜速度は，それほど速くはない。膜厚が薄い主な理由は，a-Si の光吸収係数が可視域において $10^5 cm^{-1}$ 台と大きいこと，そして，a-Si 太陽電池の特有の Steabler-Wronski 効果の抑制する有効な方法であることである[2,3]。また，μc-Si とは異なり，低欠陥密度の a-Si 膜を得るためには，SiH_3 の表面拡散の促進と表面での SiH_4 形成による再離脱の抑制のバランスを得る必要がある[49]。そのためには，電子温度の低いプラズマを用いて SiH_4 を枯渇させずに短寿命ラジカル SiH_x ($x<3$) 濃度を低減することが重要とされる。技術的には，適度な水素希釈や製膜速度に応じた基板温度の選択が有効である[49]。また，前

第3章　多接合太陽電池

述したように励起周波数を増加することも有効である[28]。三菱重工業株式会社は，ラダー型電極を用いて，励起周波数 120 MHz で 4 nm/s 以上となることを報告している[50]。アメリカ・United Solar Ovonic は，マイクロ波（2.45 GHz）励起プラズマ CVD を用いて，10 nm/s で製膜した a-Si および a-SiGe を用いた 2 接合太陽電池で変換効率 11.44% を報告している[51]。

2.3.2　大面積製膜技術

　薄膜シリコン太陽電池の生産方法には，ガラス基板を用いた生産方法とフレキシブル基板を用いたロール・ツー・ロール方式に大別される。まず，現在広く行われているガラス基板を用いた生産方法における大面積化技術について述べる。日本の各企業は，自社開発した大面積製造装置を用いて生産を行っている。株式会社カネカは，企業では，最も早く a-Si/μc-Si 2 接合太陽電池の研究を始め，2001 年 4 月には，世界で初めて，同モジュール生産を始めた[52]。三菱重工業株式会社は，VHF 励起のプラズマ CVD 装置に着目し，高速製膜と大面積化を両立させるためのラダー型電極構造を開発した[34,35]。位相制御法を適用することにより，基板内電界不均一を抑制し，1.1 m×1.4 m 基板で a-Si/μc-Si 2 接合太陽電池の生産を開始している。さらに，4 m^2 領域の表裏で 1.1 m×1.4 m 基板 a-Si/μc-Si 2 接合太陽電池（μc-Si i 層製膜速度 2.6 nm/s）を同時に 6 枚作製する技術を開発中である[35]。一方，既存装置を導入し，予め決められたレシピで生産を行うターン・キー方式による生産も試みられている。

　フレキシブル基板を用いた薄膜シリコン太陽電池は，基板の軽量性，湾曲性，非破壊性などの特長からガラス基板とは異なる付加価値を持つような太陽電池が作製可能である[9,39,40,43]。フレキシブル基板の場合，ロール・ツー・ロール方式が使用され，km 級の長尺基板を用いることにより，生産性が向上する。さらに軽量性は，製造装置の高生産性にも有利な上，製品輸送などの低コスト化にも有用である。一方，μc-Si のような応力の高い膜の生産には，その湾曲性のため工夫を要し，ガラス基板と比較すると，基板からの出ガスが多いことや熱容量が小さいことなどのフィルム基板の特性から，ガラス基板の場合とは異なる生産技術を必要とする。アメリカ・United Solar Ovonic は，ステンレスフィルム基板を用いて，a-Si/a-SiGe/a-SiGe 3 接合太陽電池モジュールをロール・ツー・ロール方式で生産している。同社の年産は 100 MW 以上の世界最大級であることから，ロール・ツー・ロール方式の高生産性が実証されている。さらに，最初に述べた通り，a-Si/a-SiGe/μc-Si 3 接合太陽電池で高効率化に成功している[9]。また，富士電機ホールディングス株式会社は，耐熱性に優れたポリイミドフィルムを基板として，ステッピングロール方式という独自 PECVD 装置を構築している。インライン型に各層製膜室が接続され，フィルム基板上への製膜，基板搬送を逐次繰り返す。同方式を用いて，a-Si/a-SiGe 2 接合タンデム型太陽電池の生産を行っている[53]。また，μc-Si 太陽電池についても，i 層製膜速度 2.5 nm/s の高速製膜をステッピングロール方式に適用し，μc-Si 単接合太陽電池で変換効率 8.8%，a-Si/μ

c-Si 2 接合太陽電池で初期変換効率 12.5% を最近報告している[43]。

2.4 おわりに

資源面の観点から考えると，安全でかつ資源豊富なシリコンを少量しか使用しない薄膜シリコン太陽電池は，極めて魅力的である。世界的な太陽電池の爆発的な需要増は，今後も続くと予想され，これに対応するためには，高効率多接合太陽電池を高生産性化技術により生産することが必要であり，上述した技術のさらなる進化が求められる。

文　　献

1) A. Jager-Waldau, PV Status Report 2010, European Commission Joint Research Center (2010)
2) 太和田善久，岡本博明監修，薄膜シリコン系太陽電池の最新技術，シーエムシー出版 (2009)
3) 小長井誠ほか，太陽電池の基礎と応用，培風館 (2010)
4) 田中一宣ほか，アモルファスシリコン，オーム社 (1993)
5) R. A. Street, "Hydrogenated Amorphous Silicon", (Cambridge University Press, 1991)
6) J. Poortmans and V. Arkhipof (eds), "Thin-Film Solar Cells-Fabrication, Characterization and Applications", John Wiley & Sons (2006)
7) 外山利彦，表面科学，**31**, 131 (2010) ; *ibid*，応用物理，**77**, 823 (2007)
8) 外山利彦，岡本博明，光学，**33**, 10 (2004)
9) B. Yan *et al.*, Proc. IEEE 33 rd PVSC, San Diego, USA, p. 258 (2008) ; なお，同社では，μc-Si をナノ結晶 Si (nc-Si) と呼称している。
10) 外山利彦ほか，太陽エネルギー有効利用最前線，p. 129, エヌ・ティー・エス (2008)
11) 外山利彦，プラズマ・核融合学会誌，**86**, 21 (2010)
12) A. Matsuda, *J. Non-Cryst. Solids*, **338-340**, 1 (2004)
13) S. C. Pandey *et al.*, *Appl. Phys. Lett.*, **93**, 5913 (2008) ; *ibid*, *J. Chem. Phys.*, **131**, 034503 (2009)
14) 蔭山翔太，藤原裕之，第 71 回応用物理学会学術講演会講演予稿集，14 p-ZB-3 (2010)
15) H. Fujiwara *et al.*, *Jpn. J. Appl. Phys.*, **41**, 2821 (2002)
16) T. Toyama *et al.*, *Philos. Mag.*, **89**, 2491 (2009)
17) J. Yang *et al.*, *Thin Solid Fillms*, **487**, 162 (2005)
18) T. Toyama and H. Okamoto, *Solar Energy*, **80**, 658 (2006)
19) A. H. Smets *et al.*, *Appl. Phys. Lett.*, **92**, 033506 (2008)
20) K. Saito and M. Kondo, Proc. 25 th EU PVSEC/WCPEC-5, Valencia, Spain, 3 CO. 11. 4

第3章　多接合太陽電池

（2010）
21) K. Saito and M. Kondo, *Phys. Stat. Solidi (a)*, **207**, 535 (2010)
22) 蟹江陽介ほか，第71回応用物理学会学術講演会講演予稿集，14 p-ZB-7（2010）
23) N. Taneda *et al.*, Proc. 23 rd EU PVSEC, Valencia, Spain, p. 2084 (2008)
24) Y. Nasuno *et al.*, *Jpn. J. Appl. Phys.*, **40**, L 303 (2001)
25) T. Toyama, *Appl. Phys. Express*, **3**, 051103 (2010)
26) F. Meillaud *et al.*, *Philos. Mag.*, **89**, 2599 (2009)
27) H. Sai and M. Kondo, *J. Appl. Phys.*, **105**, 094511 (2010)
28) H. Curtins *et al.*, *Plasma Chem. & Plasma Proc.*, **7**, 267 (1987)
29) S. J. Jones *et al.*, *AIP Conf. Proc.*, **462**, 303 (1999)
30) T. Matsui *et al.*, *Appl. Phys. Lett.*, **89**, 142115 (2006)
31) J. Schmitt *et al.*, *Plasma Sources Sci. Technol.*, **11**, A 206 (2002)
32) A. Perret *et al.*, *Appl. Phys. Lett.*, **83**, 243 (2003)
33) Y. Takagi *et al.*, Proc. 22 nd EU PVSEC, Milan, Italy, p. 1810 (2007)
34) Y. Nakano *et al.*, *Thin Solid Film*, **506-507**, 33 (2004)
35) 山内康弘ほか，学振第175委員会　第7回次世代の太陽光発電システムシンポジウム予稿集，p. 129（2010）
36) C. Niikura *et al.*, Proc. 19 th EU PVSEC, Paris, France, p. 1637 (2004)
37) Y. Aya *et al.*, Tech. Digest PVSEC-17, Fukuoka, Japan, p. 1320 (2007)
38) T. Matsui *et al.*, *Jpn. J. Appl. Phys.*, **42**, L 901 (2003)
39) K. Saito *et al.*, Tech. Digest PVSEC-12, Jeju, Korea, p. 429 (2001)
40) K. Saito *et al.*, Proc. WCPEC-3, Osaka, Japan, p. 2793 (2003)
41) Y. Mai *et al.*, *J. Appl. Phys.*, **97**, 114913 (2005)
42) A. Gordijn *et al.*, *Jpn. J. Appl. Phys.*, **45**, 6166 (2006)
43) T. Tsuji *et al.*, Proc. 25 th EU PVSEC/WCPEC-5, Valencia, Spain, p. 2740 (2010)
44) Y. Sobajima *et al.*, *Jpn. J. Appl. Phys.*, **46**, L 199 (2007)
45) Y. Sobajima *et al.* Tech. Digest PVSEC-17, Fukuoka, Japan, p. 331 (2007)
46) Y. Tsutsui *et al.*, Proc. 25 th EU PVSEC/WCPEC-5, Valencia, Spain, p. 2759 (2010)
47) M. N. van den Donker *et al.*, *Thin Solid Films*, **511-512**, 562 (2006)
48) W. Shinohara *et al.*, Proc. 25 th EU PVSEC/WCPEC-5, Valencia, Spain, p. 2735 (2010)
49) A. Matsuda, *J. Vac. Sci. Technol. A*, **16**, 365 (1998)
50) 河合良信ほか，応用物理，**70**，438（2001）
51) S. Guha *et al.*, *Appl. Phys. Lett.*, **66**, 595 (1995)
52) K. Yamamoto *et al.*, Proc. WCPEC-4, Hawaii, USA, p. 1489 (2006)
53) R. Sakai *et al.*, Tech. Digest PVSEC-17, Fukuoka, Japan, p. 185 (2007)

第4章 シリコン太陽電池

1 太陽電池における高効率化技術

豊島安健*

1.1 はじめに

　太陽電池における光から電力への変換効率は，受光面に照射される光エネルギーの総量に対する外部に取り出される電力の比で定義される。変換効率の向上を考える際，まず発電に寄与する半導体層がどれだけの光を吸収できるかという点と，その光吸収により発生したキャリアをどれだけ効率よく外部に取り出せるかという点の二つの過程に大別すると解りやすい。前者としては半導体材料そのものの光吸収特性が基本となるほかに，光入射側面の反射防止膜やテクスチャー構造，発電層本体の厚さ，裏面の光反射構造などが重要である。後者としては，半導体材料が本来有するキャリア輸送特性とそれに影響を与える結晶欠陥の種類や密度に加え，接合の構造や表面・裏面における電極配置やパッシベーションなどが係わってくる。本稿では，これら二つの観点から太陽電池を高効率化する様々な手法について，単結晶シリコン系を中心に，多結晶系や薄膜系などの場合も織り交ぜて解説するとともに，高効率なシリコン系太陽電池について具体例の紹介を行う。

1.2 太陽電池材料の光吸収特性

　太陽電池が発電するためには，まず光を吸収する必要がある。「入射した光のうち，吸収されたものだけが反応に関与する」という光化学の第一法則（別名 Grotthus-Draper の法則）が知られているが，太陽電池の場合にこの法則を当てはめると，「吸収された光だけが発電に寄与する」ということになる。太陽電池の発電層などに用いられる主な半導体材料の光吸収特性を図1に示す。固体の光吸収係数は長さの逆の次元を持ち，その長さだけ光が固体中を進むことにより，その強度が1/10になることを意味している。どの半導体も，あるエネルギーのところから，光吸収が急峻に立ち上がり，高エネルギー側（短波長側）にいくにつれ，吸収が強くなる。この立ち上がりを吸収端と呼び，この波長に相当するエネルギーが半導体の禁制帯幅（バンドギャップ）に対応する。固有の禁制帯幅を持つことが半導体の特徴であり，これより低エネルギー（長波長）の光は吸収されず，半導体内を透過する。この性質を利用し，光入射側から異種の半導体

＊　Yasutake Toyoshima　㈱産業技術総合研究所　エネルギー技術研究部門　主任研究員

第4章　シリコン太陽電池

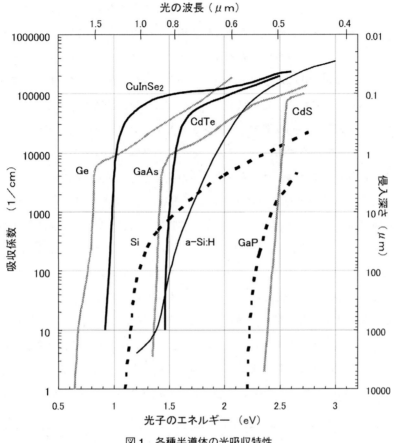

図1　各種半導体の光吸収特性

からなる太陽電池を禁制帯幅の大きい順に積層し，入射光を有効利用することによる高効率化が可能となるが，結晶シリコン単独ではこの手法は利用できない。禁制帯幅は，単に光吸収という観点からだけでなく，太陽電池が発電できる電圧にも係わっており，おおまかに言って，その2/3ないし半分程度の出力電圧が得られることが多い。なお，シリコン（Si）は，間接遷移型と呼ばれる光吸収が弱いタイプの半導体であり，他に比べ吸収の立ち上がり方が緩やかであり，また光吸収係数の絶対値も，Siより大きい禁制帯幅を持つGaAsやCdTe（これらは直接遷移型と呼ばれる）に比べて小さい。このため，発電層にはある程度の厚み（例えば少なくとも10 μm程度）が必要であり，またテクスチャー構造などの光吸収増大の工夫が有効となる。図1に示した中ではSiの他，GaPが間接遷移型である。

水素化アモルファスシリコン（a-Si：H）の場合，光吸収の立ち上がり方はだらだらしているものの，吸収係数の絶対値はかなり大きくなっている。これは原子が規則正しく配列した結晶材料と異なり，この材料がアモルファスという乱れた構造を持つことに由来する。なおa-Si：H

は，製膜される温度や添加物（ドーパント）などにより水素含有量が変化し，それに伴って光吸収特性も変化するので，図中に示したものは代表例の一つである．また，これも乱れた構造に起因する特殊事情であるが，吸収された光のうち主として低エネルギー側は発電に寄与できない．これはアンダーソン局在と呼ばれる現象のため，伝導に寄与できない孤立した局在準位が多数，存在するためである．このため，光吸収から決定される光学的禁制帯幅より大きな値を持つ，キャリアの伝導が可能となる移動度端という概念がアモルファス半導体には存在し，これこそが通常の半導体の禁制帯幅に相当するのであるが，その値の測定は困難とされている．

ここで一つ注目されることは，直接遷移半導体の中でも$CuInSe_2$，CdTe および CdS などのⅡⅥ属化合物の光吸収強度の絶対値が大きいことである．特に CdTe は，バンドギャップの値が単接合の太陽電池材料として最適であり，近年，非常に安価な薄膜太陽電池として急成長を遂げている．これらの光吸収の強い化合物系薄膜太陽電池においては，尖った箇所への電界集中などの悪影響の懸念もあり，テクスチャー構造は不必要とされている．

太陽電池が発電するための光源となる太陽光スペクトルを，図2に示した．人間の目に白色光と感じられる太陽光は，宇宙空間では概ね6000 Kの黒体放射に近いスペクトル形状となるが，地上に届くまでに，紫外域でのオゾンによる吸収や大気および浮遊粒子による散乱により，また赤外域では水や二酸化炭素による吸収により，図に示した複雑な形となる．なお，全天からの放射を意味するG（global）と，集光利用を想定した直達光成分のみを意味するD（direct）の2

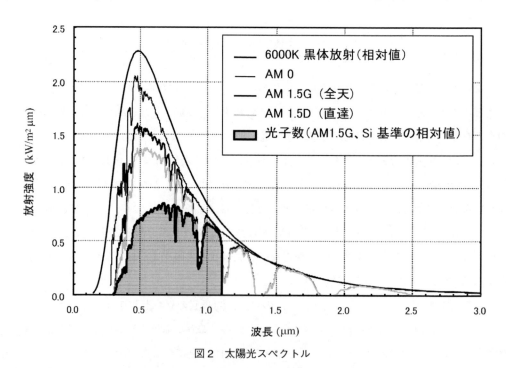

図2　太陽光スペクトル

第4章　シリコン太陽電池

種類がある。集光を行う利点は，超高効率であるが高価なIII V族混晶系太陽電池セルの有効利用，電圧増による変換効率の向上が挙げられる反面，実際には大電流収集や放熱の設計が苛酷であることに加え，通常併用される追尾システムは土地利用効率が悪いため，国土の狭いわが国には（気象面でのデメリットもあり）不向きとされている。

太陽電池での発電効率を考える際には，放射強度ではなく光子数が重要である。1光子の吸収により，一組の電子と正孔が発生するが，禁制帯幅を超える分のエネルギーは，最終的に熱となって無駄になるからである。なお，余分なエネルギーが充分あれば二組目の電子と正孔を生成するインパクトイオン化と呼ばれる過程が生じ得るが，ごく希であり無視される。図中に示した光子数の相対値はSiの禁制帯幅で正規化してあり，放射強度最大の波長 $0.5\,\mu m$ 前後ではなく，波長 $0.7\,\mu m$ 前後に最大値がある。反射防止膜などにより発電層の光吸収を増加させようとする場合，優先すべき波長域の決定には，この光子数の大小が決め手になる。なお，この光子数を基準とした考え方は，他の半導体材料の場合にも同様に適用できるものであり，また光吸収という観点からの変換効率の上限を示す指標ともなっている。

間接遷移型であるため光吸収係数が小さめのSiの欠点を補うために，テクスチャー構造が用いられる。光の入射側に凹凸を付け，それにより屈折した入射光を半導体層内を斜めに横切らせることにより実質的な光路長を増大させる効果に加え，反射した光を再度，結晶表面に入射させることができる（図3参照）。このテクスチャー構造が対象とすべき波長は，結晶シリコンの場合，吸収端付近の比較的光吸収係数が小さい $1\,\mu m$ 前後の波長域となる。一般に，波長の10倍以上の大きさの構造になると屈折現象が主となり，テクスチャー構造としての効果が得られるので，この場合のテクスチャー構造のサイズとしては $10\,\mu m$ かそれ以上が望ましい。波長の10倍以下になると，散乱現象の影響が現れ始める。その場合でも，構造がまだ大きいうちは前方散乱（光の進行方向への散乱）が主であるが，構造が小さくなるにつれ後方散乱（光が戻る方向への散乱）が増加し，波長の1/10程度まで小さくなると，ほとんど等方的散乱となり，光の半分が

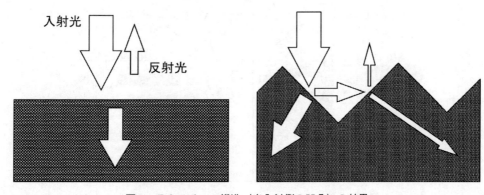

図3　テクスチャー構造（光入射側の凹凸）の効果

戻るという大きな損失の原因になる。このような散乱現象のサイズ依存性は，ミー散乱（Mie Scattering）の理論で説明される[1]。

テクスチャー構造を作るためのアルカリエッチという手法が古くから知られている[2]。シリコン結晶の面方位によるエッチングの異方的を利用することにより，安定な（111）面で囲まれたピラミッド形状のテクスチャー構造を形成できる。ただしこの手法は面方位がバラバラな結晶粒からなる多結晶ウエハー表面には適用できないため，窒化膜などのマスクを表面に形成し，レーザーなどでピンホールをあけ，そこからエッチャントを浸入させてハニカム状のテクスチャーを形成する手法が開発されている[2]。より光導入効果の大きい逆ピラミッド構造が形成できる利点に加え，フィンガー電極の直下を平坦に保てるなど，単結晶系にも有用な手法と考えられる。

テクスチャー構造は光劣化現象対策のため半導体発電層（この場合はi層）の厚さを極端に薄くする必要のあるアモルファスシリコン太陽電池にも用いられる。光吸収を犠牲にしてまで薄くするのは，p層とn層間で生じる電位勾配を大きくし，キャリアの分離・収集を向上させ，光劣化を引き起こすとされるキャリアの再結合を低減させるためである。実際には $0.2 \sim 0.3 \mu m$ 前後まで薄くするため，可視光域のどの波長も充分に吸収しきれない。このため，テクスチャー構造のサイズは吸収端の波長（の10倍）に比べてかなり小さく，経験的に $1 \mu m$ 程度が望ましいとされている[3]。この目的で開発された旭硝子のUタイプと呼ばれるテクスチャー構造を有するFTO（フッ素ドープの酸化錫）透明電極付のガラス基板が高性能との評価が高い[4]。

この透明電極などのテクスチャー構造に関し，ヘイズ率と呼ばれる指標がある。図4に示したように，テクスチャー構造を持つ試料に垂直に光を入射させ，透過光を垂直成分と拡散成分に分けて測定し，全透過光（＝垂直透過光＋拡散透過光）に対する拡散透過光の割合を％で表したものである。拡散成分の測定には積分球という光学装置が必要になる。この指標には，拡散光の角

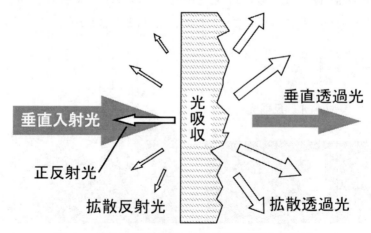

図4　ヘイズ率（全透過光における拡散透過光の分率）

第4章　シリコン太陽電池

度分布（垂直透過に近いか，それとも大きく曲げられているか）は反映されていない。また，入射光に対する透過光の割合も非常に重要なのであるが，テクスチャー構造が接する相手が，ヘイズ率測定時は屈折率が1の空気であるのに対し，太陽電池として使う場合は比較的屈折率の大きい半導体発電層と接しているという状況の違いのため，透過率自体が変化しうるので，テクスチャー構造の試料単独で測定された透過率がそのまま太陽電池にした場合の透過率であるとは限らない点には注意が必要である。さらに，半導体表面に直接，形成されたテクスチャー構造の効果を評価するには，このような透過光を測定することは困難であるため，太陽電池の構造を作った上で，その変換効率から判断することになろう。

ここまで工夫を凝らしても吸収しきれず透過してしまう光を反射させるため，光反射率の良い裏面電極として研究開発段階のチャンピオンデータを狙う場合には銀が，量産製品にはアルミニウムなどが用いられる。なお，半導体層と裏面電極の間に低屈折率層を挟むことにより，更なる光閉じ込め効果を狙う場合がある。また，単結晶太陽電池等の矩形の角が落ちた形状のセルを用いたモジュールの場合，バックシートが白色であれば，その部分に当たった光が反射・散乱して発電に寄与するので，わずかながらではあるが発電効率が上昇する。

1.3　発生したキャリアの収集と取り出し

光吸収により発生した電子と正孔は，半導体のpn接合というミクロな"すべり台"のような傾斜した構造を利用して分離し，外部に取り出される。この傾斜を作るためには，負電荷をもつ電子が安定に存在できる層（負を意味するnegativeの頭文字をとってn型層と呼ぶ）と，正電荷をもつ正孔が安定に存在できる層（正を意味するpositiveよりp型層と呼ぶ）の二つの層を両側に作る必要がある。この"すべり台"傾斜構造をどれだけうまく作れるかで電荷の収集効率が決まるが，その基本構造が結晶系と薄膜系で大きく異なるため，それぞれについて説明を進める。

1.3.1　結晶系の場合

結晶シリコン系セルの集電極配置の典型例を図5に示した。p型あるいはn型に高ドープされた層の比抵抗は$10^{-4}\Omega$cm程度と非常に小さいため，フィンガーと呼ばれる細電極線を張り巡らすことで集電し，さらにバスバーと呼ばれるやや太めの集電極を2～4本取り付けて全面の電流を集める。そして，このバスバー電極の片方の端部は隣の太陽電池セルの裏面へつながっており，セル間を直列接続する役割も果たす。このセルからはみ出している形状からタブとも呼ばれる。なお裏面はアルミなどの金属電極を一面に塗布し，集電に加え吸収しきれず透過した光を反射して発電層部分へ戻してやる役目（back surface reflector, BSR）を兼ねさせる。さらに，入射面のフィンガー電極などの焼き付けと同時に，裏面のアルミがシリコン結晶中に熱拡散し，より高

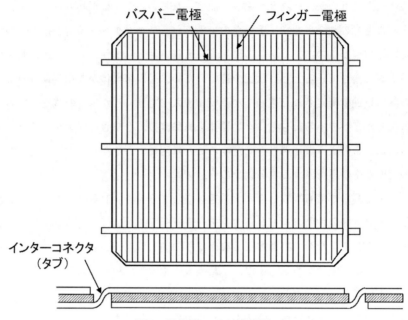

図5 結晶系セルの電極構造

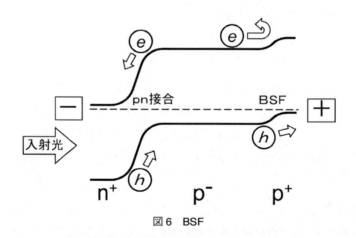

図6 BSF

濃度にドープされる。これがメインのすべり台である pn 接合に加え，図6に示したような小さなすべり台が裏面側に形成されるため，キャリアの収集効率が向上するという BSF(back surface field) 効果が得られる。

　主に多結晶シリコン系セルの場合，シリコン窒化物膜が入射側の反射防止膜として利用されているが，これには，比較的低周波数のプラズマ CVD で水素化物原料ガスから製膜することにより粒界などのパッシベーションに有効な水素を打ち込む効果，さらには（反射防止の屈折率との兼ね合いがあるものの）組成を制御し，窒化膜中に正の固定電荷を作り込むことによりキャリア

第4章 シリコン太陽電池

（この場合は電子）の収集を助ける効果，などが同時に実現できるという複数の役割があることが知られている。なお，後述のPERLセルのように，単結晶シリコンセルなどでは熱酸化膜との界面特性の良さを活用する場合もある。

　単結晶シリコンのインゴットは種結晶を回転させながら引き上げるため，円柱状であり，切り出されるウエハーも円形のため，四辺をある程度落としてモジュールに敷き詰めるが，多結晶シリコンは矩形のシリカルツボ中で溶融して固化させるキャスト法で製造されるため，インゴットは直方体であり，これを切り出したウエハーも正方形になる。粒界がないなどのため，当然単結晶ウエハーの方が半導体としての品質は優れており，太陽電池にした際の変換効率も高くなるが，キャスト法で作られる多結晶体も，一方向凝固など不純物を除外して結晶粒径を大きくするなどの品質を高める手法が用いられている。現状での多結晶ウエハーは，少なくとも厚さ方向に粒界が入ることは希である。なお，インゴットからウエハーに切り出す際の"切り代"として，体積の約半分が失われるため，これを嫌って融液から直接，薄板状の多結晶板を製造するというリボン法がいくつか開発されていたが，ドイツのショットソーラー社がEFG法による製造から撤退した[5]ため，現状で商用生産が行われているリボン法は米国のエバーグリーンソーラー社によるストリングリボン法[6]だけとなった模様である。

1.3.2　薄膜系の場合

　アモルファスシリコン太陽電池の場合，ドープ層であっても比抵抗が結晶系ほどは充分低くないため，光入射側に透明導電膜を用いる必要が生じる。薄膜系で通常用いられる集積構造を図7に示す。モジュール製造工程一式がターンキーシステムとして販売されており，量産性を優先した構造であるが，一部に電流がリークする部分があり，効率的には損をしている。ただし，その分，結晶系モジュールに比べ部分陰などには耐性がある。

　アモルファスシリコンの場合，正孔の方が電子に比べ千倍あるいはそれ以上の差で動きにくいため，正孔が集電極まで到達するまでの距離をできるだけ短くする必要がある。光吸収により正負のキャリアが最も多く発生するのは，入射光強度が最も強い発電層の光入射面側であるから，必然的帰結として，すぐそばの光入射側に正孔を集めるp型層を，離れた裏側にn型層を形成

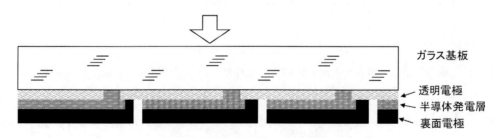

図7　薄膜系太陽電池の集積構造

することになる。この正負どちらのキャリアが動きやすいかにより，pnの向きが決まるという考え方は，基本的に他の材料を用いた太陽電池に対しても成り立つものではあるが，ほとんどの太陽電池は（偶然だと思われるが）n側からの光入射となる構造が採用されている。

なお，単にp層とn層だけで接合を構成するのでなく，中間にアンドープのi層を挟む必要があるのは，ドープされた層の欠陥密度が大きく，この層でキャリアが光励起されても直ちに再結合してしまい発電に寄与できないためである。

アモルファスシリコンには光劣化現象が生じるため，これを低減させるために発電層（i層）の厚さを薄くする必要があることは既に紹介した。この薄さのため，セルを透過してしまう光を利用するため，裏面にもう一つセルを作り込むタンデム化と呼ばれる手法がある。ただしその場合，光入射側のセル（トップセル）における光が強い分，光吸収で生成する電流量も多くなるため，裏面側のセル（ボトムセル）では光吸収量すなわち電流量を一致させる必要（この要件は電流整合あるいはカレントマッチングと呼ばれる）のため，発電層の厚さを増やしてやらなければならない。ところが厚くすればそれだけ光劣化の懸念が増大する訳で，これを回避するために，ボトムセルにはゲルマニウムを少量添加することにより禁制帯幅を減少させ，光吸収量のバランスを取りやすくするという手段が講じられた。しかしながら，添加量が少量とはいえ，ゲルマニウムは高価である問題があり，これに代わる手段として，アモルファスシリコンと同じプラズマCVD法で製造できる微結晶シリコンをボトムセルに用いる薄膜ハイブリッドセルと呼ばれる構造が注目されるようになった。微結晶シリコンはアモルファスと異なり光劣化現象を生じない点が，ゲルマニウム添加のボトムセルに比べての利点となる。その一方で，通常のRF周波数の放電プラズマでは，製膜速度が著しく遅く，生産性が悪いのが課題である。この解決のため，現在ではRFより高周波のVHF周波数領域の放電プラズマを用いるのが主流となりつつある。その場合，製膜装置内に定在波が立って形成される膜厚分布が激しくなる，などの問題が生じるため，これを解決するために放電電極形状を変更するなど様々な工夫がなされている[7]。なお，周波数を上げると結晶薄膜の製膜速度を向上できるのは，結晶化に必須とされている水素原子の製膜表面への供給を増加させることができることによるものである。水素原子は水素ガス（分子）の解離によって発生させているのであるが，高周波になればなるほどその解離効率が向上することが一般に知られている。

結晶薄膜の製膜速度向上のためのもう一つの方法が放電のパルス化[8]である。一般に製膜速度は放電投入電力に応じて増大するが，気相での原料ガスの分解が進みすぎると薄膜形成の前に気相での固体形成，つまり微粉末の発生が生じ，ピンホールなどの膜質悪化の原因になる。このような微粉末は，通常，負に荷電しており，放電プラズマを維持するために生成している正の空間電荷（プラズマポテンシャルと呼ばれる）にトラップされ，成長を続け大きくなる傾向がある。

第4章　シリコン太陽電池

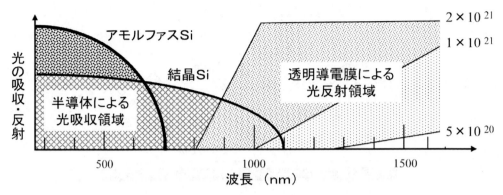

図8　半導体層と透明導電膜の光学特性の相対的関係
（右端の数字は透明導電膜内のキャリア濃度の一例）

したがって，放電を断続的にすることにより，微粉末が問題を生じる大きさになる前に正電位のトラップから開放し，反応装置外へ排気してやることにより，連続放電を行う場合より大電力投入による高速製膜が可能となるという，一見，矛盾するように思える手法が有効なのである。

ハイブリッド太陽電池のような，アモルファスシリコンと結晶シリコンという光吸収特性の異なる二つの発電層を持つ太陽電池の場合，光入射側のテクスチャー構造に要求される条件はより複雑になる。まず光吸収という点で，透明導電膜が光を反射する長波長側の領域と，結晶シリコンの光吸収領域が重ならないように配慮する必要がある（図8）。さらに，結晶シリコンが吸収する波長がアモルファスシリコンより長めであることを考慮に入れた上で，テクスチャー構造の最適サイズを決める必要がある。結晶シリコン薄膜を製造する際には水素の大希釈条件を用いることを述べたが，これは強還元性の条件であるため，ITOは言うに及ばずFTOですら耐還元性が不十分で，イオン結晶性が強いために酸素脱離に耐性があるとされるZnO系の透明導電膜の利用，あるいは最低限でも最表面に薄く保護膜のコーティングを施す，というような対処策が必要となるとされている。

1.4　高効率シリコン系太陽電池の例
1.4.1　PERLセル（図9）

シリコン系の太陽電池での変換効率のチャンピオンデータは，PERL（passivated emmittor, rear locally diffused）セル[9]と呼ばれる逆ピラミッド型のテクスチャー構造を用いたものであり，小面積ながら単接合で25.0%という高い変換効率を実現している。このセルの高効率化のポイントは，非常に高純度で，したがって実用には向かないほど高価な，高品質のFZシリコン単結晶を用いていることによりキャリアの再結合を低減していること，複雑で手間のかかる工程を用いて結晶シリコンと最適の相性の酸化膜を多用することにより，結晶の連続性が途切れるために

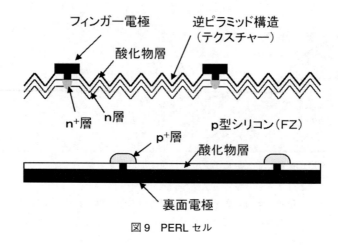

図9 PERL セル

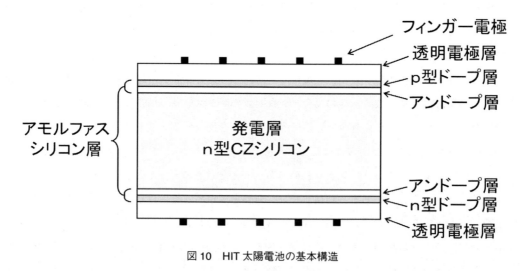

図10 HIT太陽電池の基本構造

そのものの存在自体が欠陥である（したがってキャリアの再結合を促進する）表面・界面を不活性化させキャリアの収集を極限まで向上させていること，などがあげられる。

なお，裏面全面を高ドープのp層（p^+層）にした場合より，p^+層を部分的にする方が変換効率が高くなるのは，酸化膜との界面特性が良いことに加え，単結晶の場合であっても高ドープ層となるとキャリアの再結合による損失が発生することに起因すると考えられる。

1.4.2 HIT 構造（図10）

結晶シリコン系でも，薄膜系と同じで透明導電膜を必要とする太陽電池がある。HIT（heterojunction with intrinsic thin layer）構造と呼ばれ，量産されている製品レベルでは最高レベルの変換効率を誇るものである。PERLセルのような高効率単結晶シリコン系の太陽電池はフローティングゾーン（FZ）法という高価なプロセスを通じて作られた酸素含有量の少ない超高純度シ

第4章　シリコン太陽電池

リコン（FZ シリコンという）のウエハーを加工して作られるのであるが，この HIT セルはチョクラルスキー法（CZ 法）というシリカのルツボ中のシリコン融液からの単結晶引き上げというより一般的な製造法で作られており，シリカルツボからの溶け込みがある分，FZ 法に比べ酸素含有量が多めとなる。一般に太陽電池に用いられるシリコン材料は，単結晶も多結晶も p 型半導性のものを用いる。この理由として，小数キャリア（p 型の場合は電子）の易動度が高い方が望ましいと説明されているが，間違いなく重要な点として，n 型だと pn 接合の形成のための不純物拡散を行う高温での熱処理の際に，OSF（酸化誘起積層欠陥）やサーマルドナーなどの酸素関連欠陥が発生し，それらの影響による発電効率の低下が発生する。太陽電池用のシリコン原料は，（特に多結晶用は）コスト低減のため通常のデバイス用より純度が悪く，酸素含有量も多めである。

　ではなぜ HIT 構造太陽電池で比較的，酸素含有量の多いとされる CZ 結晶を用いて高効率太陽電池が作れるのであろうか。そのポイントは p 層・n 層の各ドープ層を形成するのに，通常の結晶シリコン系で採用される高温での不純物拡散を用いず，ドープしたアモルファスシリコン層の形成により pn 接合を構成させているからである。ドープしたアモルファスシリコン層の形成温度は高くとも 200℃ を超えることはないので，前述の酸素関連欠陥などが生成せず，CZ 結晶の品質を保ったまま高効率の太陽電池が製造できる。なおこの構造ではドープ層の積層の前に，不純物添加を行わない i 層を非常に薄く形成するのが，もう一つの大きなポイントである。この i 層を中間に挟むことにより，CZ 結晶表面に存在する表面欠陥を i 層中に含まれる水素により不活性化することができ，PERL セルにおける酸化膜による界面欠陥の不活性化と類似の効果が実現されているという点は見逃すことができない。この他にも図では省略したがテクスチャー構造など多種多様な技法が応用されているようであり，徐々に変換効率が向上していく過程がプレス発表[10]などから知ることができる。

　HIT 構造では，集電層部分が比抵抗の大きいアモルファス層になるため，特に製造後に温度を上げられない p 層の形成後に透明導電膜を形成する必要もあり，表裏の両面とも室温形成が可能な ITO が用いられている。ただし，この場合，発電層はアモルファスシリコンではなく長波長側まで光吸収のある結晶シリコンであるため，図8に示したような透明電極の光反射・吸収特性との競合には十分注意する必要がある。また，薄膜系の集積構造のような直列化の手段が使えないため，例えば約 15 cm 角という面積全体で発生する電流を集めるため，フィンガーやバスバーなどの集電極構造を表裏両面に施す必要がある。裏面全体に反射電極を付ける場合もあるが，表裏双方への加工処理をほぼ同じにすることにより，発生するストレスの違いなどに起因する太陽電池セルの反りなどの不具合を生じにくくさせることができるのが，HIT 構造のもう一つの見逃せない利点である。この利点は，将来，省原料が進み，さらにシリコン結晶が薄くなっ

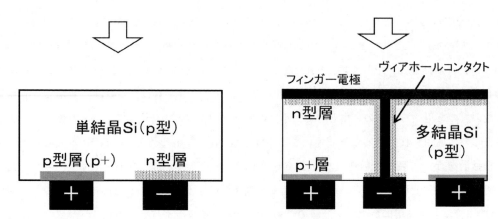

図11 バックコンタクト
両集電極とも裏面の場合（左）とフィンガー電極を表に残す場合（右）

た場合に，その有用性がより明確になるであろう。

1.4.3 バックコンタクト（図11）

　結晶シリコン系太陽電池はフィンガーとバスバーの組み合わせで集電する。しかしながら，フィンガーはともかく，バスバーはかなりの面積を有するので，これを入射面からなくすことができれば受光量の増加が実現できる。この目的のためスルーホールあるいはビアホールと呼ばれる孔をウエハーに空け，バスバー相当の電極を裏面に持って行くという手法がある[11]。薄い結晶シリコン板に孔を空けるという作業は，相当高度な制御を行わないと歩留まりが問題になると想像されるのだが，それを粒界がある多結晶シリコン薄板で，しかも生産技術として実現しようとしている点は，ある意味，驚愕に値する。この他に，集電層のp層・n層の双方を裏面に持って行くという手法[12]もあり，これも製造過程が非常に複雑になると想像されるのであるが，表面の受光面がフルに使えるので高効率化に有利である。ただし，正負，双方のキャリアとも裏面の電極まで移動しなければならないため，より結晶の品質に敏感になると考えられる。これらの集電極を裏面側に持って行く手法を総称してバックコンタクトと呼ぶ[13]。

1.4.4 中間反射層を有する薄膜ハイブリッドセル（図12）

　薄膜ハイブリッド型太陽電池の利点については既に述べたが，トップセルのアモルファスシリコン層の光劣化がこの構造によって完全に解消される訳ではない。ボトムセルとの光吸収量とのバランス，ならびに太陽電池全体での光吸収の最大化を考えると，いくら光劣化低減のためとはいえ，トップセルの厚さの低減には限界がある。その中でもさらにトップセルの厚さを減らすことができる手法として，トップセルとボトムセルとの間に屈折率の低い中間反射層を挟むという手法が開発された。そして，この中間反射層も低屈折率・導電性・低光吸収という要件から，透明導電膜が適している。ただし，スーパーストレート構造の薄膜集積構造をとる場合，発電層側

第4章　シリコン太陽電池

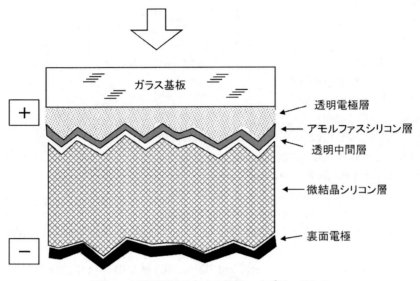

図12　中間反射層を有する薄膜ハイブリッドセル

面に裏面電極が接するのであるが（この部分をコンタクトラインと呼ぶ場合がある），これに比抵抗が小さい中間反射層の透明導電膜が接してしまうと，大きなリーク電流の原因となってしまう。このため，中間反射層に用いる透明導電膜にはセル間をつなぐ縦方向には電流をよく通し，横方向の導電性は悪いという，比抵抗の異方性が求められることとなる。薄膜ハイブリッドセルの具体的な構造も含め，さらなる詳細は文献を参照して頂きたい[14]。

なお，ここで紹介した二段式のタンデム構造に加え，光劣化対策のためトップセル側をさらに二層化したり，逆にボトムセル側を二重にするなどの三段式タンデム構造も検討が進められている模様である。

1.5　まとめ

本稿ではシリコン系太陽電池で既に用いられている高効率化の手法を中心に解説した。最近，海外製の低コスト太陽電池の生産が急激に伸びているが，国土の狭いわが国では，特に限られた面積の住宅屋根などに設置することを考えれば，変換効率の高い太陽電池が有用であろう。その一方で，タクトタイムの制約（年産100 MWの製造ラインで，セル1枚あたり約1秒）から量産に利用できる高効率化の手法は限られるという現実もある。

化石エネルギー資源に恵まれなかったわが国において，太陽光発電がもてはやされていることは心情的には理解できるものの，妄信的とも思える過剰な期待に流されることなく，その特性に応じた賢明な利用法を推進していくことが肝要と考える。

文　　献

1) レーザー学会編，レーザーハンドブック第2版，6章6節，オーム社（2005）
2) 西本陽一郎，表面技術，**56**，13（2005）
3) 齋均，応用物理，**79**，408（2010）
4) 水橋衛，（濱川圭弘編）太陽光発電，第3章4節，シーエムシー出版（2000）
5) 独ショットソーラー社ニュースリリース，2009年9月30日付
6) 米国 Evergreen 社，http://evergreensolar.com/
7) 山内ほか，三菱重工技報，**41**，298（2004）
8) 野元ほか，SHARP Technical Journal，**25**，21（2005）
9) M. A. Green *et al.*, *Prog. Photovolt.*, **18**, 346（2010）
10) 三洋電機，ニュースリリース，2009年5月22日付ほか（http://jp.sanyo.com/news/2009/05/22-1.html）
11) N. Nakatani *et al.*, PVSEC-17 Technical Digest 6 O-M 5-01, p. 401（2007）
12) E. V. Kerschaver and G. Beaucarne, *Prog. Photovolt.*, **14**, 107（2006）
13) J. Zhao *et al.*, *Prog. Photovolt.*, **7**, 471（1999）
14) 山本憲治，応用物理，**75**，852（2006）

2 量子ドットを用いた薄膜太陽電池

黒川康良[*1], 山田　繁[*2], 小長井　誠[*3]

2.1 太陽光発電技術開発ロードマップ PV 2030＋と第三世代太陽電池

2009年6月に見直された太陽光発電技術開発ロードマップPV 2030＋[1)]においては，太陽光発電が「2050年までにCO_2発生量半減への一翼を担う主要技術になり，我が国ばかりでなくグローバルな社会に貢献できること」を目指し，「2050年までに我が国の一次エネルギー供給の10%程度を太陽光発電がまかない，CO_2の削減に貢献する」をコンセプトに加えている。これに対応するために，経済性改善を加速し，地球温暖化への対応で想定される太陽光発電の大量利用を実現するための課題と解決策，及びこれに対する技術開発シナリオを再構築している（図1）。また，ロードマップの時間的視野を2050年まで拡大しただけでなく，量子ナノ構造太陽電池や新規概念の原理を活用した第三世代太陽電池の開発により2050年に向け，発電効率40%超を目指

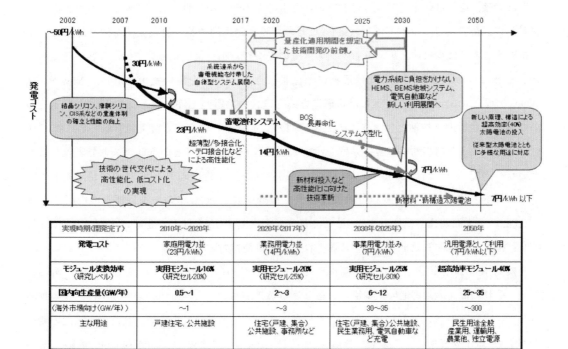

図1　太陽光発電の今後の発展に対するロードマップ（PV 2030＋）のシナリオ[1)]

---

*1　Yasuyoshi Kurokawa　東京工業大学　大学院理工学研究科　電子物理工学専攻　助教
*2　Shigeru Yamada　東京工業大学　大学院理工学研究科　電子物理工学専攻
*3　Makoto Konagai　東京工業大学　大学院理工学研究科　電子物理工学専攻　教授

超高効率太陽電池・関連材料の最前線

表1 PV 2030＋における，セル・モジュールの性能，モジュール製造コスト，寿命に関する開発目標[1]

太陽電池	2010年		2017年		2025年				2050年
	モジュール (%)	セル (%)	モジュール (%)	セル (%)	モジュール (%)	セル (%)	製造コスト (円/W)	寿命 (年)	モジュール (%)
結晶 Si	16	20	20	25	25	(30)	50	30 (40)	変換効率40%の超高効率太陽電池 (追加開発)
薄膜 Si	12	15	14	18	18	20	40	30 (40)	
CIS 系	15	20	18	25	25	30	50	30 (40)	
化合物系	28	40	35	45	40	50	50	30 (40)	
色素増感	8	12	10	15	15	18	<40		
有機系		7	10	12	15	15	<40		

すことを提言している（表1）。

　それでは，第三世代太陽電池とはどういったものなのか。第一世代のバルクシリコン太陽電池に対して，薄膜シリコンやCIGS，CdTeなどの薄膜太陽電池を第二世代太陽電池と呼ぶことに抵抗を感じる者は少ないと思われる。一方，その先を行く第三世代については，大きく意見の分かれるところであるが，ここでは最初に第三世代という用語を用いたM. Green（New South Wales大学，Australia）の提案した新構造を第三世代太陽電池と呼ぶことにする。M. Greenのいう第三世代の太陽電池とは，従来の太陽電池の基本原理を破るため新概念を導入し，効率40％を超えるような超高効率の変換効率を示す太陽電池を100 $/m^2 という低コストで実現しようというものである[2]。PV 2030＋においては，「2050年までに変換効率40％以上の超高効率太陽電池の開発を追加し，開発過程での波及効果も視野に入れ2030年の技術目標水準を引き上げる。」という文面が盛り込まれた[1]。ここで言う，変換効率40％以上で発電コスト7円/kWh以下を目指す太陽電池こそ日本における第三世代太陽電池に対応する。

　変換効率40％を超えるような太陽電池を開発するためにはどのような概念が必要であろうか？　それには，太陽電池の根本原理を振り返る必要がある。太陽電池の変換効率は，太陽電池材料（吸収層）のバンドギャップに大きく依存している。単接合にて作製された太陽電池の変換効率限界は31％である。これは，Shockley及びQueisserによるDetailed Balance理論に基づき計算される[3]。それでは，残りの70％程度はどこにいってしまったかというと，主に透過損失と熱損失である。バンドギャップよりエネルギーの低いフォトンは太陽電池材料に吸収されずに透過してしまう（透過損失）。また，バンドギャップよりエネルギーの高いフォトンの場合，太陽電池材料により吸収されるが，価電子帯から伝導帯中に遷移した電子はエネルギーを熱として放出しながら伝導帯の底まで直ちに熱緩和してしまうため，これも損失となる（熱緩和損失）。

第4章　シリコン太陽電池

この両者により，入射するフォトンのエネルギーの約半分を失ってしまう。このようなことを考えると，透過損失及び熱緩和損失を打破することが第三世代太陽電池への第一歩といえる。

2.2　シリコン量子ドットを用いた太陽電池
2.2.1　オールシリコンタンデム太陽電池

　シリコン量子ドットは，地球上に豊富に存在するシリコンで構成されていることから，材料やコストの面で化合物系量子ドット材料と比べて有利である。それでは，シリコン量子ドットを用いてどのような新概念太陽電池が可能となるのか？

　シリコン量子ドットを第三世代太陽電池応用する際には，2つのコンセプトが関連している。一つ目は，タンデム型である。光を効率よく，電子・正孔対に変換するには，フォトンのエネルギーと太陽電池材料のバンドギャップに差がないことが望まれる。そこで，光の入射側からバンドギャップの大きな材料→小さな材料と積層し，短波長の光から長波長の光へと順に吸収していく方法がタンデム型太陽電池である（図2）。Ⅲ-Ⅴ族系化合物半導体タンデム太陽電池にて集光下では40％を超える高効率が実現できているが[4]，発電コストを抑えることが課題となる。発電コストを抑え，広く普及させるには現在太陽電池として広く用いられているシリコンがまず思いつく。シリコン量子ドットのみを用いてタンデム型に応用するためには，バンドギャップ制御を可能にする必要があるが，量子ドットはそれを可能にする量子サイズ効果を有している。量子井戸が形成されると，電子はその中に閉じこめられ，離散的な準位にしか存在できなくなる。その準位の高さは，量子井戸の大きさにより決定される。したがって，井戸のサイズを変えることで，吸収できる光の波長範囲を制御することが可能となる。また，量子井戸の深さ（障壁）がそれほど大きくない場合，電子の波動関数は障壁内にしみ出すことができる。隣同士の量子井戸が近くに存在することで，ミニバンドが形成し，生成したキャリアをミニバンドより取り出すこと

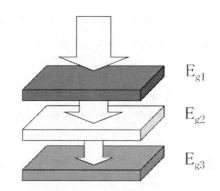

図2　光を分割して効率的に利用するタンデム型太陽電池の概念図

超高効率太陽電池・関連材料の最前線

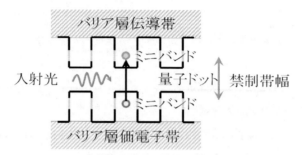

図3　シリコン量子ドットタンデム型太陽電池の
理想エネルギーバンド模式図

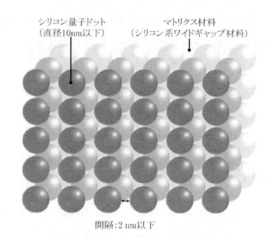

図4　量子ドット超格子膜の構造模式図

が可能となる（図3）。

このような構造として，図4に示すようなシリコン量子ドット超格子構造（Silicon quantum dots superlattice：Si-QDSL）が挙げられる。Si-QDSLとは，シリコンより禁制帯幅の大きな材料中にシリコン量子ドットが2～3 nm以下の間隔で配列した周期構造をしている。これにより，伝導帯側及び価電子帯側にミニバンドが形成する。ミニバンド間のエネルギー差を新たなバンドギャップとして見なすことができるため，シリコン量子ドットのサイズを制御することで，バンドギャップの制御が可能となる。シリコン量子ドットのサイズの異なるSi-QDSL薄膜を何層か積層することにより，広い波長範囲の太陽光スペクトルを吸収でき，40%以上といった飛躍的な高効率化が期待できる[5]。シリコン量子ドットを取り囲むワイドバンドギャップ材料の候補としては，SiO_2やSi_3N_4，SiCが考えられており，シリコンベースの材料のみで作製が可能であるため，原料の心配がなく，無毒であり，低コスト・高効率を実現できる太陽電池新材料として期待される。

従来，量子効果が発現する直径10 nm以下のシリコン量子ドットを含むSi-QDSL作製は難し

第4章　シリコン太陽電池

図5　Zachariasらによって作製されたSi-QDSL
（マトリクス材料：SiO$_2$）の透過電子顕微鏡像[6]

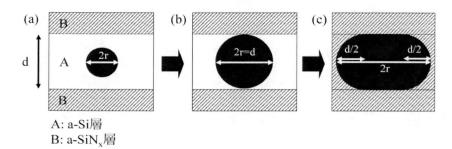

A: a-Si層
B: a-SiN$_x$層

図6　a-SiN$_x$/a-Si/a-SiN$_x$サンドウィッチ構造を用いたモデルによるシリコンナノ結晶成長の模式図[7,8]

かった。しかしながら，2002年，Max-Planck研究所のZachariasらは，比較的簡単なプロセスによりSi-QDSLの作製に成功した[6]。彼らは，反応性蒸着法を用いて，SiO$_x$/SiO$_2$積層膜を堆積し，それを熱アニールすることにより，図5のようなサイズ制御されたSi-QDSLを作製した。この方法は，熱的に不安定なSiO$_x$層を熱的に安定なSiO$_2$層で挟むことで，アニール時に偏析するシリコン量子ドットの直径をSiO$_2$層で制限し，10 nm以下のスケールで直径の制御を可能にした。また，フォトルミネッセンス測定により，量子ドット粒径3.8〜2.0 nmに対して，1.3〜1.5 eV程度まで禁制帯幅制御にも成功している。

なぜ，このような方法で量子ドットの大きさを制御できるのか？　南京大学のChenらはこれをナノ結晶生成時のGibbsの自由エネルギーの変化量から説明している[7,8]。彼らは，モデルとして図6に示すa-SiN$_x$/a-Si/a-SiN$_x$サンドウィッチ構造を用いた。熱を加えることでa-Si層に結晶核が生成し，結晶成長が進んでいく（図6 (a)）。これは (1) 式に示す，結晶成長による自由エネルギーの減少量（第一項）が結晶面の界面自由エネルギーの増加量（第二項）より勝っているためである。

$$\Delta G_1 = -\frac{4}{3}\pi r^3 \Delta G_{Crystallization} + 4\pi r^2 \sigma_{a\text{-}Si/Si\text{-}QD} \left(0 \le r \le \frac{d}{2}\right) \tag{1}$$

ここで，r はシリコンナノ結晶の半径，d は a-Si 層の膜厚を示す。結晶面が a-Si$_3$N$_4$ 層に達すると（図6 (b)），a-SiN$_x$ に対するシリコン結晶の界面自由エネルギーの項が加わる（(2) 式）。この項は a-SiN$_x$ に対する a-Si 層の界面自由エネルギーの変化量よりも大きいため，系全体の自由エネルギーを増加させる。

$$\Delta G_2 = -V\Delta G_{Crystallization} + S_1 \sigma_{a\text{-}Si/Si\text{-}QD} + S_2 \ (\sigma_{Si\text{-}QD/a\text{-}SiN_x} - \sigma_{a\text{-}Si/a\text{-}SiN_x}) \left(r > \frac{d}{2}\right) \tag{2}$$

ここで，V はシリコンナノ結晶の体積，S_1 はシリコンナノ結晶と a-Si 層が接している面積，S_2 はシリコンナノ結晶と a-SiN$_x$ 層が接している面積である。ナノ結晶と a-SiN$_x$ が接する面積が増加するほど，系全体の自由エネルギーは増加するため，ΔG の r に対する変化量が正に変わるところで結晶成長が止まる（図6 (c)）。

$$\begin{aligned}\frac{d(\Delta G)}{dr} &> 0 : 結晶成長停止\\ \frac{d(\Delta G)}{dr} &= 0 : 臨界点\\ \frac{d(\Delta G)}{dr} &< 0 : 結晶成長進行\end{aligned} \tag{3}$$

a-Si 層の膜厚を変えて計算した結果を図7に示す。a-Si 層の膜厚が 2～5 nm の場合，極小値が a-Si 層の膜厚にほぼ一致していることがわかる。このようにして，結晶の大きさが決まるため，結晶粒はほぼ a-Si 層の膜厚に一致する。但し，a-Si 層の厚さが 10 nm 以上になると，結晶

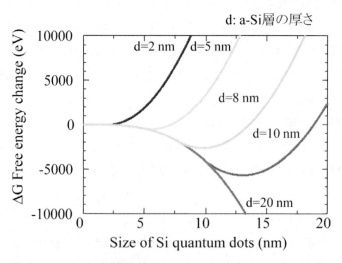

図7　シリコンナノ結晶成長による Gibbs の自由エネルギーの変化

第4章 シリコン太陽電池

粒の成長による自由エネルギーの減少分の影響が大きくなるため，界面自由エネルギーの増加分が追いつかず，結果として，結晶粒は a–Si 層の膜厚よりも大きくなってしまい，正確なサイズ制御はできなくなる。したがって，この方法で量子ドットの大きさを制御できるのは量子ドットの大きさが 10 nm 以下の場合に限定される（図8）。

現在，このような方法を用いて作製された Si–QDSL を太陽電池応用しようと研究を進めているグループを表2に示す。Si–QDSL を最初に太陽電池応用しようと試みたのは New South Wales 大学の Green らのグループである。彼らは 2005 年，SiO_2 マトリクス Si–QDSL，Si_3N_4 マトリク

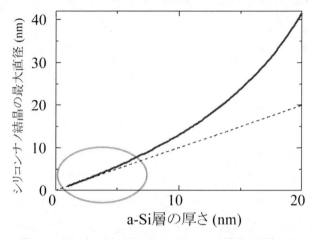

図8 a–SiN_x/a–Si/a–SiN_x サンドウィッチ構造より決まる
　　シリコンナノ結晶の臨界直径

表2 Si–QDSL の太陽電池応用を研究している機関

バリア材料の種類	著者名	所属機関	発表年	作製方法
a–SiO_2 matrix	M. Green et al.[9]	University of New South Wales	2005	Sputtering/Annealing
	M. Ficcadenti et al.[24]	University of Camerino	2008	Sputtering/Annealing
a–Si_3N_4 matrix	Y. H. Cho et al.[10]	University of New South Wales	2005	Sputtering/Annealing PECVD/Annealing
	B. Rezgui et al.[25]	Université de Lyon	2008	PECVD/Annealing
a–SiC matrix	Y. Kurokawa et al.[12]	Tokyo Institute of Technology	2006	PECVD/Annealing
	D. Song et al.[26]	University of New South Wales	2008	Sputtering/Annealing
	M. Künle et al.[27]	Fraunhofer Institute	2008	PECVD/Annealing
	C. Summonte et al.[28]	CNR-IMM Sez. di Bologna	2008	PECVD/Annealing
	J. H. Moon et al.[29]	Korea Institute of Energy Research	2009	Sputtering/Annealing

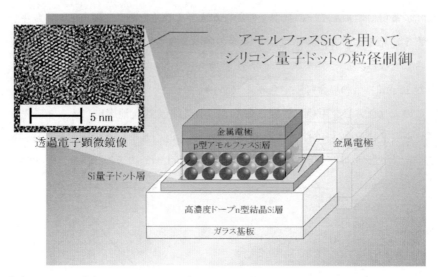

図9 筆者らによって作製されたSi-QDSL（マトリクス材料：SiC）を用いた太陽電池構造の模式図[14]

ス Si-QDSL の作製に成功した[9,10]。最近では，SiO_2 マトリクス Si-QDSL をドーピング層として結晶 Si ヘテロ接合太陽電池を作製し，Si-QDSL がドーピング層として機能することを示した[11]。一方，量子井戸の障壁の高さが低く，キャリアの電気伝導的に有利とされる SiC を用いて Si-QDSL の作製に成功したのは筆者らである[12]。筆者は，SiC マトリクス Si-QDSL を発電層として用い，太陽電池構造を作製し，初めて光起電力効果を確認している[13]。その後，図9に示した構造でドーピング層のシート抵抗を低減するなどして，シリコン量子ドット太陽電池としては最高の 518 mV の開放電圧を達成している[14]。このように，太陽電池材料としての動作確認はできたが，それがミニバンドに関連するものなのか，移動度ギャップの制御はできているのかなど原理の根本を示すデータは得られていない。これらの実証及び作製プロセスの低温化・膜質の向上などの課題が残されている。

2.3 マルチエキシトン効果を利用した太陽電池

シリコン量子ドットを利用できるもう一つの新概念がマルチエキシトン効果である。量子ドットを用いると，一つの短波長フォトンから2組以上の電子-正孔対を発生させることがバルクより容易に起こるとの報告があり，これを太陽電池に応用するのがマルチエキシトン型太陽電池である。マルチエキシトン効果を示唆する結果報告のある材料として，PbSe[15,16]，PbS[16]，CdSe[17]，InAs[18]，Si[19] などのいくつかのナノ粒子やカーボンナノチューブ[20,21] が挙げられる。

従来から，バルクシリコンでも紫外線の領域では，1個のフォトンにより，2個の電子-正孔対が生成されることは知られていた。これは衝突電離（Impact ionization）によるものである。衝

第4章　シリコン太陽電池

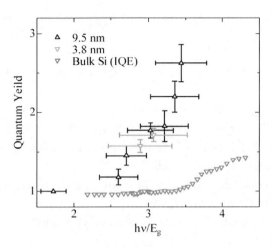

図10　シリコン量子ドットのMEG効果による量子収率と
バルクシリコンの衝突電離による量子収率[19]

突電離の場合は，図10に示すように量子収率（Quantum Yield）はそれほど大きくなく，それが起こり始める閾値エネルギーも$h\nu \sim 3.4 E_g$程度と大きいことから，これを太陽電池に適用することは困難である。

　最近になって米国NRELのNozikらのグループから，シリコン量子ドットにフォトンを照射すると，比較的低いエネルギーでも，複数のエキシトンが生成されることが示された[19]（図10）。シリコン量子ドットの禁制帯幅をE_gとすると，9.5 nmの量子ドットに対して，$3.4 E_g$のフォトン照射で，2.6±0.2個の励起子が生成できていることを示している。このような現象が起こるのは，量子ドットの中では，量子効果により光励起されたキャリアの緩和時間がバルクと比べて著しく長いことが理由であると考えられている。このMEG効果を利用することで，短波長光にて熱損失に変化していたエネルギーを有効利用できるようになるため，条件によってはシングル接合でも40%以上の変換効率が得られるようになる[22]。Nozikらの実験では，固体中ではなく，溶液中のシリコン量子ドットを対象にした実験結果であり，すぐに太陽電池に適用可能ではない。2008年，NozikらはPbS量子ドットを用いたショットキー型太陽電池を作製し，開放電圧239 mV，短絡電流24.5 mA/cm^2，曲線因子0.403を報告しているが[23]，マルチエキシトン効果によるものかどうかについては証明されていない。課題としては，励起子の状態のままでは，光電流にはならないので，電子，正孔の分離が必要となる。また，MEG効果が発現する閾値エネルギーの低減も高変換効率を得るためには重要である。

文　　献

1) ㈱新エネルギー・産業技術総合開発機構, http://www.nedo.go.jp/library/pv 2030/pv 2030+.pdf（2009）
2) M. A. Green, *Prog. Photovolt. Res. Appl.*, **9**, 123（2001）
3) W. Shockley and H. J. Queisser, *Journal of Applied Physics*, **32**, 510（1961）
4) R. R. King et al., Proceedings of the *24th European Photovoltaic Solar Energy Conference*, Hamburg, Germany, p. 55（2009）
5) M. A. Green, Proceedings of the *15th International Photovoltaic Science & Engineering Conference* Shanghai, China, p. 7（2005）
6) M. Zacharias, J. Heitmann, R. Scholz, U. Kahler, M. Schmidt and J. Blasing, *Appl. Phys. Lett.*, **80**, 661（2002）
7) C. Kai, Kunji Chen, Z. Lin and H. Xinfan, *J. Non-crystalline. Solid*, **338**, 131（2004）
8) K. Chen, K. Chen, P. Han, H. Zou, Z. Ma, and X. Huang, *International Journal of Modern Physics B*, **19**, 2751（2005）
9) M. A. Green, E. C. Cho, Y. Huang, E. Pink, T. Trupke and A. Lin, Proceedings of the *20th European Photovoltaic Solar Energy Conference*, Barcelona, Spain, p. 3（2005）
10) Y. H. Cho, M. A. Green, E.-C. Cho, Y. Huang, T. Trupke and G. Conibeer, Proceedings of the *20th European Photovoltaic Solar Energy Conference*, Barcelona, Spain, p. 47（2005）
11) E. C. Cho, S. Park, X. Hao, D. Song, G. Conibeer, S. C. Park, and M. A. Green, *Nanotechnology*, **19**, 245201（2008）
12) Y. Kurokawa, S. Miyajima, A. Yamada and M. Konagai, *Jpn. J. Appl. Phys. Part 2-Lett. Express Lett.*, **45**, L 1064（2006）
13) Y. Kurokawa, S. Tomita, S. Miyajima, A. Yamada and M. Konagai, Proceedings of the *33rd IEEE Photovoltaic Specialists Conference*, San diego, USA, p. 211（2008）
14) S. Yamada, Y. Kurokawa, S. Miyajima, A. Yamada and M. Konagai, Proceedings of the *35th IEEE Photovoltaic Specialist Conference*, Honolulu, Hawaii, USA, p. 766（2010）
15) R. D. Schaller and V. I. Klimov, *Physical Review Letters*, **92**（2004）
16) R. J. Ellingson, M. C. Beard, J. C. Johnson, P. Yu, O. I. Micic, A. J. Nozik, A. Shabaev and A. L. Efros, *NANO LETTERS*, **5**, 865（2005）
17) R. D. Schaller, M. Sykora, S. Jeong and V. I. Klimov, *The Journal of Physical Chemistry B*, **110**, 25332（2006）
18) R. D. Schaller, J. M. Pietryga and V. I. Klimov, *NANO LETTERS*, **7**, 3469（2007）
19) M. C. Beard, K. P. Knutsen, P. Yu, J. M. Luther, Q. Song, W. K. Metzger, R. J. Ellingson and A. J. Nozik, *NANO LETTERS*, **7**, 2506（2007）
20) A. Ueda, K. Matsuda, T. Tayagaki and Y. Kanemitsu, *Applied Physics Letters*, **92**, 233105（2008）
21) N. M. Gabor, Z. H. Zhong, K. Bosnick, J. Park and P. L. McEuen, *Science*, **325**, 1367（2009）
22) M. C. Hanna and A. J. Nozik, *Journal of Applied Physics*, **100**, 074510（2006）

23) J. M. Luther, M. Law, M. C. Beard, Q. Song, M. O. Reese, R. J. Ellingson and A. J. Nozik, *Nano Letters*, **8**, 3488 (2008)
24) M. Ficcadenti *et al.*, Proceedings of the *23rd European Photovoltaic Solar Energy Conference*, Valencia, Spain, p. 685 (2008)
25) B. Rezgui, T. Nychyporuk, A. Sibai, D. Bellet, M. Lemiti and G. Brémond, Proceedings of the *23rd European Photovoltaic Solar Energy Conference*, Valencia, Spain, p. 696 (2008)
26) D. Song, E. C. Cho, Y. H. Cho, G. Conibeer, Y. Huang, S. Huang and M. A. Green, *Thin Solid Films*, **516**, 3824 (2008)
27) M. Künle, A. Hartel and S. Janz, Proceedings of the *23rd European Photovoltaic Solar Energy Conference*, Valencia, Spain, p. 421 (2008)
28) C. Summonte, S. Mirabella, R. Balboni, A. Desalvo, I. Crupi, F. Simone and A. Terrasi, Proceedings of the *23rd European Photovoltaic Solar Energy Conference*, Valencia, Spain, p. 730 (2008)
29) J. H. Moon, H. J. Kim, J. C. Lee, J. S. Cho, S. H. Park, B. O, E. C. Cho, K. H. Yoo and J. Song, Proceedings of the *34th IEEE Photovoltaic Specialist Conference*, Philadelphia, USA, p. 253 (2009)

第5章　新型太陽電池・材料

1　有機薄膜太陽電池と超階層ナノ構造素子

吉川　暹*1，大野敏信*2，辻井敬亘*3

1.1　はじめに

　次世代太陽電池の最有力候補である有機薄膜太陽電池（OPV）は，ついに今年6月に10%の効率を超えるところまできた。OPVは環境に優しく，資源的な制約が少なく，エネルギーペイバックタイムが半年以下と大変短く，印刷などの湿式法により，安価／軽量大面積化が可能な太陽電池として期待されている。有機材料は環境に負荷を与える可能性の高い元素を含まず，資源的な制約もなく，使い終わっても，回収する必要がなく，燃やしてしまえばよいし，印刷に用いられる，ウェットプロセスでロールツーロール法のような穏和な条件で量産化されれば，Siの数分の1以下といった低コスト化も可能となろう。

　反面，熱・紫外光に弱く，効率は未だ低く，長期耐久性もシリコン系に比較すると劣る等の課題も残されている。2007年末，有機LEDのTVが発売されたが，有機薄膜太陽電池は丁度その逆の光電変換プロセスを利用するものであり，同じ有機エレクトロニクスの次の目標として，上記課題の克服を含めた研究が活発化している。

　光電変換機能は，低分子系と同様に低いバンドギャップの高分子を用いることや，ドナー・アクセプターのHOMO/LUMOレベルの制御などで当面の材料でも〜11%の効率が予測されており，将来的にはシリコン系と同等の効率も期待されるが，まずは，シリコンに求められる20%といった高効率ではなく，10%程度でも，使い勝手のよい可とう性のあるユビキタス電源としての利用が期待されている。

　2010年はUCLA，Solarmer社のグループが8%を超える効率を発表し注目を集めたが，主として，新規導電性高分子材料の開発によるものである。このようにこの分野ではいつブレークスルーがあってもおかしくない状況にあり，効率10%を超えた今，シリコンに代わる次世代型太陽電池として名乗りを上げうるものと考えられている。

---

*1　Susumu Yoshikawa　京都大学　エネルギー理工学研究所　特任教授
*2　Toshinobu Ohno　大阪市立工業研究所　研究主幹
*3　Yoshinobu Tsujii　京都大学　化学研究所　教授

第5章 新型太陽電池・材料

1.2 高効率化への道筋

有機太陽電池（OPV）では，溶液プロセスによる高分子半導体か，蒸着法によるフタロシアニン，ペリレンといった低分子系半導体が用いられている。OPVでも効率は，開放電圧（V_{oc}），短絡電流密度（J_{sc}），曲線因子（FF）の積によって与えられることから，如何に効率よく光を吸収し，電荷分離させ，電荷を速やかに輸送し，電極に集電するかが課題となる。近年，ナノ材料により電荷分離を生ずるpnヘテロ接合界面の表面積を大きくするとともに，ナノ相分離構造により電荷の輸送効率を上げたバルクヘテロ接合（BHJ）という優れた素子構造により，6-8%の変換効率が報告されるところまできたが，10%セルにどのような工夫がなされているかは明らかではない。一般的なセル構造としては，例えばITOなどの透明電極上に，PEDOT:PSSのようなホール輸送層（40 nm）を形成した後，p型半導体であるポリチオフェンP3HTとn型半導体であるPCBMなどからなる活性層（100-200 nm）を形成し，アルミ電極を負極として蒸着した薄膜素子が研究されている。バッファーとして，TiO_2層が優れた電子輸送能ETLを持つことを見出しているが，ETLが用いられないことも多い。

有機半導体は，1～3 eVの広いバンドギャップEgをもっており，室温，暗所では，無視できるほどの低い電荷密度しか持たないが，光照射や，化学的，電気化学的なドーピングにより，ドナーからアクセプターへの光誘起電子移動による自由電荷を発生し，分子界面はp-n接合として機能する。この電荷生成反応の効率向上には，電荷発生速度と再結合反応速度の比率を格段に大きくすることが重要である。ランダムなポリチオフェンP3HTに比較して配向のそろった置換チオフェンでは，失活反応速度が4桁小さいことが知られており，高効率化のためには活性層のモルフォロジーが大きな鍵となる。

1.3 光活性層に用いられる半導体材料
1.3.1 n型半導体

n型半導体としては，PCBMなどのフラーレン誘導体の使用が一般的であり，CdSe[1]，ZnO[2]，TiO_2[3]などの無機ナノ粒子やn型導電性高分子のMEH-CN-PPV[4]グラフェン[5]やカーボンナノチューブ[6]が代わりに用いられた例もあるがいずれもフラーレン誘導体より変換効率が低く研究は停滞している。

フラーレンはその電子受容性によって極めて速い電荷分離を引き起こし，その分離状態を維持する能力が高い。すなわち，発生したキャリアの再結合を起こしにくくすることができ，太陽電池に適した材料と言える。しかしながら，フラーレン分子は溶解性が低いという難点があり，これを解決して標準材料となったPCBMはフェニル基とブチル酸メチルエステルをシクロプロパン構造でフラーレン核に結合したシンプルな構造であり，o-ジクロロベンゼン，クロロベンゼン，

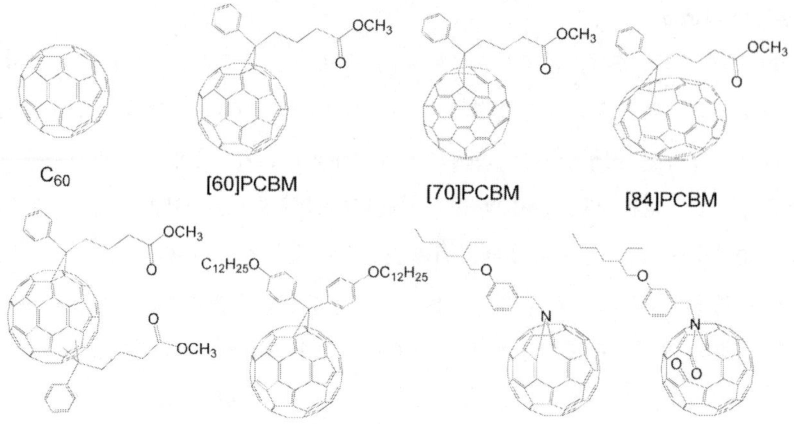

図1 有機薄膜太陽電池に用いられるフラーレン誘導体

クロロホルムなどに溶解する。PCBMの類縁体としては，高次フラーレンのC_{70}やC_{84}を核としたものが検討されている[7,8]。C_{70}はC_{60}に比べ吸光係数が高く，ドナー材料としても機能することから高い性能が得られる。また最近では金属内包型高次フラーレンも使われ始めており[9]，[60]PCBMに比べ高い開放端電圧と変換効率を出している。しかしながらこれらのフラーレン核は非常に高価であり，フラーレンに代わる安価なアクセプターの開発が求められている。

フラーレンの化学修飾については非常に多くの知見が蓄積されている一方，太陽電池デバイスへの展開はほとんどされておらず，材料探索の方向性も明確にはなっていない。PCBM代替材料を開発するためにはポリマーとの相溶性に着目する必要がある[10]。フェニル基に代わりチオフェン環を導入すれば，P3HTとの親和性が高まることが期待される。またベンゾチオフェンやチエノチオフェンといった平面的な構造によって，キャリア移動度の向上も期待され，Wudlらの手法により合成を行った[11]。得られた化合物の溶解性は，構造により大きな違いが見られ，エステル基を二つ持つes-TThCBMの溶解度はPCBMを上回り，エステル構造が溶解性の向上に大きく寄与することが示唆される（表1）。

これら新規フラーレン誘導体の溶解性の良いものについてデバイスを作成し，太陽電池性能を評価した結果，PCBMに匹敵する性能が得られたものの，溶解性が高くポリマーとの相溶が期待されたes-TThCBMが一番低い結果となった。特に開放端電圧が減少していたため，CV測定により還元電位を確認したところ，PCBMに比べ約30 mVの低下が見られ，エステル基によって溶解度が向上した反面，その電子吸引効果によってLUMOレベルが下がり，開放端電圧を減少させたと考えられる。

更に新規フラーレンによる違いを評価するために，薄膜のモルフォロジーについて原子間力顕微鏡（AFM）を用い検討した（図2）。得られた位相像にはP3HTの結晶に由来する縞模様

第 5 章 新型太陽電池・材料

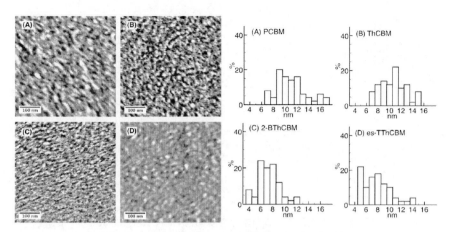

図 2　AFM 位相像（左）及び縞模様の幅の分布（右）

表 1　新規に合成したメタノフラーレン誘導体と太陽電池性能，第一還元電位および溶解度

		PCBM		ThCBM	EThCBM	BThCBM	TThCBM	es-TThCBM	PCP	EThCP	BisEThCP
	Ar	◯		S	Et-S	S	S	EtO₂C-S-S	◯	Et-S	Et-S
	Y	CO₂Me		CO₂Me	CO₂Me	CO₂Me	CO₂Me	CO₂Me	Et	Et	Et
P3HT/fullerenes		1/0.8	1/0.4	1/0.8	1/0.8	1/0.8	1/0.4	1/0.8	1/0.8	1/0.8	1/0.8
J_{sc}(mA/cm^2)		6.12	5.04	6.77	6.10	5.96	2.52	5.34	6.79	6.72	5.84
V_{oc}(V)		0.619	0.612	0.619	0.628	0.610	0.530	0.580	0.663	0.676	0.796
η(%)		2.22	1.64	2.52	2.25	2.23	0.71	1.89	2.57	2.58	2.08
第一還元電位 (mV)		−1153		−1143	−1147	−1135	—	−1129	−1161	−1162	−1266
溶解度(g/L)		16.0		9.56	8.69	13.1	2.96	24.9	6.79	6.72	

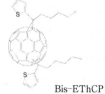

Bis-EThCP

（白色部分）が観測されそれぞれの結晶の幅を測定し，その長さの分布を見たところ，2-BThCBM と es-TThCBM は縞模様が小さく，アモルファス状態に近いことが示唆された。しかしながら，これらの相分離と溶解性には明確な相関を見つけられていない。

開放端電圧を向上させるには，アクセプター材料において LUMO エネルギーを上げることが方針の一つとなるが，Hummelen らは PCBM にメトキシ基などを置換して行くことで，開放端電圧が向上することを報告している[12]。また，フラーレン上に置換基を二つ導入した bis-PCBM でも性能の向上を確認している[13]。我々は，このようなドナー置換基の導入による LUMO レベルの向上効果が，還元電位の上昇によることを明らかにした。

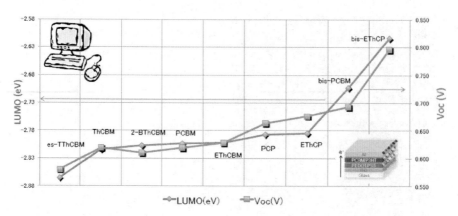

図3 半経験的分子軌道法によるLUMO計算値とデバイス評価における開放端電圧

分子軌道計算によりフラーレン誘導体のLUMOエネルギーを見積もったところ，PM3ハミルトニアンによる半経験的分子軌道法と，密度汎関数法によるエネルギー計算結果は，半経験的分子軌道法の方が開放端電圧とよい相関を与えることが分かった（図3）。エステル基の電子吸引性は予想以上に影響しており，その有無が開放端電圧を大きく上下させることが分かった。柴田らはジフェニルメタノフラーレンに複数のエステル基を置換しているが，アルコキシ基によるドナー効果を相殺し，PCBMより開放端電圧を下げる結果になっている[14]。こういった計算による結果を基に，エステル基を持たない二置換体のbis-EThCPを用いてデバイスを作成したところ，同じ二置換体のbis-PCBMを大きく上回り，約0.8 Vの高い開放端電圧が得られた[15,16]。

このように，エネルギー準位の調整が重要なファクターとなる有機薄膜太陽電池においては，合成ターゲットの選定，構造最適化に計算化学による分子設計が有用であり，研究のスピードアップにつながる。しかしながら，材料の結晶性や溶解性，バルクヘテロ接合型太陽電池におけるドナー材料とアクセプター材料の相分離構造の制御など解決すべき課題は依然多い。

Troshinらは，C_{60}ならびにC_{70}にシクロプロパン環を経由し芳香族，ヘテロ芳香環，アルキル，アルキルエステルを連結した27のメタノフラーレン誘導体を合成し高分子系有機薄膜太陽電池に適用した[17]。分子構造の小さな違いが物理的性質，特に有機溶剤に対する溶解性に大きな変化を与えることが分かった。さらに，フラーレン誘導体の溶解性はドナーであるP3HTとのモルフォロジーに大きな影響を与え，結果的に太陽電池特性はフラーレン誘導体の性質と構造に大きく依存しているといえる。変換効率は，0.02％と微小な領域から4.1％まで広い領域にわたっているが，［70］PCBM，［60］PCBMを上回るものはなかった。すべての太陽電池特性はフラーレン誘導体の溶解性に依存していると結論付けており示唆的である。

LiらはインデンとC_{60}とをDiels-Alder型反応において，モノアダクト（ICMA），ビスアダクト（ICBA）を単離しP3HTを用いる高分子系有機薄膜太陽電池に供した。オンセット還元

第5章 新型太陽電池・材料

電位は PCBM に比べて ICMA,ICBA がそれぞれ 0.05 V,0.17 V カソードシフトしそれに伴い開放端電圧が 0.05 V,0.26 V 高く,ICBA において変換効率 5.44% を達成した[18]。さらに,続報において 150℃,10分のアニーリングを施すことにより変換効率 6.48%(V_{oc}=0.84 V,I_{sc}=10.61 mA/cm^2,FF=72.7%)と改善された[19]。この値は P3HT 有機薄膜太陽電池における世界最高値となっている。

スキーム1 ICBA 合成

表2 半波還元電位,オンセット還元電位,LUMO エネルギーレベル
  (ICMA,ICBA,PCBM)

C_{60} derivatives	E_1(V)[a]	E_2(V)	E_3(V)	E_{red}^{on}(V)/LUMO(eV)
ICMA	−0.93	−1.34	−1.90	−0.85/−3.86
ICBA	−1.07	−1.46	−2.12	−0.97/−3.74
PCBM	−0.88	−1.28	−1.78	−0.80/−3.91

a Ag/Ag$^+$ 基準

表3 異なるアクセプターと組み合わせた
  P3HT ポリマーセルの太陽電池性能

acceptor	V_{oc}(V)	I_{sc}(mA/cm^2)	FF	PCE(%)
PCBM	0.58	10.08	0.62	3.88
ICMA	0.63	9.66	0.64	3.89
ICBA	0.84	9.67	0.67	5.44

1.3.2 p 型半導体の開発

一方,代表的なドナータイプの半導体ポリマーとしては,MDMO-PPV,P3HT,PFB 等が知られてきたが,OPV の発電機構を考えると,高効率化には,光吸収帯を広げ励起子の発生量をできるだけ多くすることが必要である。PPV 系や P3HT 等のチオフェン系ポリマーの吸収波長末端は,650 nm 程度で太陽光スペクトルの 15% にも満たない。そこで,最も有効な手段として,長波長域の光を吸収できるようにするために,バンドギャップを 1.4 eV 程度まで下げる分

子設計が目標となる。このような，長波長吸収能を持つポリマー材料の開発には，ドナー分子とアクセプター分子が交互に並んだ交互共重合体構造により分子内CT相互作用による大幅な長波長化が可能となる。これまで，フルオレン，チオフェンなどのドナーユニットと，ベンゾチアジアゾールで代表されるアクセプターユニットとの共重合ポリマーが開発されてきた（図4，表4）。

　Konarka社はドナー性で平面性の高いシクロペンタジチオフェンユニットとアクセプター性のベンゾチアジアゾールユニットとを組み合わせることで，900 nm付近までの光吸収の長波長化に成功し，相分離構造の最適化により，効率5.5%という高効率をえている。Heeger（UCSB）らは，これをボトムセルとしたタンデムセルで，効率6.5%と世界最高レベルの効率を報告した[35]。材料は不明であるが，最近，Konarka社は，NRELでの認定効率として最高の8.3%の効率を発表している[36]。一方，Yang Yang（UCLA）は，Si架橋ビチオフェン骨格を持つポリマーを用いて，効率5.1%を達成している[20]。Solarmer社も，吸収波長末端765 nmと，かなり長波長域に吸収を持つ同系統のポリマーを用いて効率5.6%を達成した。この系では，添加剤としてジヨードオクタンを用いて相分離構造を制御することで高効率化を実現している。さらに，Solarmer社はNRELでの認定効率として8.13%のOPVとしては世界最高レベル効率を発表しており[37]，文献値としてもトップデータ7.73%を発表している[20]。また，分子構造は明確では

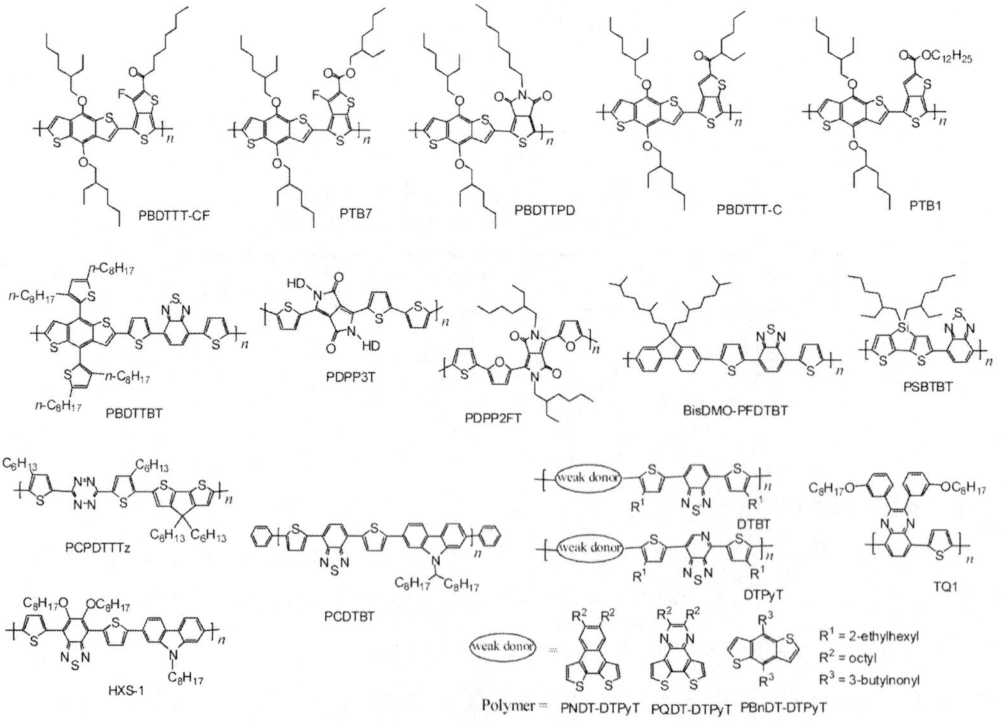

図4　高効率DA共重合高分子ドナーの分子構造

第5章 新型太陽電池・材料

表4 最近のDA共重合高分子をドナーとする高効率セル

Polymer	Acceptor	η (%)	J_{sc} (mAcm^{-2})	V_{oc} (V)	FF	Ref
PBDTTT-CF	PCBM-C 70	7.7	15.2	0.76	0.67	20
PTB 7	PCBM-C 70	7.4	14.5	0.74	0.69	21
PBDTTPD	PCBM-C 60	6.8	11.5	0.85	0.70	22 a
PBDTTPD	PCBM-C 70	5.5	9.81	0.85	0.66	22 b
PBDTTT-C	PCBM-C 70	6.6	14.7	0.7	0.64	23
PTB 1	PCBM-C 70	5.3	15	0.56	0.63	24
PBDTTBT	PCBM-C 70	5.7	10.7	0.92	0.58	25
PDPP 3 T	PCBM-C 70	4.7	11.8	0.65	0.6	26
PDPP 2 FT	PCBM-C 70	5.0	11.2	0.74	0.6	27
BisDMO-PFDTBT	PCBM-C 70	4.5	9.1	0.97	0.51	28
PSBTBT	PCBM-C 70	5.1	12.7	0.68	0.55	29
PCDTTTz	PCBM-C 70	5.4	12.2	0.75	0.59	30
HXS-1	PCBM-C 70	5.4	9.6	0.81	0.69	31
PCDTBT	PCBM-C 70	6.1	10.6	0.88	0.66	32
PNDT-DTpyT	PCBM-C 60	6.2	14.2	0.71	0.62	33 a
PBnDT-DTPyT	PCBM-C 60	6.3	12.8	0.85	0.58	33 b
TQ 1	PCBM-C 70	6.0	10.5	0.89	0.64	34

ないがPlextronics社が独自材料にて，NRELでの認定効率5.9%を報告している[38]。

　国内では，東レが，チオフェン-ベンゾチアジアゾール-チオフェンユニット（RBT）類似骨格を持つポリマーにて，効率5.5%を報告している[39]。我々も独自材料により7.7%を実現している。住友化学も，独自ポリマーを用いたOPVで既に，効率8.1%を達成したとしている[40]。

　このように，特に光電変換層に用いられるポリマー材料の吸収端の長波長化制御により，OPVの効率は最近目覚しく向上してきているが，ポテンシャルとしては，高効率が期待される長波長吸収ポリマーが，必ずしも高い効率を示さないことも分かってきた。その理由として，長波長に吸収を持つポリマーは，より多くの光を吸収し，高いJ_{sc}が得られる一方で，V_{oc}が低くなる傾向が認められことによる。骨格修飾等により長波長吸収ポリマーのHOMOレベルをうまく調整し，高いJ_{sc}とV_{oc}を両立させることが，今後，さらなる高効率化を達成するための最重要課題である。

　長波長吸収を持つだけでは，高効率は得られないため，それと同時に，電荷分離効率と電荷収集効率に影響するp型ポリマーとn型有機半導体との相分離構造の最適化が，塗布溶媒種や添加剤等により検討されている。電荷分離後のキャリアの収集効率を高めるため，我々は，1DナノアレイをCTLとする超階層ナノ構造素子を提案している。

1.4 超階層ナノ構造素子の開発

1986年，有機薄膜太陽電池の接合構造として，先ず，pnヘテロ接合による1%のセルが実現された。有機半導体では電荷移動度が，無機半導体に比べ，通常3-5桁も低いことから，出来るだけpn半導体層はミクロに入り交じったネットワーク構造をとることが好ましいとの発想から，90年代半ばからはバルクヘテロ接合構造が提案されてきた（図5）。

しかし，これでは方向性を持った電荷の移動を実現することが出来ず，逆反応による電荷の損失が防げない。これを解決する事の出来る素子構造として我々は「超階層ナノ構造素子（Supra-Hierarchical Nano-structured Organic Solar Cell）」を提案してきた[41〜48]。本構造では酸化亜鉛1Dナノロッドアレイ電極や，酸化チタン1Dナノチューブアレイを基板上に2次元的に配した2Dアレイを電子輸送層ETLとして利用することにより，効果的な負電荷収集を行うとともに，やはり一次元構造を持った直鎖高分子のPEDOT：PSS濃厚ポリマーブラシの2Dアレイ集合体をホール輸送層HTLとして利用することにより，スピンコート層にはない電極に垂直方向の異方性を持った理想的な電荷輸送層（CTL）の実現を目指している。

ホール輸送層としては従来Starks社のPEDOT：PSSといわれるポリチオフェン誘導体とポリスチレンスルホン酸との錯体イオンが用いられてきた。しかし，このような酸性材料のカソードへの移動により経時的な効率低下が起こることが知られている。そこで，ITO電極から直接，PEDOT：PSSのようなホール輸送層をグラフト法により構築し移動を防ぐことが考えられる。しかし，古典的な表面開始グラフト重合法は分子量や分子量分布などのグラフト鎖構造の制御が困難である。近年このような問題を解決できる表面開始LRP（リビングラジカル重合）による分子構造の制御された高密度ポリマーブラシの合成が可能となった。我々は，ポリマーブラシを用いて階層ナノ構造素子のための基板に垂直なHTLの開発を行った。すなわち，スチレンスルホン酸ナトリウムSSNaとスチレンスルホン酸エチルエステルSSEtのポリマーブラシ作製に成功し，新規ホール輸送層としての可能性を実証した（図6）。ブラシ付与ITO上で3,4-エチレン

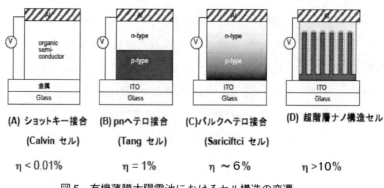

図5　有機薄膜太陽電池におけるセル構造の変遷

第5章　新型太陽電池・材料

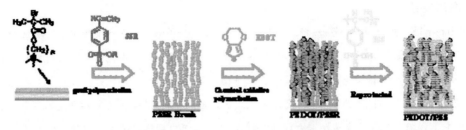

図6　PEDOT/PSS ポリマーブラシの作製スキーム

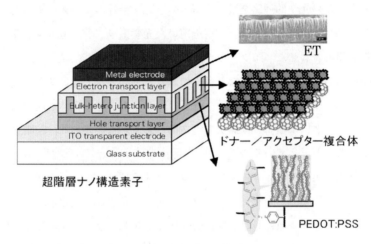

図7　超階層ナノ構造素子の構造

ジオキシチオフェン EDOT の電気化学重合にも成功しており，より緻密な HTL 層の形成が可能となったことから，セルの信頼性向上と薄膜化にも同時に寄与できる HTL 創出が可能となった。ラジカルテロメリゼーションにより作製したグラフト化テンプレートのポリピリジン PPy を ITO 表面に修飾することにより PEDOT：PSS 薄膜のホール移動度向上が実現されており興味深い[49]（図7）。

最終的な理想構造とは図7に示すように，バルクヘテロ接合内のドナーとアクセプターの二相は，励起子の拡散距離に等しいか，それよりも短い 10–20 nm の平均間隔を空ける必要がある。また，電荷の再結合を減らし，高い移動度を確保するために互いに入り込んでいなければならない。重要なことは，正孔を集める電極であるホール輸送層と，電子を集める電極である電子輸送層が相互に浸透した1Dナノアレイ構造をとって存在するということである。こうすることによって，エネルギー・電荷輸送と，光吸収の両者の最適化という二律背反をうまく解決できる素子構造が期待できる。

1.5 将来展望

Scharberは，曲線因子が65%で，フラーレンによる光子吸収をすべて無視した場合のバルクのヘテロ接合の期待効率を，ドナーのバンドギャップとLUMOの準位を用いて計算し，最大，10%の変換効率が可能であるとしている。つまり，12%を実現するには，より多くの光励起子を生成できるドナーとフラーレンに代わるアクセプターの開発といった材料開発のみならず，高いFFを実現できる素子構造が求められており，pnヘテロ接合素子や，BHJに代わる新たなセル構造が求められている。例えば，異なったバンドギャップをもつ多層タンデム型太陽電池，散乱によるフィルム中での光学的通路を増強する為の，光学活性層に埋め込まれたナノ粒子やマイクロ粒子散乱光の利用，単純なパターン技術を用いた光学トラップ，無機半導体ナノ粒子と共役ポリマーの特徴を組み合わせたハイブリッド太陽電池，電解液に浸したTiO_2ナノ粒子上の有機色素による色素増感型太陽電池の利用など多くの試みが進められてはいるが，残念ながらこれらは，大きな効率向上にはつながっていない。それは，ランダムな集合体形成では，電荷の効率的な収集が困難であることによる。より高次のナノ構造形成が重要であり，超階層ナノ構造素子はその重要な候補であると考えている。

以上のような目標の実現には，有機エレクトロニクスの推進に加え，ナノテク，分子集合体設計，高分子化学，超分子化学，物理化学，コロイド化学，光物理／光化学，デバイス物理，ナノ構造解析，薄膜技術という多岐にわたる総合的な研究が必要となる。化学分野全体に対して，大きな期待と可能性があり，今後の，学際的な研究が期待される。平成23年7月より，京大宇治キャンパスの先端イノベーションセンター内に世界レベルの環境を備えた次世代太陽電池拠点が発足するが，これを機会にOPVコンソーシアムが設立された。産学官共同研究の場として是非，利用いただきたい（連絡は s-yoshi@iae.kyoto-u.ac.jp）。

文　　献

1) W. U. Huynth, J. J. Dittmer, A. P. Alivisators, *Science*, 295, 2425-2427 (2002)
2) W. J. E. Beek, M. M. Wienk, R. A. Janssen, *Adv. Mater.*, 16, 1009 (2004)
3) P. A. van Hal, M. M. Wienk, J. M. Kroon, W. J. H. Verhees, L. H. Sloof, W. J. H. von Gennip, P. Jonkheijm, R. A. J. Janssen, *Adv. Mater.*, 15, 118 (2003)
4) M. Granstorm, K. Petritsch, A. C. Arias, A. Lux, M. R. Andersson, R. H. Friend, *Nature*, 395, 257-259 (1998)
5) Z. Liu, Q. Liu, Y. Huang, Y. Ma, S. Yin, X. Zhang, W. Sun., *Adv. Mater*, 20, 3924-3930

(2008)
6) C. Li, Y. Chen, Y. Wang, Z. Iqbal, M. Chhowalla, S. Mitra, *J. Mater. Chem.*, **17**, 2406–2411 (2007)
7) M. M. Wienk, M. Turbiez, J. Gilot, R. A. J. Janssen, *Adv. Mater.*, **20**, 2556–2560 (2008)
8) K F. B. Kooistra, V. D. Mihailetchi, L. M. Popescu, D. Kronholm, P. W. M. Blom, J. C. Hummelen, *Chem. Mater.*, **18**, 3068–3073 (2006)
9) R. B. Ross, C. M. Cardona, D. M. Guldi, S. G. Sankaranarayanan, M. O. Reese, N. Kopidakis, J. Peet, B. Walker, G. C. Bazan, E. van Keuren, B. C. Holloway, M. Drees, *Nat. Mater.*, **8**, 208–12 (2009)
10) F. Matsumoto, K. Moriwaki, Y. Takao, T. Ohno, *Beilstein J. Org. Chem.*, **4**, No. 33 (2009)
11) J. C. Hummelen, B. Knight, F. LePeq, F. Wudl, J. Yao, C. Wilkins, *J. Org. Chem.*, **60**, 532–538 (1995)
12) F. B. Kooistra, J. Knol, F. Kastenberg, L. M. Popescu, W. J. H. Verhees, J. M. Kroon, J. C. Hummelen, *Org. Lett.*, **9**, 551–554 (2007)
13) M. Lenes, G. -J. A. H Wetzelaer, F. B. Kooistra, S. C. Veenstra, J. C. Hummelen, P. W. M. Blom, *Adv. Mater.*, **20**, 2116–2119 (2008)
14) D. Sukeguchi, S. P. Singh, M. R. Reddy, H. Yoshiyama, R. A. Afre, Y. Hayashi, H. Inukai, T. Soga, S. Nakamura, N. Shibata, T. Toru, *Beilstein J. Org. Chem.*, **5**, No. 23 (2009)
15) 大野敏信，高尾優子，森脇和之，松元深，内田聡一，戸谷智博，中村勉，大阪市立工業研究所，新日本石油，特開 2009-057356
16) 大野敏信，高尾優子，森脇和之，松元深，内田聡一，池田哲，大阪市立工業研究所，新日本石油，特願 2009-172908
17) P. A. Troshin, H. Hoppe, J. Renz, M. Egginegr, J. Y. Mayorova, A. E. Goryachev, A. S. Perefudov, R. N. Lyubovskaya, G. Gobsch, N. S. Sariciftci, V. R. Razumov, *Adv. Funct. Mater.*, **19**, 779–788 (2009)
18) Y. He, H. -Y. Chen, J. Hou, Y. Li, *J. Am. Chem. Soc.*, **132**, 1377–11382 (2010)
19) G. Zhao, Y. He, Y. Li, *Adv. Mater.*, **22**, 4355–4358 (2010)
20) H. -Y. Chen, J. Hou, S. Zhang, Y. Liang, G. Yang, Y. Yang, L. Yu, Y. Wu, G. Li, *Nature Photonics*, **3**, 649–653 (2009)
21) Y. Liang, Z. Xu, J. Xia, S. -T. Tsai, Y. Wu, G. Li, C. Ray, L. Yu, *Adv. Mater.*, **22**, E 135–138 (2010)
22) a) C. Piliego, T. W. Holcombe, J. D. Douglas, C. H. Woo, P. M. Beaujuge, J. M. J. Frechet, *J. Am. Chem. Soc.*, **132**, 7595–7597 (2010) ; b) Y. Zou, A. Najari, P. Berrouard, S. Beaupre, B. Réda A₁ch, Y. Tao, M. Leclerc, *J. Am. Chem. Soc.*, **132**, 5330–5331 (2010)
23) J. Hou, H. -Y. Chen, S. Zhang, R. I. Chen, Y. Yang, Y. Wu, G. Li, *J. Am. Chem. Soc.*, **131**, 15586–15587 (2009)
24) Y. Liang, Y. Wu, D. Feng, S. -T. Tsai, H. -J. Son, G. Li, L. Yu, *J. Am. Chem. Soc.*, **131**, 56–57 (2009)
25) L. Huo, J. Hou, S. Zhang, H. -Y. Che, Y. Yang, *Angew. Chem. Int. Ed.*, **49**, 1500–1503 (2010)

26) J. C. Bijleveld, A. P. Zoombelt, S. G. J. Mathijssen, M. M. Wienk, M. Turbiez, D. M. de Leeuw, Ren, A. J. Janssen, *J. Am. Chem. Soc.*, **131**, 16616-16617 (2009).
27) C. H. Woo, P. M. Beaujuge, T. W. Holcombe, O. P. Lee, J. M. J. Frchet, *J. Am. Chem. Soc.* 2009, **132**, 15547-15549 (2009).
28) M. -H. Chen, J. H., Z. Hong, G. Yang, S. Sista, L. -M. Chen, Y. Yang, *Adv. Mater.*, **21**, 4238-4242 (2009).
29) J. Hou, H. -Y. Chen, S. Zhang, G. Li, Y. Yang, *J. Am. Chem. Soc.*, **130**, 16144-16145 (2008).
30) Z. Li, J. Ding, N. Song, J. Lu, Y. Tao, *J. Am. Chem. Soc.*, **132**, 13160-13611 (2010).
31) R. Qin, W. Li, C. Li, C. Du, C. Veit, H. -F. Schleiermacher, M. Andersson, Z. Bo, Z. Liu, O. Ingan, U. Wuerfel, F. Zhang, *J. Am. Chem. Soc.*, **131**, 14612-14613 (2009).
32) S. H. Park, A. Roy, S. Beaupre, S. Cho, N. Coates, J. S. Moon, D. Moses, M. Leclerc, K. Lee, A. J. Heeger, *Nature Photonics*, **3**, 297-303 (2009).
33) H. Zhou, L. Yang, S. C. Price, K. J. Knight, W. You, *Angew. Chem. Int. Ed.*, **49**, 7992-7995 (2010).
34) E. Wang, L. Hou, Z. Wang, S. Hellstrom, F. Zhang, O. Inganas, M. R. Andersson, *Adv. Mater.* 2010 (Early View).
35) J. Y. Kim, K. Lee, N. E. Coates, D. Moses, T. Q. Nguyen, M. Dante, A. J. Heeger, *Science*, **317**, 13, 222 (2007).
36) http://www.konarka.com/index.php/site/pressreleasedetail/national_energy_renewable_laboratory_nrel_certifies_konarkas_photovoltaic_s
37) http://www.marketwire.com/press-release/Solarmer-Energy-Inc-1013679.html
38) http://www.plextronics.com/press_detail.aspx?PressReleaseID=92
39) D. Kitazawa, J. Tsukamoto *et al.*, *Appl. Phys. Lett.*, **95**, 053701 (2009).
40) 日刊工業新聞 2009.2.20, 私信
41) T. Sagawa, S. Yoshikawa, H. Imahori, *J. Phys. Chem. Lett.*, **1**, 1020-1025 (2010).
42) P. Charoensirithavorn, Y. Ogomi, T. Sagawa, S. Hayase, S. Yoshikawa, *J. Crystal Growth*, **311**, 757-759 (2009).
43) P. Charoensirithavorn, Y. Ogomi, T. Sagawa, S. Hayase, S. Yoshikawa, *J. Electrochem. Soc.*, **156**, H 803-H 807 (2009).
44) P. Charoensirithavorn, Y. Ogomi, T. Sagawa, S. Hayase, S. Yoshikawa, *J. Electrochem. Soc.*, **157**, B 354-B 356 (2010).
45) T. Rattanavoravipa, T. Sagawa, S. Yoshikawa, *Solid-State Electronics*, **53**, 176-180 (2009).
46) T. Rattanavoravipa, T. Sagawa, S. Yoshikawa, *Sol. Energy Mater. Sol. Cells*, **92**, 1445-1449 (2008).
47) S. Chuangchote, T. Sagawa, S. Yoshikawa, *Appl. Phys. Lett.*, **93**, 033310 (2008).
48) T. Rattanavoravipa, Takashi Sagawa, Susumu Yoshikawa, *ECS Transactions*, **16**(33), 11-15 (2009).
49) Y. Tsujii, Sen'i Gakkaishi, 64, 144-146 (2008); Y. Yoshioka *et al.*, to be published

2 CIGS太陽電池の高効率化技術

仁木　栄*

2.1　はじめに

CIGSは，正確にはCu$(In_{1-x}Ga_x)Se_2$（$0≦x≦1$）と表され，I族元素の銅（Cu），III族元素のインジウム（In），ガリウム（Ga），VI族元素のセレン（Se）からなるI-III-VI$_2$系化合物半導体の1つである。光吸収層にCIGSを用いる太陽電池をCIGS太陽電池と称する（VI族のSeを一部硫黄（S）に置き換える場合も含む）。

本稿では，量産化の動きが急なCIGS太陽電池について，なぜ高性能化が必要なのか，そしてどのように高効率化を実現しようとしているか，当研究チームのアプローチと成果を中心に紹介する。

2.2　CIGS太陽電池の特徴

CIGSは光吸収係数が可視光領域で$α〜10^5cm^{-1}$と大きいために厚さ$2\mu m$程度の薄膜でも十分に太陽光を吸収することが可能である。光吸収係数が大きいという特長は具体的にどのような利点があるかというと，例えば家庭用1軒分，3kWのCIGS太陽電池を作製する場合，変換効率15%を仮定すると必要となる原料（Cu，In，Ga，Seの合計）は約226g程度になる（図1参照）。一方，変換効率を同じと仮定し，結晶シリコン太陽電池の場合と比較すると，結晶シリコンでは15kg程の材料が必要となる。CIGS太陽電池が省資源型の太陽電池であることがよくわかる。CIGS太陽電池は，耐放射線性に優れるという特徴も有しており，人工衛星等の宇宙分野への応用も期待されている。

図1　家庭1軒分（3kW）のCIGS太陽電池を作製するのに必要な原料

---

*　Shigeru Niki　㈱産業技術総合研究所　太陽光発電研究センター　副センター長

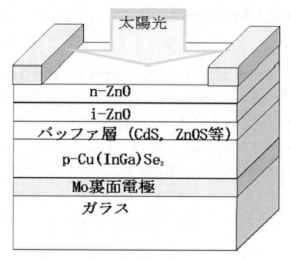

図2　典型的な CIGS 太陽電池の構造と特徴

典型的な CIGS 太陽電池の構造を図2に示す。青板ガラス（ソーダ石灰ガラス）基板上に，スパッタ法によりモリブデン（Mo）裏面電極を堆積し，その上に CIGS 光吸収層を製膜する。次に化学析出法（CBD：chemical bath deposition）でバッファ層を形成し，その上に ZnO（酸化亜鉛）窓層を作製する。様々な材料と製膜法が用いられているのがわかる。高効率な太陽電池を作るためにはこれらの薄膜がすべて高品質であることが要求される。

2.3　高効率化への要求

2009年には，世界の太陽電池の生産量が 10 GW を超えるなど，太陽電池の導入普及が急速に進んでいる。その中で，ファーストソーラー社の CdTe モジュールや中国産の結晶シリコンモジュールがコスト面で市場をリードしている。これらの低価格モジュールに対して CIGS 太陽電池はどのように対抗していくのであろうか。

薄膜系太陽電池では，モジュール工程の重要な部分に高価な真空装置が使われており，結晶シリコン太陽電池に比べて事業化の際により高い初期投資が必要とされる。ファーストソーラー社における低コスト化の成功例からもわかるように，一般的に薄膜太陽電池では，大量生産を行うことで生産量に則した低コスト化が見込める。しかしながら，CIGS 太陽電池をさらに低コスト化するためには，その優位性を十分に生かす必要がある。CIGS 太陽電池が他の太陽電池に比べて優れている点は，「薄膜系太陽電池の中で格段に変換効率が高い」ということである。変換効率はコストに直接的に影響する重要なパラメータである。CIGS 太陽電池では，小面積セルで 20.3%[1] という非常に高い変換効率が実現されているにも関わらず，商品化されたモジュールの

第5章 新型太陽電池・材料

変換効率は10～12%程度にとどまっている。高効率という利点を生かした低コストCIGSモジュールが実現できればCIGS太陽電池の市場での競争力が大幅に向上する。

近未来的には，現状の技術を元にしたモジュールの高効率化が重要である。しかしながら，2030年に向けた太陽光発電ロードマップにおいては，CIGS太陽電池の目標効率は小面積セルで25%（2009年では20.3%），大面積モジュールで22%（2009年では14.3%）とされている[2]。したがって，現状技術の最適化だけでは十分ではなく，小面積セル，量産型モジュールいずれについても革新的な高効率化技術の開発が必要とされていることがわかる。

当研究チームでは，CIGS太陽電池に関して，小面積セルと集積型サブモジュールの高効率化技術に取り組んでいる。以降ではその成果の一部を紹介する。

2.4 小面積セルの高効率化

今後さらなる高効率化を図っていく上で最も重要な課題は禁制帯幅（E_g）の大きいワイドギャップCIGS（WG-CIGS）太陽電池の高効率化である。20.3%という高い変換効率が達成されているのはGaの組成：x～0.3の場合でE_g～1.2 eVである。単接合太陽電池においては，理論的にはE_g = 1.4～1.5 eVで最高の変換効率を実現できるといわれている。しかしながら，CIGS系太陽電池では$E_g \geq 1.3$ eVでは逆に変換効率が低下する（図3）。多接合太陽電池を考える場合はトップセルにはE_g = 1.8～2.0 eVの太陽電池が必要になる。単接合，多接合いずれの場合も$E_g \geq 1.3$ eVのWG-CIGS太陽電池の高効率化が重要であることがわかる。WG-CIGS太陽電池の高効率化を阻んでいる原因は主に低い開放電圧（V_{OC}）にあるといわれている。図4にCIGS太陽電池にお

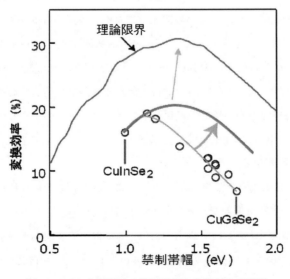

図3 CIGS太陽電池の禁制帯幅と変換効率の関係

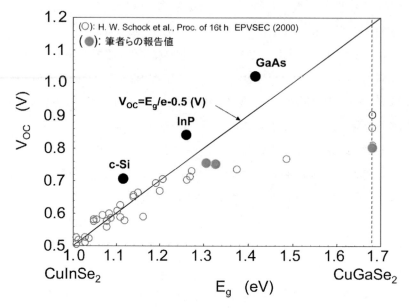

図4　CIGS 太陽電池の禁制帯幅と開放電圧の関係

ける禁制帯幅と開放電圧の関係を示す。E_g が 1.2 eV 以下の時は V_{OC} は E_g/e より 0.5 V 低いライン（$V_{OC}=E_g/e-0.5$ (V)）を保っている。一方，E_g が 1.3 eV 以上になると $V_{OC}=E_g/e-0.5$ (V) で表される式から大きくはずれ，禁制帯幅の増加に相当する開放電圧の増加が得られない。このことからさらなる高効率化には開放電圧の向上が不可欠ということがわかる。

　WG–CIGS 太陽電池が目指す 25% という変換効率目標値は既存技術の延長線上にはない。目標達成には，革新的な製膜技術，新材料の開発，プロセス技術の確立が求められる。当研究チームでは，①製膜の再現性・制御性の向上，②WG–CIGS 太陽電池用のセル作製プロセスの最適化，③WG–CIGS 吸収層の新製膜技術，④ZnO/バッファー層/CIGS 吸収層界面の精密な評価技術，⑤技術指針に基づく WG–CIGS 太陽電池の材料・デバイス設計技術，等の開発課題をクリアすることで WG–CIGS 太陽電池の高効率化の実現を目指している。このようなアプローチで研究を進めてきた中でこれまでに得られた主な成果を以下に示す。

2.4.1　水蒸気援用多元蒸着法

　WG–CIGS 製膜中に発生する欠陥を抑制するために，CIGS 製膜中に水蒸気を照射する画期的な製膜法を開発した。水蒸気照射を行った場合，照射しない場合に比べて V_{OC}, J_{SC} が同時に向上することを確認した[3]。E_g が 1.3 eV 以上の CIGS 太陽電池で変換効率最大 18.1%（真性効率）を実現した。電池性能は $V_{OC}=0.744$ V, $J_{SC}=32.4$ mAcm^{-2}, FF$=0.752$, セル面積 0.424 cm^2 である。

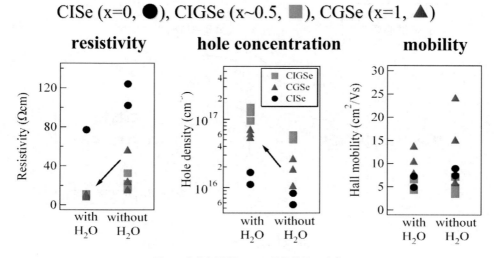

図 5 水蒸気照射による電気特性の変化

水蒸気照射効果のメカニズムに関しても検討を行った。X 線回折法による評価では，水蒸気照射を行っても回折ピークの半値幅がほんの少し狭くなるだけで，ピークの比や強度には大きな差はなかった。表面・断面の SEM 像においても粒径などに大きな変化は観察されなかった。一方，図 5 に示すようにホール効果の測定においては，水蒸気照射によって CIS，CIGS（x = 0.5），CGS のすべての場合で抵抗率が減少し，それが正孔濃度の増加に起因していることが明らかになった。これらの結果と関連する文献等[4,5]から総合的に判断し，筆者らは，水蒸気照射によってドナー型の欠陥であるセレン空孔濃度が減少し，キャリア補償が軽減されるために結果的に正孔濃度が増加するというモデルを提案している。

2.4.2 界面・表面の評価

WG-CIGS 太陽電池の高効率化には，ヘテロ接合の界面・表面の系統的な評価と，それに基づく界面形成法の確立が不可欠である。図 6 に CIGS 太陽電池のヘテロ界面についての課題を示す。そもそも CBD バッファー層は必要なのか，カドミウム（Cd）拡散による CIGS の埋め込み型 p–n 接合の有無，CdS/CIGS の伝導帯の正確なバンド不連続値，CIGS 表面の Cu 欠損層（$Cu(InGa)_3Se_5$）の有無など，高効率化のためにはこれらの課題を精密に評価する技術が必要である。

界面の評価にはこれまでは主に光電子分光法が用いられてきた。この方法ではまず，ZnO，CdS，CIGS の価電子帯のエネルギー値を光電子分光法で実験的に決定する。この値にそれぞれの材料の禁制帯幅エネルギーの文献値をプラスすることで，伝導帯のエネルギーを計算し，伝導帯のバンド不連続などを議論する。しかしながら，CIGS 表面に存在するといわれている禁制帯幅の異なる Cu 欠損層の存在は計算に含まれておらず，化学堆積法による極薄バッファー層（CdS）の

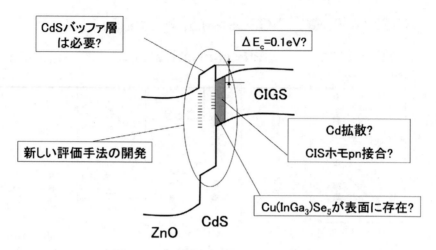

図6 CIGS太陽電池の界面についての課題

禁制帯幅も文献によるバルク値と同じと仮定するなど，この計算法の基になる仮定には疑問も多い。筆者らは，鹿児島大学の寺田研究室と共同でZnO/CdS/CIGS界面の電子状態を精密に評価する技術の開発を行っている。寺田らは，伝導帯のエネルギーを価電子帯とは独立に実験的に決定できる逆光電子分光法の技術を有している。まず最初に，CIGSの表面清浄技術やダメージレスなイオンエッチングなどの基礎技術を確立した。次に，CdS/CIGS界面を，CdS表面から徐々にエッチングしながら，伝導帯・価電子帯のエネルギーの変化を測定し，バンド不連続や禁制帯幅の精密測定を行った[6]。CdS/CIGS界面での伝導帯のバンド不連続は $\Delta E_C = E_C(CdS) - E_C(CIGS)$ で表現される。Ga組成 x = 0.24 では CdS/CIGS のバンド不連続が $\Delta E_C = 0.20～0.30$ eV であるのに対して，x = 0.4～0.5 では $\Delta E_C \sim 0$ に，さらに Ga組成が増加すると $\Delta E_C < 0$ になるなど，ΔE_C が Ga組成に強く依存することを実験的に初めて示した[7]。今後高効率化を目指す上で重要な知見が得られたと考えている。

2.5 集積型サブモジュールの高効率化技術

研究室レベルの小面積セルでは変換効率20.3%という高い効率が達成されているが，量産されている集積型モジュールの効率は10～12%程度にとどまっている。図7からわかるように，小面積セルと集積型モジュールの工程で使われている材料は同じだが，集積型モジュールでは3回のパターニング工程（P1，P2，P3）が用いられている。一般的には，P1にはパルスレーザが，P2，P3にはダイヤモンド等の針などが使われる。集積型モジュールでは，このパターニングによって各セルの直列接続が可能になる。したがって，結晶シリコン太陽電池におけるアセンブル工程が不要となり，低コスト化が可能になる。しかしながら，パターニングによって太陽電

第 5 章　新型太陽電池・材料

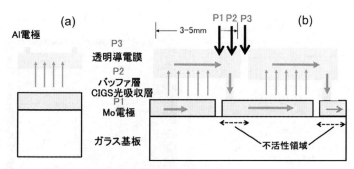

P1:レーザスクライブ、P2、P3:メカニカルスクライブ
図7　CIGS 太陽電池断面図
a) 小面積セル, b) 集積型サブモジュール

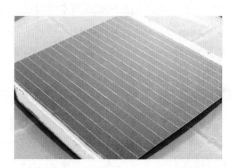

図8　CIGS 集積型サブモジュールの外観

池として使えない部分（デッドエリア）ができ，これが変換効率低下の1つの原因になる。また，集積型モジュールでは，ZnO 窓層の中を mm 単位で電流が流れるために，ZnO 窓層の抵抗を下げるために小面積セルの場合よりも ZnO 窓層を厚くする必要がある。ZnO 窓層を厚くすると光吸収によって入射光が減衰するためにこれも変換効率低下の要因となる。しかしながら，これらの要因による変換効率の低下は絶対値で 2% 程度と見積もることができる。筆者らの研究グループでは，量産されているモジュールと同じ工程を用いた集積型サブモジュール（面積約 67.2 cm^2）で変換効率 16.6% を実現した[8]。また集積型サブモジュールの外観を図8に示す。CIGS モジュールにおいては，今後製膜技術やプロセスを向上することでさらなる高効率化が期待できる。この成果は CIGS 太陽電池が，コストだけでなく，性能でも既存のシリコン太陽電池と競合可能であることを示す重要な成果である。

　さらに量産化に向けた製造技術として，基板を固定せずに多元蒸着を行うインライン方式の製膜装置の開発も行っている。インライン成膜装置では，ロードロック室で基板が予備加熱された後，プロセスチャンバ内に置かれた各種坩堝の上を移動していく仕組みとなっており，基板が移動する過程で何段階かに分かれて製膜が行われる。同装置を用いた CIGS 集積型サブモジュール

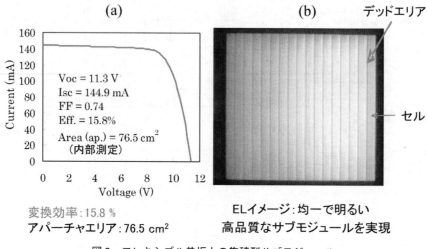

図9 フレキシブル基板上の集積型サブモジュール
(a) I–V 特性，(b) エレクトロルミネッセンス像

においても 15.8% という高い変換効率を実現している。図9にインライン蒸着法で作製したサブモジュールのエレクトロルミネッセンス像を示す。明るく均一な像が得られており，高品質なサブモジュールが作製できたことがわかる。これらの成果は，インライン蒸着法が量産化技術として有用であることを示すものである[9]。

2.6 フレキシブル CIGS 太陽電池の開発

曲面など様々な形状に合わせることができるフレキシブル基板上の CIGS 太陽電池の高性能化も今後重要な課題である。フレキシブル基板であれば何でも良いかというとそういうわけではない。青板ガラスの場合と同様，基板材料と CIGS の線熱膨張係数がほぼ同じであるというのが最初の必要条件となる。それ以外にも，基板材料には CIGS の製膜温度でも安定であること，表面が平坦である等の条件も要求される。CIGS 太陽電池用の金属性の基板としては，現在，ステンレス，チタン等が使われている。一方，絶縁性基板では，ポリイミドなどの樹脂基板が使われている。金属基板は 550℃ 程度の高温製膜は可能であるが，集積化モジュールを形成するためには金属基板上に絶縁膜を形成する必要がある。ポリイミドは耐熱性の点から 450℃ 以下で製膜する必要があり，したがって効率は金属基板上の太陽電池に劣る。

また，これらのフレキシブル基板は Na を含んでいないために，効率を向上するためには Na を供給してやる必要がある。最近ではいろいろな Na の供給技術が提案され，ガラス基板上の太陽電池とほぼ同等の高い変換効率が実現可能になったが，Na 供給層の安定性や制御性の点で課題がある。当センターでは Na の精密な制御と再現性を満たす新しい Na の導入法を開発した。

第5章 新型太陽電池・材料

これによって,フレキシブル基板上のCIGS太陽電池で17%を超える高効率化が可能になり,実用化への期待がふくらんだ[10]。実用化のためには,耐熱性,絶縁性,低コスト等の条件をすべて満たすフレキシブル基板の開発やガラス基板上と同様の再現性の高い集積化技術の開発が不可欠である。

2.7 まとめ

CIGS太陽電池の導入普及を進めるためには,大面積モジュールの着実な効率向上と小面積セルでの理論限界に迫る革新的な高効率化技術の開発というセル・モジュール両面からの研究開発が必要である。前述のように,今後CIGS太陽電池には,SiやGaAsなどの単結晶太陽電池と同等の高い性能が求められている。これまでの試行錯誤的な手法には限界があり,バルク・表面・界面・粒界の電子状態や欠陥の精密な評価と,それに基づいた物性制御やセル設計,という材料科学的なアプローチによる研究開発が必須である。

CIGS太陽電池は,コストだけでなく,性能的にも既存のシリコン太陽電池と競合可能な優れた特性を有している。今後の進展が期待される。

最後に,本稿に用いられている著者等の成果(の一部)は,経済産業省のもと,新エネルギー・産業技術総合開発機構(NEDO)からの委託によるもので関係各位に感謝する。

文　献

1) Press release, Zentrum für Sonnenenergie-und Wasserstoff-Forschung Baden-Württemberg ZSW, Germany 11/2010.
2) 2030年に向けた太陽光発電ロードマップ(PV 2030)検討委員会報告書　2004年6月
3) S. Ishizuka, K. Sakurai, A. Yamada, H. Shibata, K. Matsubara, M. Yonemura, S. Nakamura, H. Nakanishi, T. Kojima and S. Niki, *Jpn. J. Appl. Phys*., **44**, pp. L 679-L 682 (2005)
4) R. Noufi *et al.*, *Sol. Cells*, **16**, 479 (1986)
5) S. Niki *et al.*, *J. Cryst. Growth*, **201/202**, 1061 (1999)
6) S. H. Kong, H. Kashiwabara, K. Ohki, K. Itoh, T. Okuda, S. Niki, K. Sakurai, A. Yamada, S. Ishizuka and N. Terada, Materials Research Society Symposium, vol. 865, pp. 155-160 (2005)
7) R. T. Widodo, K. Itoh, S. H. Kong, H. Kashiwabara, T. Okuda, K. Obara, S. Niki, K. Sakurai, A. Yamada, S. Ishizuka, *Thin Soid Films*, **480-481**, pp. 183-187 (2005)
8) H. Komaki, H. Higuchi, M. Iioka, S. Ishizuka, H. Shibata, K. Matsubara and S. Niki, Pro-

ceedings of the 5th World Conference of Photovoltaic Energy Conversion, 3 BV 2. 132 (2010)
9) S. Seike, K. Shiosaki, M. Kuramoto, H. Komaki, K. Matsubara, H. Shibarta, S. Ishizuka, A. Yamada and S. Niki, *Solar Energy Materials and Solar Cells*, **95**, 254 (2011)
10) S. Ishizuka, H. Hommoto, N. Kido, K. Hashimoto, A. Yamada and S. Niki, *Appl. Phys. Express*, **1**, 092303 (2008)

3 量子・ナノ構造太陽電池

八木修平*

　太陽光発電の本格的な普及に向けて低コスト化・高効率化のための技術開発がますます活発化する中，半導体量子ドットや超格子などのナノ構造を導入した新しい太陽電池が注目されている。これらは，ナノメートルサイズの半導体微細構造内で発現するエネルギー準位の離散化やトンネル現象などの量子効果を積極的に利用することで，従来の発電原理にとらわれない新しい概念により，太陽電池の高効率化を図ろうとするものである。本節ではその中で中間バンド型太陽電池とホットキャリア型太陽電池を取り上げ，動作原理を解説するとともに，量子ナノ構造を利用したこれら次世代高効率太陽電池への取り組みについて述べる。

3.1 中間バンド型太陽電池

　太陽電池において，バンドギャップ以下のエネルギーの光が吸収されないことによる"透過損失"と，バンドギャップより十分大きなエネルギーの光を吸収して発生したキャリアが，バンド端まで高速でエネルギー緩和することによる"熱損失"は，通常トレードオフの関係にある。バンドギャップを最適値にしてこれらの関係に折り合いをつけることで，通常の単接合太陽電池のエネルギー変換効率は非集光下で約30%，集光動作下で約40%に達する，というのがShockley–Queisserの詳細平衡モデル（detailed balance model）の教えるところである[1]。1997年，マドリッド工科大（スペイン）のLuqueらは変換効率を向上させる手法として，ホスト半導体の禁制帯内へもう一つエネルギー準位（中間バンド）を導入した，中間バンド型太陽電池を提案した[2]。図1に中間バンド型太陽電池のエネルギーバンド構造と動作概念図を示す。通常の伝導帯–価電子帯間の電子遷移に加え，中間バンドを介した遷移が起こるため，バンドギャップより小さいエネルギーのフォトンが吸収可能となり，出力電流が増大する。このとき重要なことは，中間バンドは外部電極と電気的に切り離されており，キャリアの移動が直接起こらないようになっていることである。このため出力電圧は伝導帯と価電子帯の擬フェルミ準位間の差で決まり，ホスト半導体のバンドギャップに近い出力電圧が得られ，全体として変換効率が向上する。図2に，ホスト半導体のバンドギャップE_gと伝導帯–中間バンド間のエネルギーギャップE_{CI}に対して求めた中間バンド型太陽電池の理論変換効率マップを示す。変換効率は非集光で$E_g=2.4\,\mathrm{eV}$，$E_{CI}=0.9\,\mathrm{eV}$の組み合わせのときに最大値47%，最大集光（理論上可能な最大の集光倍率で，約46,200倍である）[3]において$E_g=1.9\,\mathrm{eV}$，$E_{CI}=0.7\,\mathrm{eV}$の組み合わせのときに最大値63%に達し，従来の

---

　* Shuhei Yagi　埼玉大学　大学院理工学研究科　助教

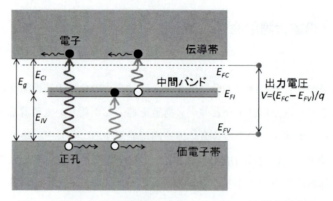

図1　中間バンド型太陽電池のエネルギーバンドと動作概念図

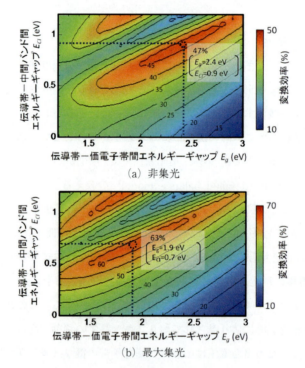

図2　中間バンド型太陽電池の理論変換効率

単接合太陽電池の限界を大きく超える値が得られる。また、バンドギャップの変化に対して、得られる変換効率のピーク値からの減少は比較的緩やかであり、例えば最大集光では E_g が 1.4 eV から 2.6 eV の範囲で 60% 以上の変換効率を得る設計が可能である[4]。

第5章 新型太陽電池・材料

3.2 量子ドット超格子を用いた中間バンド型太陽電池

中間バンド型太陽電池に向けた吸収層材料として，半導体中に高濃度ドープした遷移金属がつくる不純物準位を利用する方法[5,6]や，GaNAsPやZnOTeなどの高不整合混晶[7,8]と呼ばれるバルク材料の利用が検討されている他，半導体量子ドットを3次元的に規則正しく並べた量子ドット超格子を用い，超格子ミニバンド[9]を中間バンドとして利用する方式が提案されている（図3）。中間バンド型太陽電池において，各バンドの擬フェルミ準位を互いに十分に分離させるためには，バンド間のキャリアの遷移は光学遷移が支配的で，熱励起・熱放出による遷移が極力抑えられている必要がある。量子井戸を基本とした超格子の場合，ミニバンドと伝導帯あるいは価電子帯の間に量子井戸面内方向の運動に起因する連続準位が存在するため，フォノンとの相互作用によりキャリアはミニバンドの基底へ高速で緩和すると考えられる。一方，量子ドット超格子では，伝導帯・価電子帯とエネルギー的に完全に分離された量子準位を基にミニバンドを形成するため，各バンド間のエネルギーギャップがフォノンのエネルギーに比べ十分大きければ，バンド間の熱的遷移は抑制される。

中間バンド材料として量子ドット超格子を導入した量子ドット太陽電池は，いくつかの研究グループにより試作されている[10~17]。結晶成長には主にMBE法が用いられており，Stranski-Krastanovモードにより形成した量子ドットを，成長方向に繰り返し多重積層することで，量子ドット超格子構造が作製されている。東京大学のグループでは，結晶成長基板にはGaAsを，量子ドット材料としてIn(Ga)Asを用いて，量子ドット太陽電池を作製している[15~17]。各量子ドット層の間にはGaAs中に数％オーダーのNを混入させたGaNAsを堆積している。基板の

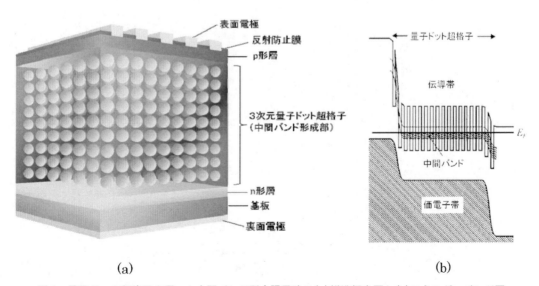

図3　量子ドット超格子を用いた中間バンド型太陽電池の(a)構造概念図と(b)エネルギーバンド図

GaAsに対して小さな格子定数をもつGaNAsをドット間中間層として用いることで，In(Ga)Asにより発生する圧縮歪みをGaNAsが補償し，全体として歪みフリーな状態を保って結晶成長が進行する。この歪み補償成長技術によって，歪みの蓄積による転位の発生や，積層に伴うドットサイズの変化が抑えられ，図4の断面透過電子顕微鏡写真で示すように高品質・高均一な多重積層量子ドット構造が得られている[16]。図5は，50層積層量子ドットを導入した太陽電池におけ

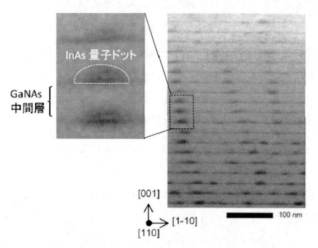

図4 GaAs(001)基板上に歪み補償成長法を用いて作製した量子ドット太陽電池の断面透過電子顕微鏡像

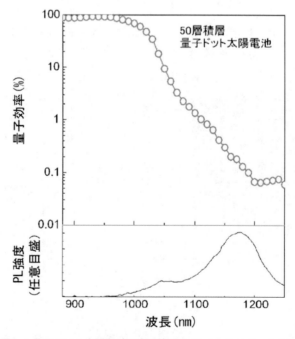

図5 50層積層した量子ドット太陽電池の量子効率とフォトルミネッセンススペクトル[17]

第5章 新型太陽電池・材料

る量子効率（Quantum Efficiency：QE）特性と，同様の構造の室温フォトルミネッセンス（Photoluminescence：PL）スペクトルの測定結果を，GaAs 基板のバンドギャップ以下のエネルギー帯について示したものである[17]。中間層には 20 nm 厚の GaNAs 層を用いている。図中 1,050 nm 以下の波長域での量子効率は，主に GaNAs 中間層による寄与である。PL スペクトルで観測された量子ドットの発光波長から，1,050 nm 以上の波長域の量子効率については，量子ドットの光吸収が寄与していると考えられる。図6は20，30，および50層積層量子ドットを導入した太陽電池の電流-電圧特性（AM 1.5, 1 sun 照射下）の結果である。積層数を増加することで，GaNAs 中間層および量子ドットの寄与により短絡電流密度は単調に増大し，50 層積層時の短絡電流密度として $I_{sc} = 26.4$ mA/cm^2 が得られている[4,17]。

以上のように，太陽電池に量子ドット超格子を導入することで，ホスト半導体材料のバンドギャップ以下のエネルギー帯における光感度や，短絡電流の増大が報告されている。一方で，中間バンド型太陽電池としての動作をさせる上で，解決すべき課題も残る。現状では用いられている材料系および量子ドットのサイズから，ドット中には複数の量子準位が存在し，また基底準位と伝導帯端のエネルギー差も十分大きくないと考えられる[18]。そのため，量子ドットからのキャリアの脱出は，主として励起準位を介した熱励起や，内蔵電界のアシストによるトンネル過程で起きている。これらの過程は伝導帯と中間バンドの擬フェルミ準位の分離には寄与せず，したがって中間バンド型太陽電池としての動作を妨げる。これは単にバンドギャップの小さな吸収層材料を用いたことと等しく，出力電圧の低下を引き起こす（図7）[19]。また，量子ドットの吸収帯における量子効率が最大で数%程度に留まっていることから，量子ドットの全個数（吸収体積）は光吸収量の面で十分ではなく，量子ドット密度をより大きくすることが必要である。図8に，中

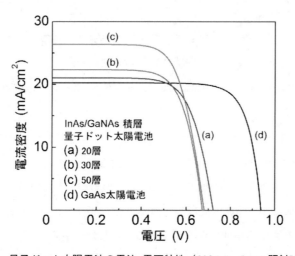

図6　量子ドット太陽電池の電流-電圧特性（AM 1.5, 1 sun 照射時）[17]

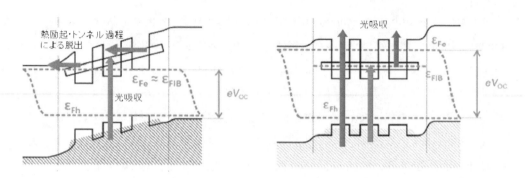

(a) 熱励起・トンネル過程が支配的な場合　　(b) 光吸収が支配的で、理想的な場合

図7　量子ドット準位からのキャリアの脱出過程と中間バンド型太陽電池の動作

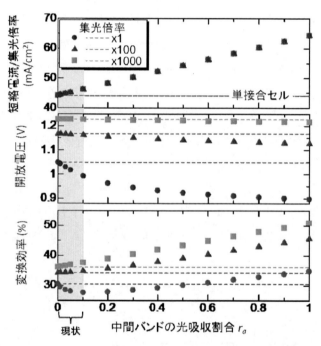

図8　中間バンドでの光吸収割合に対して計算した，中間バンド型太陽電池の特性[4]

間バンドを介した光吸収が不十分であることを考慮して，中間バンド型太陽電池の特性を計算した例を示す[4]。計算は $E_g = 1.3$ eV，$E_{CI} = 0.4$ eV とし，非集光，100倍集光，1,000倍集光時の短絡電流，開放電圧及び変換効率を，中間バンドによる光吸収割合 r_a に対してプロットしてある。この図から，r_a の増加に伴い短絡電流は集光倍率に依らず一定の割合で増加していくことが分かる。一方，開放電圧は r_a の増加に伴い減少する。これは，中間バンドを介した再結合過程が存在するためである。非集光では開放電圧減少の影響が大きく，中間バンドでの光吸収割合が少

第5章　新型太陽電池・材料

ない場合，全体として変換効率は低下してしまうことが分かる。現状の量子ドット太陽電池では，ドットの光吸収帯の量子効率から r_a は 0.1 以下と考えられるが，中間バンドの導入による変換効率の増大を得るためには，r_a を 0.6 以上にする必要がある。一方，集光動作の場合事情は異なる。r_a の増加に対して集光倍率が大きいほど開放電圧の低下が抑えられている。これは，中間バンドの導入により生成電流の増大と再結合電流の増大の二つの効果が現れるが，集光倍率が増加すると再結合電流の影響が生成電流に対し相対的に減少するためである。一方で短絡電流の増加率は集光倍率に依らないため，その結果，集光動作下では r_a が数%程度と小さくても，中間バンド導入による変換効率の上昇が見込める。したがって量子ドット超格子を利用した中間バンド型太陽電池に関する今後の方針としては，超格子ミニバンドから伝導帯への熱励起が抑制されるようなバンド構造を設計した上で，量子ドットの密度・積層数を増やし，光吸収量を増加させることが重要であるとともに，集光下での動作検証を行っていく必要がある。

3.3　ホットキャリア型太陽電池

半導体内でバンドギャップより十分大きいエネルギーの光子が吸収されると，高いエネルギーをもつ電子が伝導帯中に，また正孔が価電子帯中に励起される。通常それらのキャリアはフォノンを放出することで速やかにバンド端まで緩和し，そのエネルギーを熱として失う。現在主流のシリコン太陽電池では，このような熱損失が最大のエネルギー損失要因となっている。国立再生可能エネルギー研究所（NREL，アメリカ）の Ross と Nozik は，光キャリアがバンド内で熱緩和を起こすより前に外部へ取り出すことで，そのエネルギーを有効利用しようとする，ホットキャリア型太陽電池のアイディアを提案した[20]。ホットキャリア型太陽電池は，図9に示すように，光吸収層（ホットキャリア発生層）の両側を，特定のエネルギーをもったキャリアのみを選択的に通過させる役割をもつ，エネルギー選択電極（Selective Energy Contact：SEC）で挟んだ構造で構成される。光吸収層で発生したキャリアは，格子温度に比べ高いキャリア温度を維持したまま SEC へ到達し，選択エネルギーと一致するエネルギーのキャリアのみが外部へ取り出される。選択エネルギーと一致しないキャリアは SEC で跳ね返され，キャリア-キャリア散乱によりエネルギーの再分布を起こす。再度 SEC へ到達したキャリアが選択エネルギーと一致するエネルギーをもっていれば，外部への取り出しが起こり，これらの過程を繰り返すことで光電変換を行うのがホットキャリア型太陽電池の基本原理である。光吸収層での熱損失が完全に抑制できた場合，図10に示すように理論変換効率は非集光で最大 68%，最大集光で 85% に達する[20,21]。現状では理論研究が先行しているが，エネルギー選択電極やホットキャリア発生層に対して，材料・構造の検討や原理検証が進められている[22〜26]。

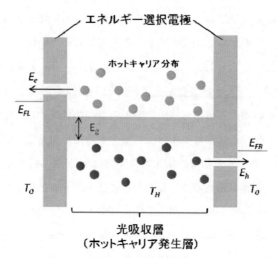

図9　ホットキャリア型太陽電池のエネルギーバンド構造と動作概念図

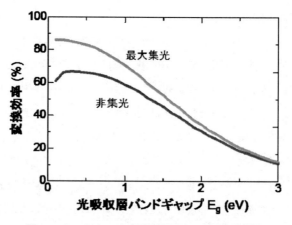

図10　ホットキャリア型太陽電池の理論変換効率

3.4　量子ナノ構造のホットキャリア型太陽電池への応用

　ホットキャリア型太陽電池の開発には，キャリアのエネルギー緩和時間が十分長い光吸収材料と，狭いエネルギー範囲でキャリアを取り出せる SEC の実現が鍵となる。ニューサウスウェールズ大学（オーストラリア）のグループでは，図11で示すような，光吸収層，SEC ともに量子ドットで構成されたホットキャリア型太陽電池を提案している[24]。質量の異なる原子で構成されるナノスケールの周期構造は，特殊なフォノンの分散構造を形成する。これを量子ドット超格子で実現し，光吸収層（ホットキャリア発生層）として用いることでキャリア緩和時間の増大を図っている。図12に，超格子構造におけるフォノン分散特性の計算例を示す[22]。超格子構造に起因するフォノンバンドギャップの形成により，光学フォノンから音響フォノンへのエネルギー散

第5章 新型太陽電池・材料

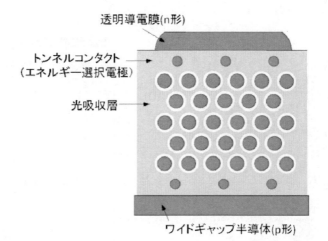

図11 量子ドットを用いたホットキャリア型太陽電池の構造

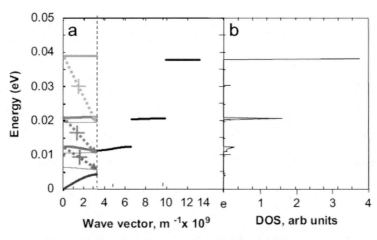

図12 超格子構造における(a)フォノンの分散関係と(b)フォノン状態密度[22]
破線で示す Klemens メカニズムが禁止される。

逸過程（Klemens 過程[27]）が遮断される。このため"ホット"な光学フォノンの分布が発生し，結果としてキャリアのエネルギー緩和時間が増大することが予想されている。また，SEC には単層の量子ドット層の両側を薄い障壁層で挟んだ，「量子ドット共鳴トンネル構造」が検討されている。光吸収層内で発生したホットキャリアのうち，量子ドットの共鳴準位と一致するエネルギーのキャリアのみが選択的に取り出される。図13は原理検証のため作製されたシリコン量子ドット共鳴トンネル構造の断面透過電子顕微鏡写真，素子構造，および室温での電流-電圧特性を示している[23,24]。シリコン量子ドットの作製は，スパッタ法により n 形シリコン基板上へ堆積した $SiO_2/SiO_x(x<2)/SiO_2$ 構造を熱アニール処理し，シリコンリッチ層にナノメートルサイズ

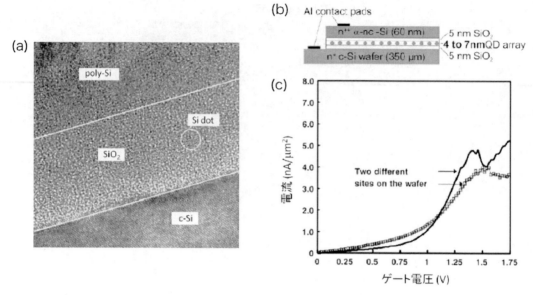

図13 SiO$_2$中のシリコン量子ドットを用いた共鳴トンネル構造
(a)断面透過電子顕微鏡写真 (b)トンネル特性評価用試料構造 (c)電流-電圧特性

のシリコン結晶を析出させることで行っている。ドットサイズはSiO$_x$層の膜厚を変えることで制御が可能であり,直径2-7 nm程度の量子ドットが作製されている[26]。素子面積 (1/16 cm^2) 中には約10^{10}個と多くの量子ドットが含まれながらも,電流-電圧特性には共鳴トンネルに起因する負性微分抵抗が観測されており,SECとして求められるエネルギーの選択性が実現されていると考えられる。

文　　献

1) W. Shockley and H. J. Queisser, *J. Appl. Phys.*, **32**, 510 (1961)
2) A. Luque and A. Martí, *Phys. Rev. Lett.*, **78**, 5014 (1997)
3) J. Nelson, The Physics of Solar Cells, (Imperial College Press, 2003)
4) 岡田至崇,八木修平,大島隆治,「量子ドット太陽電池による高効率太陽電池の開発」,応用物理 (2010年3月号)
5) C. Tablero, *Phys. Rev. B*, **74**, 195203 (2006)
6) P. Palacious, J. J. Fernández, K. Sánchez, J. C. Conesa and P. Wahnón, *Phys. Rev. B*, **73**, 085206 (2006)

7) K. M. Yu, W. Walukiewicz, J. W. Ager III, D. Bour, R. Farshchi, O. D. Dubon, S. X. Li, I. D. Sharp and E. E Haller, *Appl. Phys. Lett.*, **88**, 092110 (2006)
8) K. M. Yu, W. Walukiewicz, J. Wu, J. W. Beeman, M. A. Scarpulla, O. D. Dubon and P. Becla, *Phys. Rev. Lett.*, **91**, 246403 (2003)
9) L. Esaki and R. Tsu, *IBM J. Res. Develop.*, **14**, 61 (1970)
10) A. Luque, A. Martí, C. Stanley, N. López, L. Cuadra, D. Zhou, J. L. Pearson and A. McKee, *J. of Appl. Phys.*, **96**, 903 (2004)
11) A. Luque, A. Martí, N. López, E. Antolín, E. Cánovas, C. Stanley, C. Farmer and P. Díaz, *J. of Appl. Phys.*, **99**, 094503 (2006)
12) V. Popescu, G. Bester, M. C. Hanna, A. G. Norman and A. Zunger, *Phys. Rev. B*, **78**, 205321 (2008)
13) S. M. Hubbard, C. D. Cress, C. G. Bailey, R. P. Raffaelle, S. G. Bailey and D. M. Wilt, *Appl. Phys. Lett.*, **92**, 123512 (2008)
14) A. Martí, N. López, E. Antolín, E. Cánovas, A. Luque, C. R. Stanley, C. D. Farmer and P. Díaz, *Appl. Phys. Lett.*, **90**, 233510 (2007)
15) R. Oshima, A. Takata and Y. Okada, *Appl. Phys. Lett.*, **93**, 083111 (2008)
16) Y. Okada, R. Oshima and A. Takata, *J. Appl. Phys.*, **106**, 024306 (2009)
17) R. Oshima, A. Takata, Y. Shoji, Y. Okada and K. Akahane, Proc. 24 th European Photovoltaic Solar Energy Conference and Exhibition, 1 BO 8.6, Hamburg (Sept. 2009)
18) Tomić, T. S. Jones and N. M. Harrison, *Appl. Phys. Lett.*, **93**, 263105 (2008)
19) E. Antolín, A. Martí, P. G. Linares, I. Ramiro, E. Hernández, C. D. Farmer, C. R. Stanley and A. Luque, The 35 th IEEE photovoltaic specialists conference, Hawaii (June 2010)
20) R. T. Ross and A. J. Nozik, *J. Appl. Phys.*, **53**, 3813 (1982)
21) P. Wurfel, *Solar Energy Materials and Solar Cells*, **46**, 43 (1997)
22) G. Conibeer, N. Ekins-Daukes, J. F. Guillemoles, D. Konig, E. C. Cho, C. W. Jiang, S. Shrestha and M. Green, *Solar Energy Materials & Solar Cells*, **93**, 713 (2009)
23) G. Conibeer, C. W. Jiang, D. König, S. Shrestha, T. Walsh and M. A. Green, *Thin Solid Films*, **516**, 6968 (2008)
24) M. A. Green, G. Conibeer, D. König, S. Shrestha, S. Huang, P. Aliberti, L. Treiber, R. Patterson, B. P. Veettil, A. Hsieh, Y. Feng, A. Luque, A. Marti, P. G. Linares, E. Cánovas, E. Antolín, D. Fuertes Marrón, C. Tablero, E. Hernández, J-F. Guillemoles, L. Huang, A. Le Bris, T. Schmidt, R. Clady and M. Tayebjee, The 35 th IEEE photovoltaic specialists conference, Hawaii (June 2010)
25) P. Aliberti, S. K. Shrestha, R. Teuscher, B. Zhang, M. A. Green and G. J. Conibeer, *Solar Energy Materials & Solar Cells*, **94**, 1936 (2010)
26) S. Yagi and Y. Okada, The 35 th IEEE photovoltaic specialists conference, Hawaii (June 2010)
27) P. G. Klemens, *Phys. Rev.*, **148**, 845 (1966)

4 太陽電池用新材料 InGaAsN

小島信晃*

4.1 格子整合系4接合太陽電池用新材料

図1に，太陽光スペクトルと，多接合構造太陽電池材料のバンドギャップの関係を示す。現在，主に宇宙用として実用化されている格子整合系 InGaP(1.9 eV)/(In)GaAs(1.4 eV)/Ge(0.7 eV) 3接合セルでは，(In)GaAs セルと Ge セルのバンドギャップエネルギー差が大きいために，Ge セルでのエネルギー損失が大きい。したがってこの損失を低減することによって，さらなる高効率化が期待できる。そこで，1997年に，Kurtz ら（NREL, 米国）によって InGaP/GaAs/第3セル（1.0 eV）/Ge 構造の4接合タンデムセルが提案された[1]（図2）。3接合の場合よりも透過損失や熱損失を低減することができるため，理論的に AM 0（非集光）で41%，AM 1.5（500倍集光下）で52% の変換効率が期待できる。同様の計算は複数の研究機関で行われており，図3には，Baur ら（Fraunhofer ISE, Philipps Univ., Marburg, ドイツ）による計算結果を示す[2]。AlInGaP(1.98 eV)/InGaAs(1.38 eV)/第3セル（0.98 eV）/Ge(0.66 eV) 4接合構造により，AM 0（非集光）で最高効率51.7% が期待できる。以上の様に，第3セルのバンドギャップエネルギーは約1 eV が最適であり，さらに高品質結晶を得るため，基板である Ge（a=5.658 Å）と格子整合する必要がある。ところが，これまでⅢ-Ⅴ族化合物太陽電池に用いられてきた元素（Al，Ga，In，P，As，Sb）の組み合わせでは，Ge に格子整合し，バンドギャップエネルギー1 eV を実現することはできず，新材料の開発が必要である。

この様な新材料の候補として挙げられるのがⅢ-Ⅴ-N型混晶の InGaAsN である。GaAs に数%オーダーの窒素（N）を含んだ GaAsN 混晶では，図4に示す様に N 濃度とともにバンドギャップエネルギーが著しく減少し，また格子定数が小さくなる[3]。さらに GaAsN に In を加えて4

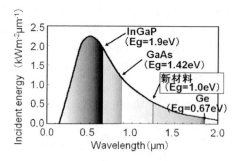

図1 太陽光スペクトルと，多接合構造太陽電池材料のバンドギャップの関係

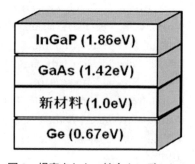

図2 提案された4接合タンデムセル

* Nobuaki Kojima　豊田工業大学　大学院工学研究科　助教

第5章　新型太陽電池・材料

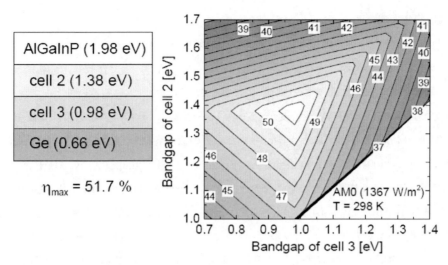

図3　4接合太陽電池の理論効率計算（第1セル，第4セルのバンドギャップ値は固定して計算）[2]

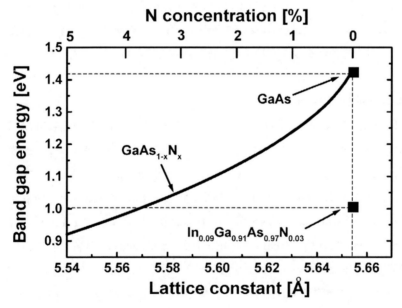

図4　$GaAs_{1-x}N_x$の格子定数とバンドギャップエネルギーの関係

元混晶 InGaAsN とすることにより，格子定数を大きくして Ge や GaAs と格子整合させることができる。$In_xGa_{1-x}As_{1-y}N_y$ と表記した場合，$x \fallingdotseq 3y$ の条件で GaAs に格子整合し，$y \fallingdotseq 3\%$ のときに $Eg \fallingdotseq 1\,eV$ が得られる。したがって，第3セルに必要な条件を満足することができ，超高効率タンデムセル用材料として期待される。

4.2 InGaAsN 太陽電池

InGaAsN の太陽電池への応用として，1998 年に米国の NREL のグループが初めてセル特性を報告した[4~6]。InGaAsN 膜は有機金属化学気相成長（MOCVD）法で作製し，p 型ドーパントには C，n 型ドーパントには Si を用いて pn 接合の形成を行った。太陽電池特性としては，25 倍集光で開放電圧は 0.47 V，短絡電流密度が 4.5 mA/cm^2 と悪く，その主要な原因は少数キャリア拡散長が 0.04～0.4 μm と小さいことが挙げられた。その後，各研究機関で材料品質の改善に向けた研究が行われ，2004 年には，Dimroth ら（Fraunhofer ISE, Philipps Univ., Marburg, ドイツ）が，MOCVD 法により作製したバンドギャップエネルギー 0.95 eV の InGaAsN 単接合セルで，短絡電流密度 26.0 mA/cm^2，開放電圧 0.410 V，曲線因子（FF）0.577，変換効率 6.2%（AM 1.5, 非集光）を報告している[7]。このセルの GaAs フィルター下での短絡電流密度は 10.9 mA/cm^2 であり，4 接合太陽電池での電流整合に必要とされる約 18 mA/cm^2 には達しておらず，材料品質がまだ不十分であることを示している。

InGaAsN 材料の多接合セルへの適用では，Spectrolab 社が 6 接合セルを作製している[8]。InGaAsN 層での電流値が十分に得られないことから，接合数を増やして 6 接合セルとすることで電圧を稼いで必要な電流値を少なくし，変換効率 23.6%（AM 0, 非集光）を得ている。

4.3 InGaAsN 材料の欠陥物性

以上の様に，InGaAsN 材料を 4 接合太陽電池に適用するためには，材料品質がまだ不十分であることが分かる。実用的な太陽電池の実現には，数 μm 以上の少数キャリア拡散長をもつ InGaAsN 結晶が必要である。拡散長はキャリア寿命 τ と移動度 μ の積の平方根に比例するが，窒素の添加は，このキャリア寿命と移動度の両方を低下させる。PL 測定から見積もられる（In）GaAsN のキャリア寿命は，0.2～1 ns が報告されており[9,10]，GaAs の 1/10 から 1/100 である。移動度は，ホール移動度が約 100 cm^2/Vs，電子移動度が約 300 cm^2/Vs と報告されており[4,11~13]，特に電子移動度の低下が大きい。この様な低キャリア移動度，低キャリア寿命の主な要因は以下のような高い残留不純物濃度や N 起因の未知の欠陥が考えられている。N 起因欠陥としては，図 5 に示す構造が主に提案されている。

上で述べた NREL のグループの InGaAsN のように有機化合物原料を用いた MOCVD 法では，結晶中に高い残留キャリアが存在し p 型を示す。これらの残留キャリアの起源として，有機化合物原料起因である残留 C もしくは残留 H が挙げられる。C は GaAs 中でアクセプタとして振舞うことが知られており[14]，H は N–H–V_{Ga} のように複合欠陥を形成し，アクセプタとして働くことが指摘されている[15]（図 5(a)）。ここで V_{Ga} は Ga サイトの空孔である。理論計算では N–H 結合が結晶中に存在すると，V_{Ga} 複合体の形成エネルギーが低下するということが報告してお

第5章　新型太陽電池・材料

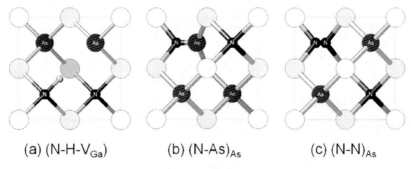

(a) (N-H-V_{Ga})　　(b) (N-As)$_{As}$　　(c) (N-N)$_{As}$

図5　提案されている主なN起因欠陥の構造

り[15]，N–H結合とV_{Ga}の間には関係があることが予想される。また，H関連の複合欠陥のモデルも幾つか提案されており，ドナーとして働く可能性がある欠陥もあると報告されている[16]。これらの残留不純物は，結晶中でイオン化不純物散乱の原因となり，移動度を下げている要因の1つに挙げられる。筆者らの豊田工大のグループでは，GaAsN材料中に存在するN–H結合の局在振動モードをフーリエ変換赤外分光（FT-IR）法で測定し，詳細に解析することにより，N–H結合に起因した複数の欠陥構造が存在することを明らかにしている[17]。

図5(b)，(c)に示す格子間N（N–As，N–N欠陥）は，III-V族化合物半導体結晶中のV族サイトにAs原子あるいはN原子が単独で存在するのではなく，格子間Nと複合して存在するものである。格子間Nはバンドギャップ中にキャリアトラップを形成することが理論的に予測されている[18]。1つのV族サイトに2つのN原子が存在するN–N欠陥が形成される原因としては，格子歪みが考えられる。Nが単独でV族サイトに存在する場合，Nは他の元素に比べ非常に小さく，格子歪みが非常に大きくなる。格子歪みを緩和するためにはIn–N結合の形成が望ましいが，結合エネルギーが低いため形成されにくい[19,20]。したがって，この格子歪みを補償するために1つのV族サイトにNが2つ存在するN–N欠陥が形成される。N–N欠陥は，混晶がN濃度によって決まる臨界膜厚（Nによる格子歪みが許容される膜厚）に近づくほど形成されやすくなる[21]。もう1つのN–As欠陥の形成原因としては，過剰にN原料が供給されることにより，1つのV族サイトにAsとNが同時に入ることが考えられる。このように，Nが正しいサイトに入らず，再結合中心として働く，もしくは，結晶中のポテンシャルの揺らぎを招き，キャリア移動度あるいはキャリア寿命が低下していると考えられる。筆者らの豊田工大のグループでは，過渡容量分光（DLTS）法を用いて，GaAsN材料の再結合中心を検討し，伝導体から0.33 eV下のエネルギー位置に，大きな捕獲断面積を持った再結合中心を確認している[22,23]。この再結合中心が，GaAsNの電気的特性を劣化させていると考えられ，N–As欠陥がその再結合中心の有力な候補であると考えている。

その他にもキャリア移動度，キャリア寿命を低下させる要因として，過剰なV族原料の供給や，低温での結晶成長に起因していると考えられるAsアンチサイト・空孔・クラスタが再結合中心として働くことが考えられる[24]。

4.4 InGaAsN成膜技術の進展

InGaAsNの結晶成長を困難にしている原因の1つに，非混和性がある。InGaAsNの強い非混和性は次の2つのことが原因となって生じている。1つ目は，Ga-NやIn-Nの結合長がGa-AsやIn-Asの結合長に比べて大きく異なること。2つ目は，結合長が大きく異なるために，均一な混晶相を形成するには結晶内部に結合角および結合長の変化にともなう大きな歪みエネルギーを発生することである。このことは，各原子が固体中を拡散するのに十分なまで結晶の温度を上げると，相分離が起こり，熱エネルギー的に安定なGaNとInAsに分離することを意味する。相分離することなく目的の組成を有する良好な結晶を得るためには，材料の融点と比較して低い温度で結晶を成長させなければならない。このような結晶成長法として，(1) 低温で熱分解するN原料を用いたMOCVD法，(2) Nラジカルを用いる分子線エピタキシー（MBE）法が検討されてきた。

MOCVD法では，原料供給時にキャリアガスとしてH_2を用い，成長圧力が高いため，原料からの水素（H）や炭素（C）といった不純物が結晶中へ多量に取り込まれやすい。また，分解した原料同士が基板表面に到達する前に反応し，成長反応を阻害する。このような気相中での反応を抑制するためには，成長温度を低くする必要があるが，そうすると不純物混入の問題が生じる。そのため，成長温度と不純物濃度との兼ね合いで成長条件を決定する必要がある。また，MOCVD法で作製したInGaAsN膜では，残留キャリア濃度は$10^{17}cm^{-3}$程度と高いという問題もある。残留キャリア濃度が高いのは，有機化合物原料起因の残留Cや，H関連の複合欠陥（N-H-V_{Ga}複合体など）などが提案されている[5,6,15,25]。

MBE法では原料として構成元素のみを用いるため，MOCVD法で問題となっている残留不純物濃度の低減に有効な結晶成長方法である。MBE法におけるN原料としては，窒素（N_2）をプラズマによりクラックしたもの（ラジカルN）が用いられる。ラジカルNは非常に反応性が高いため，基板に到達したものは高い確率で結晶中へ取り込まれる。したがって，N濃度はラジカルNの供給量にほぼ比例するため，N濃度の制御性は高い[26]。一方で，プラズマクラックによるNの供給により次のような問題が生じる。N_2をプラズマによりクラックした場合，ラジカルNだけでなく，N^+，N_2^+イオンやラジカルN_2などが存在する。Nイオン種は結晶にダメージを与え，ラジカルN_2が結晶中へ取り込まれることによりN-N欠陥の原因となる[27]。

そこで，これらの問題を解決する成膜手法として，岡田ら（東大）が開発した原子状水素援用

分子線エピタキシー（H-MBE）法，筆者ら（豊田工大）が試みている化学ビームエピタキシー（CBE）法について紹介し，さらにスタンフォード大，岡田ら（東大）による Sb 添加による結晶品質改善について述べる。

　岡田ら（東大）が開発した H-MBE 法は，MBE 成長時に原子状水素を導入する手法である。図 6 に，InGaAsN 薄膜の PL 発光ピークの半値幅，X 線回折ピークの半値幅と N 濃度の関係を，原子状水素照射の有無で比較した結果を示す[28]。原子状水素を照射すると，N 濃度増加に対する PL 発光ピーク，X 線回折ピークの半値幅増加が抑えられており，原子状水素照射が InGaAsN 結晶の高品質化に有効であることが示される。さらに，原子状水素流量の最適化により，V_{Ga} 欠陥量を低減できることも示されている[28~32]。太陽電池特性については，InGaAsN ホモ接合セル（N 濃度 1.4%）で，短絡電流密度 22.2 mA/cm^2 が得られている[33]。

　筆者らの豊田工大のグループは，化学ビームエピタキシー（CBE）法による（In）GaAsN 材料の製膜を検討している。CBE 法は，MOCVD 法と同様に有機化合物原料を用いる。低成長圧力（～10^{-2}Pa）での結晶成長方法であるため，原料は MBE 法と同様に他の原料分子と衝突することなく結晶成長表面へ到達し，基板表面でのみ反応し，結晶成長が進行する。低温で分解する有機化合物原料を用いることによって，成長温度を下げることができ，MOCVD 法よりも低温成長に適した方法であると言える。成膜時の表面反応を制御することにより，膜の高品質化が期

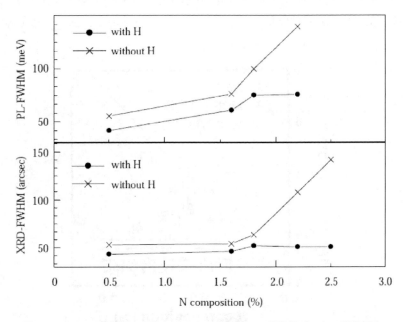

図 6　InGaAsN 薄膜の PL 発光ピークの半値幅，X 線回折ピークの半値幅と N 濃度の関係（原子状水素照射の有無で比較）[28]

待できる．表面反応を制御する手法として，①基板表面のステップ密度制御（微傾斜GaAs(001)基板使用），②成膜速度制御の2つの手法を試み，N添加の効果を明らかにするため，Inを添加しないGaAsN材料で，N起因欠陥の解明と制御を中心に研究を行ってきた．ホール効果測定で得たキャリア移動度を，その温度依存性から各散乱因子に分離し，N起因欠陥由来の散乱体密度に対応する$1/\mu_N$を評価した．我々のCBE法で成膜速度0.4〜2.0 μm/hとして成膜したGaAsN膜について，$1/\mu_N$のN濃度依存性を，MBE法，MOCVD法で成膜したGaAsN膜の文献値と比較した結果を図7に示す[11,34]．MBE法，MOCVD法で成膜したGaAsN膜の$1/\mu_N$は，成膜方法によらずN濃度に比例した．我々のCBE法で成膜速度2 μm/hで成膜したGaAsN膜の$1/\mu_N$も，同じ比例直線上に乗ることを確認している．一方，CBE法で成膜速度を遅くすると，N濃度が増加し，さらに$1/\mu_N$の値が大きく減少した．これは，従来限界と考えられていたN添加によるキャリア移動度の減少を，低成膜速度のCBE法では大きく改善できることを示している．成膜基板表面のステップ密度を多くする（GaAs(001)基板の傾斜角度を大きくする）ことによっても，この$1/\mu_N$の減少の効果が得られることを確認している[35]．また，キャリア寿命を時間分解フォトルミネッセンス（PL）法により評価した結果，成膜速度減少とともにキャリア寿命の大幅な改善を確認した（図8）[36]．窒素濃度0.85%のGaAsN膜で0.9 nsのキャリア寿命を達成し，さらにこの試料をアニール処理することにより，1 nsを超えるキャリア寿命を得ている．以上の結果から，CBE法において，表面反応を制御することで，GaAsN材料の高品質化が可能である．本成膜方法を太陽電池作製に適用することにより，(In)GaAsN太陽電池の効率向上が

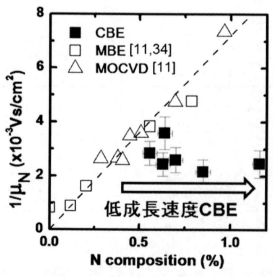

図7 GaAsN膜の$1/\mu_N$（N欠陥由来の散乱体密度に対応）のN濃度依存（各種成膜方法の比較）

第 5 章　新型太陽電池・材料

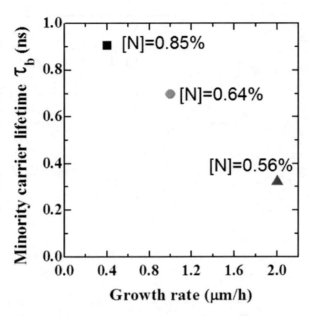

図 8　時間分解 PL 法により評価した少数キャリア寿命の成膜速度依存

期待できる。

　さらに，InGaAsN 材料の高品質化に，微量の Sb を添加した InGaAsN(Sb) 材料も注目されている。InGaAsN 系の薄膜成長時に微量の Sb を添加すると，表面変性効果により二次元成長が促進され，原子レベルで平坦な良質のヘテロ界面が形成される。これにより，窒素に起因した複合型欠陥の発生を抑制し，キャリア移動度及び少数キャリア拡散長の回復が期待できる。最近では，スタンフォード大，コロンビア大，また情報通信機構のグループなどが InGaAsN(Sb) 材料を光通信波長帯の量子井戸レーザーの活性層に応用し良好な特性が得られている。太陽電池では，スタンフォード大の D. Jackrel らが p-GaAs/n-InGaAsNSb ヘテロ接合セルを試作し，GaAs フィルター下で短絡電流密度 14.8 mA/cm^2 を報告している[37]。岡田ら（東大）のグループは，上記の H-MBE 法により InGaAsN(Sb) 材料を成膜し，Sb 添加による光学特性の改善や，太陽電池の分光感度の長波長化と量子効率の改善を確認している[38,39]。図 9 に，InGaAsN(Sb) 薄膜の PL 発光強度の Sb 濃度依存性を示す[38]。微量な Sb 添加により，PL 発光強度が大きく増強し，高品質化に有効であることが分かる。p-GaAs/i-InGaAsN(Sb)/n-InGaAsN(Sb) ヘテロ接合セルの試作では，GaAs フィルター下での短絡電流密度 9.6 mA/cm^2 を達成している[39]。

4.5　おわりに

　本節で述べてきた様に，InGaAsN 材料は，変換効率 50% 以上が期待できる格子整合系多接合

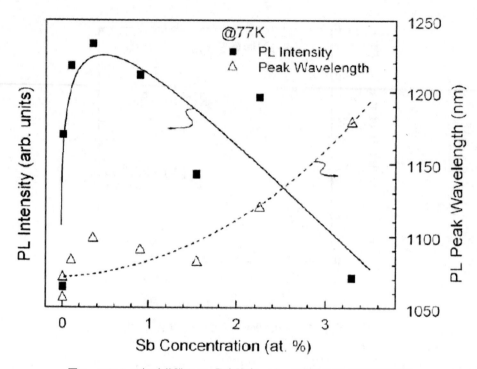

図9 InGaAsN(Sb)薄膜のPL発光強度，ピーク波長のSb濃度依存性[38]

構造太陽電池用新材料として期待される。しかし，窒素起因の欠陥が特性を大きく劣化させ，少数キャリア拡散長が短いことが課題であり，まだ実用に耐えうる材料品質が実現できていない。高品質成膜技術の開発には，成膜過程における窒素の取り込み機構や，欠陥の起源や電気的特性への影響の解明が重要である。

文　　献

1) S. R. Kurtz et al., Proc. 26th IEEE Photovoltaic Specialists Conference, p. 875, IEEE（1997）
2) C. Baur et al., Proc. 3rd World Conference on Photovoltaic Energy Conversion, p. 616, WCPEC（2003）
3) M. Weyers et al., Jpn. J. Appl. Phys., **31**, p. L 853（1992）
4) H. Q. Hou et al., Proc. 2nd World Conference on Photovoltaic Energy Conversion, p. 3600, EC（1998）
5) J. F. Geisz et al., J. Crystal Growth, **195**, 401（1998）

第 5 章　新型太陽電池・材料

6)　S. R. Kurtz *et al.*, *Appl. Phys. Lett.*, **74**, 729 (1999)
7)　F. Dimroth *et al.*, *J. Crystal Growth*, **272**, 726 (2004)
8)　R. R. King *et al.*, Proc. 20th European Photovoltaic Solar Energy Conference, p. 118, WIP-Renewable Energies (2005)
9)　R. A. Mair *et al.*, *Appl. Phys. Lett.*, **76**, 188 (2000)
10)　A. Kaschner *et al.*, *Appl. Phys. Lett.*, **78**, 1391 (2001)
11)　A. J. Ptak *et al.*, *J. Crystal Growth*, **251**, 392 (2003)
12)　W. Li *et al.*, *Phys. Rev. B*, **64**, 113308 (2001)
13)　S. R. Kurtz *et al.*, *Appl. Phys. Lett.*, **77**, 400 (2000)
14)　S. Kurtz *et al.*, *J. Cryst. Growth*, **234**, 323 (2002)
15)　A. Janotti *et al.*, *Phys. Rev. B*, **67**, 161201 (2003)
16)　A. Janotti *et al.*, *Phys. Rev. Lett.*, **89**, 086403 (2002)
17)　T. Tanaka *et al.*, Proc. 35th IEEE Photovoltaic Specialists Conference (2010)
18)　S. B. Zhang *et al.*, *Phys. Rev. Lett.*, **86**, 1789 (2001)
19)　V. Gambin *et al.*, *J. Cryst. Growth*, **251**, 408 (2003)
20)　S. Kurtz *et al.*, *Appl. Phys. Lett.*, **78**, 748 (2001)
21)　P. Krispin *et al.*, *J. Appl. Phys.*, **93**, 6095 (2003)
22)　B. Bouzazi *et al.*, *Appl. Phys. Express*, **3**, 051002 (2010)
23)　B. Bouzazi *et al.*, *Jpn. J. Appl. Phys.*, **49**, 051001 (2010)
24)　P. J. Klar *et al.*, *Phys. Rev. B*, **67**, 121206 (2003)
25)　N. Y. Li *et al.*, *Appl. Phys. Lett.*, **75**, 1051 (1999)
26)　A. R. Kovsh *et al.*, *J. Vac. Sci. Technol. B*, **20**, 1158 (2002)
27)　S. Z. Wang *et al.*, *J. Vac. Sci. Technol. B*, **20**, 1364 (2002)
28)　A. Ohmae *et al.*, *J. Cryst. Growth*, **251**, 412 (2003)
29)　Y. Shimizu *et al.*, *J. Cryst. Growth*, **278**, 553 (2005)
30)　Y. Shimizu *et al.*, *J. Appl. Phys.*, **100**, 064910 (2006)
31)　Y. Shimizu *et al.*, *J. Cryst. Growth*, **301-302**, 579 (2007)
32)　N. Miyashita *et al.*, *J. Appl. Phys.*, **102**, 044904 (2007)
33)　Y. Shimizu *et al.*, *Solar Energy Materials and Solar Cells*, **93**, 1120 (2009)
34)　T. Matsuura *et al.*, *Jpn. J. Appl. Phys.*, **43**, L 433 (2004)
35)　H. Suzuki *et al.*, *Jpn. J. Appl. Phys.*, **49**, 04 DP 08 (2010)
36)　T. Honda *et al.*, Proc. 35th IEEE Photovoltaic Specialists Conference (2010)
37)　D. B. Jackrel *et al.*, *J. Appl. Phys.*, **101**, 114916 (2007)
38)　N. Miyashita *et al.*, *J. Cryst. Growth*, **311**, 3249 (2009)
39)　N. Miyashita *et al.*, Proc. 35th IEEE Photovoltaic Specialists Conference (2010)

5 AlGaInN系太陽電池

天野　浩*

5.1 はじめに

Ⅲ族窒化物半導体の太陽電池として可能性が初めて指摘されたのは，InNのバンドギャップが0.7 eV程度と指摘されてからである。2002年，ドイツフランホーファー研究所のBechstedtとFurthmullerは，ab initio計算により，InNのバンドギャップを，当時信じられていた1.9 eVよりも小さい0.8〜0.9 eVと予測した[1]。同じ2002年，ロシアヨッフェ研究所のDavydovらは，光吸収端およびフォトルミネッセンスピークから，InNのバンドギャップを0.6〜0.7 eVであることを実験的に証明した[2]。

GaNの室温でのバンドギャップは，およそ3.4 eVであるため，InNとGaNの混晶であるInGaNを用い，その組成を制御することによって，シングルセルでは図1に示す通り1 sunで30％程度，集光型の1000 sunでは35％程度の理論効率，また，タンデム型では段数を増やすことにより50％を超す理論効率が期待できる。

効率50％以上の太陽光発電が可能になれば，例えばA4サイズのノートPCの面積がおおよそ600 cm²であるため，日本の平均日射強度である0.1 W/cm²により，30 Wの発電が可能にな

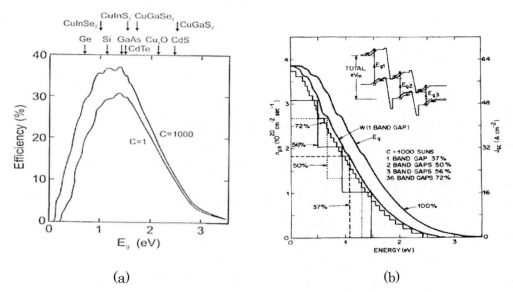

図1　単一セルの(a) 1 sun（C=1）および1000 sun（C=1000）の理論上の究極効率，および(b)タンデムセルの1 sunでのタンデム数と究極効率[3]

＊　Hiroshi Amano　名古屋大学　大学院工学研究科　電子情報システム専攻　赤﨑記念研究センター　教授

第 5 章　新型太陽電池・材料

る。すなわち，バッテリーとの組み合わせにより，煩わしい AC アダプタおよび電源コードを必要としない PC ができる。電気自動車に関しては，例えば i-Miev の最高出力は 47 kW であるから，屋根やボンネット全体に太陽電池を敷き詰めれば，その 1～2 割程度は太陽電池で賄えることになる。

　一方，InGaN は青色，緑色，および白色発光ダイオード（LED）や，青紫色のレーザダイオード（LD）としてよく知られた材料であるが，その作製は主に有機金属化合物気相成長（MOVPE）法または分子線エピタキシー（MBE）法を用いており，太陽電池作製用には極めて高コストであるため，現在の製造法では，応用範囲は付加価値の極めて高い人工衛星等での利用に限られる。現在同市場に用いられている InGaP–GaAs–Ge のタンデム型セルが，現在の高コスト製造法である MOVPE 法や MBE 法による第一の目標である。

　加えて InGaN は入手が容易な格子整合基板が ZnO に限られ，厚膜成長が困難という問題が存在する。LED は，サファイア基板や Si 基板上に厚さ数ミクロンの GaN を成長し，その上に InGaN 量子井戸を有するヘテロ構造が成長されているが，高効率 LED が実現可能な理由は，発光層の膜厚が数 nm と極めて薄いためである。InGaN においてバンドギャップ以上の光の吸収係数は，大体 $10^5 cm^{-1}$ 程度であるから，十分光吸収するには，最低でも 0.1 ミクロン程度の厚さは必須になる。GaN テンプレート上に InGaN を成長させると，In 組成の増加および膜厚の増加とともにミスフィット転位等の結晶欠陥の導入を誘発し，例えば In 組成 0.3 の InGaN では，結晶欠陥の発生する臨界膜厚は 1 nm 以下と計算されている[4]。Si や CIS など，他の材料系では多結晶での太陽電池がすでに実用化されているが，InGaN 系では，多結晶ではいまだ太陽電池特性の報告例はない。

　本節では，まず第一に，(1) LED によく用いられているサファイア基板上への InGaN 太陽電池の試作例として，低 In 組成で InGaN 光吸収層の膜厚を変化させたときの発電特性，次に，(2) 基板としてサファイアに代わり自立 GaN を用いたときの発電特性，さらに (3) 転位低減の手法として InGaN/GaN 超格子光吸収層を用いた場合の発電特性についての検討結果を紹介する。

5.2　作製法および評価法

　結晶成長は，市販の研究用 2 インチ 1 枚の横型減圧 MOVPE 炉を用いて行った。Ga 原料はトリメチルガリウム，In 原料はトリメチルインジウムを用いた。ドナーとしての Si のドーピング用原料はモノシランまたはテトラエチルシラン，アクセプタとしての Mg のドーピング用原料は，ビスシクロペンタジエニルマグネシウムやビスエチルシクロペンタジエニルマグネシウムを用いた。基板はサファイア c 面，またはハロゲン輸送成長（HVPE）法で作製された自立 c 面 GaN 基板を用いた。サファイアの場合，成長初期に低温緩衝層を堆積の後，Si ドープ n 型 GaN を 1,000

℃程度の高温において水素キャリアガスを用いて数ミクロン成長させ，その後降温させてキャリアガスを窒素に置換しInGaN光吸収層を成長，最後にMgドープp型GaNを成長させた。下地のn型GaN中の貫通転位密度は$10^9 cm^{-2}$程度であり，主な転位の種類は刃状および混合である。一方自立GaN基板を用いる場合は，低温緩衝層を介さずに同様の太陽電池構造を成長させた。自立GaN基板中の転位密度は$10^7 cm^{-2}$以下である。転位の種類は螺旋，混合，刃状いずれも同程度存在する。

結晶の評価は，X線回折測定や透過電子顕微鏡（TEM）観察を用いて行った。ここで光吸収層のIn組成の評価は極めて重要であるため，説明する。現在最も精度よくIn組成を決定できる方法はラザフォード後方散乱（RBS）法といわれている[5]。しかし，RBS装置を所有している研究機関の数は少なく，また依頼分析は現状では高価である。X線回折装置も決して安価な評価装置ではないが，RBSと比べるとより普及しているため，X線回折を用いたIn組成の決定法を紹介する。

InGaNはGaNよりも格子定数が大きい。GaN上のInGaN成長の初期には，下地層であるGaNの面内格子定数と合わせて成長するため，InGaNとしては面内の格子定数が，自立している場合と比較して縮み，弾性変形して成長方向には伸びる。従って，InGaNは圧縮歪を受けながら成長することになる。成長が進んで転位発生の臨界膜厚を超えると，成長方向に対して斜めに滑る転位または界面をスリップする転位により徐々に圧縮歪が緩和する。圧縮歪を受けて歪んでいる場合，通常の対称反射面での$2\theta/\omega$スキャンによる格子定数の測定では，In組成を実際より多く見積もってしまうことになる。弾性変形の範囲内では，Hookeの法則が成り立つと考えてよいので，c面上の成長の場合は，式（1），（2），（3）に従って計算すれば，In組成を求めることが可能である。ただし，式中の弾性定数は混晶における値であり，線形近似すれば二次式で組成が求められることになる[6]。

$$\begin{pmatrix} \sigma_{xx} \\ \sigma_{yy} \\ \sigma_{zz} \\ \sigma_{yz} \\ \sigma_{zx} \\ \sigma_{xy} \end{pmatrix} = \begin{pmatrix} c_{11} & c_{12} & c_{13} & 0 & 0 & 0 \\ c_{12} & c_{11} & c_{13} & 0 & 0 & 0 \\ c_{13} & c_{13} & c_{33} & 0 & 0 & 0 \\ 0 & 0 & 0 & c_{44} & 0 & 0 \\ 0 & 0 & 0 & 0 & c_{44} & 0 \\ 0 & 0 & 0 & 0 & 0 & \dfrac{c_{11}-c_{12}}{2} \end{pmatrix} \begin{pmatrix} \varepsilon_{xx} \\ \varepsilon_{yy} \\ \varepsilon_{zz} \\ \varepsilon_{yz} \\ \varepsilon_{zx} \\ \varepsilon_{xy} \end{pmatrix} \quad (1)$$

σは応力，cは弾性定数，εは歪

$$\varepsilon_{zz} = \frac{c - c_0}{c_0}, \quad \varepsilon_{xx} = \varepsilon_{yy} = \frac{a - a_0}{a_0} \quad (2)$$

弾性変形している場合，aはGaNの面内格子定数，a_0, c_0は自立した場合のInGaNの格子定数

第5章 新型太陽電池・材料

$$\varepsilon_{zz} = -\frac{c_{13}}{c_{33}}(\varepsilon_{xx}+\varepsilon_{yy}) \quad (3)$$

$$= -2\frac{c_{13}}{c_{33}}\varepsilon_{xx}$$

実際のInGaNでは一部緩和が進んでいる場合が多い。その場合には，逆格子マッピング測定により，逆格子空間でc軸およびa軸の格子定数を正確に求めることが必要である[6,7]。図2にその原理を示す。完全に緩和している場合，c/a比がInNとGaNが同じであれば，GaNに対して丁度原点に向かった軸上にInGaNの同じ非対称反射点が載る。実際にはc/a比はInNとGaNで若干異なるので，原点とGaNの非対称反射点を結んだ線からは，少しずれる。一方，下地GaNに対して完全にコヒーレントに成長している場合は，横軸がGaNと全く同じということなので，縦方向に一直線上に非対称反射点が載ることになる。実際のInGaNはその途中であることが多いため，InGaNの組成を決めて，完全緩和の逆格子点とコヒーレントの逆格子点を結び，逆格子空間マッピングを行うことにより，In組成を推定することができる。厳密に言えば，弾性定数を暗に仮定していることは問題であり，弾性変形を超えて格子緩和したInGaNに対して弾性変形を用いているという矛盾がある。しかし，同手法を用いて決定したIn組成とRBSを用いて決定したIn組成は，実用上ほとんど誤差がないことが明らかにされている[7]。

太陽電池特性の評価は，300 WのXeランプとAM 1.5 Gのフィルタを組み合わせたOriel社製ソーラーシミュレータを用いた。図3にスペクトルを示す。赤外領域では，ずれが大きいが，今回のIn組成では，バンドギャップが緑以上なので影響は殆どない。照射強度は1.55 sun (0.155 W/cm^2) で行った。

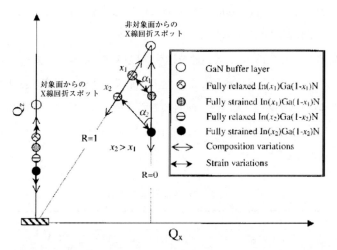

図2 X線回折逆格子空間マッピングによるIGaN中のIn組成決定法のモデル図
Rは緩和率を表す。R=1は完全緩和，R=0はコヒーレント[7]

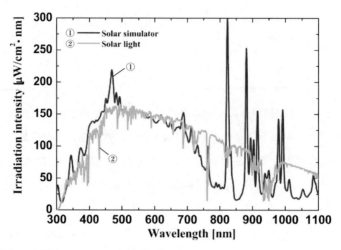

図3 太陽光スペクトルと使用したソーラーシミュレータのスペクトル
波長300–700 nmでは比較的よく一致している。

5.3 実験結果

5.3.1 必要な光吸収層厚さ

表1に，試作したGaN/InGaNダブルヘテロ構造太陽電池の構造を示す。In組成を0.11と固定し，InGaN光吸収層の膜厚のみを15から400 nmまで変化させた。他の素子構造パラメータも全く同一に固定した。図4にInGaNが最も厚い400 nmの試料のSIMS分析による膜厚方向のIn組成分布およびアクセプタ不純物であるMg分布を示す。均一にInが分布していることがわかる。

図5には，外部量子効率（EQE）の波長依存性，およびEQE最大値のInGaN膜厚依存性を示す。InGaN膜厚の増加とともにEQEの最大値は増加しており，LEDにおける量子井戸と比較して，光吸収層の厚膜化が必須であることは明らかである。

図6には，変換効率のInGaN膜厚依存性を示す。膜厚250 nm程度までは，膜厚とともに変換効率は向上するが，それ以上では飽和した。飽和の原因は開放端電圧の飽和または減少によるものである。図7には，InGaN最大膜厚の試料の断面TEM像を示す。下地層であるGaNとInGaNの界面でV字型の欠陥が発生しており，これにより並列抵抗が減少して開放端電圧の上昇が妨げられたと推定される。

表1 DH太陽電池の構造

p–GaN	50 nm
$In_{0.11}Ga_{0.89}N$	15・80・160・250・320・400 nm
n–GaN	2μm

第 5 章　新型太陽電池・材料

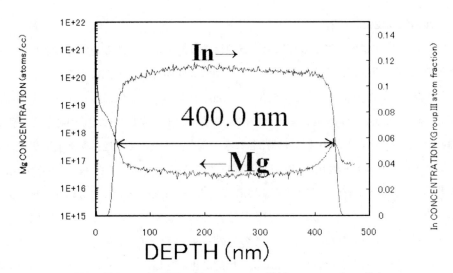

図4　最も InGaN 膜厚の厚い 400 nm の試料の In および Mg 分布

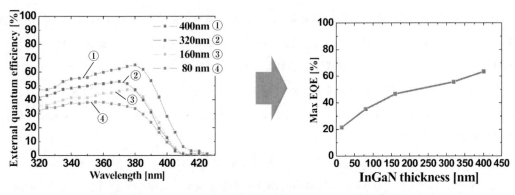

図5　EQE スペクトルおよび EQE 最大値の InGaN 膜厚依存性

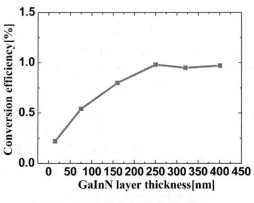

図6　変換効率の IGaN 膜厚依存性

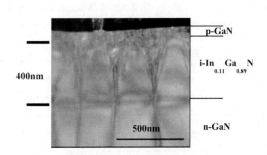

図7　膜厚 400 nm の InGaN の断面 TEM 像

5.3.2 下地層低転位化の必要性

5.3.1で述べたV字型欠陥形成の原因は,下地層の貫通転位によるものである.したがって下地層であるGaNの貫通転位密度が下がれば,V字型欠陥の抑制も可能になる.そこで,サファイアc面基板上に低温緩衝層を介して成長したGaNテンプレートに代わり,HVPE法により作製された低転位密度自立GaN基板を用いて同じ構造の素子を成長させ,その特性を評価した.TEM観察からはV字型欠陥の発生は確認されなかった.また,X線回折逆格子マッピングによれば,サファイア上の素子はInGaNが若干緩和しているのに対し,GaN基板上の素子は緩和しておらず,ミスフィット転位の導入も抑制されていることが分かった.表2にサファイア基板上とGaN基板上の同一構造素子の特性比較を示す.短絡電流密度が若干減少したのは,使用したGaN基板の抵抗が高かったためである.その他の特性,特に開放端電圧はサファイア基板上を上回り,1.4%の変換効率となった.In組成,反射防止層を設けていないこと,および電極金属の吸収を考慮すれば,内部量子効率は95%以上と推定される.

5.3.3 超格子構造導入の効果

図1に示す通り,高効率太陽電池の実現には,比較的厚膜の高いIn組成InGaNの成長が必須である.ところがGaN基板を用いても,In組成が0.17まで上がると,同一素子構造では結晶欠陥が高密度に発生して,太陽電池特性を示す素子の作製は困難であった.

そこで,界面での転位屈曲効果を積極的に利用するために,光吸収層としてInGaN厚膜に代えてInGaN/GaN超格子構造を用い,TEM観察および素子特性の評価を行った.図8に作製した素子構造を示す.

光吸収層である井戸層はすべて同じとし,バリア層であるGaNのみ,膜厚を変化させて成長した.図9には,バリア層3 nmの試料の断面TEM像を示す.転位が界面のところでc面内をスリップしており,ほとんど上部に滑っていないことがわかる.

図10に,バリア層0.6 nm,および3 nmの試料の太陽電池の電流—電圧特性を示す.バリア

表2 サファイア基板上とGaN基板上のほぼ同一構造の太陽電池の特性比較

	On sapphire (0001)	On GaN (0001)
InGaN thickness [nm]	250	270
In content in InGaN	0.11	0.10
EQE_{max} [%]	52	55
Jsc [mA/cm^2]	1.82	1.59
Vop [V]	1.62	2.23
FF [%]	52	61
η [%]	0.98	1.41

第5章　新型太陽電池・材料

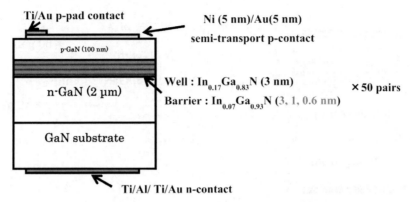

図8　InGaN/GaN 超格子光吸収層を有する太陽電池の構造概略図

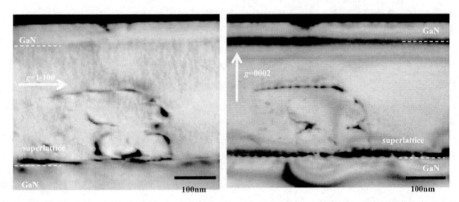

図9　回折スポットを変えて撮影した InGaN（3 nm）/GaN（3 nm）超格子の断面暗視野 TEM 像
多くの転位が界面のみに集中していることがわかる。

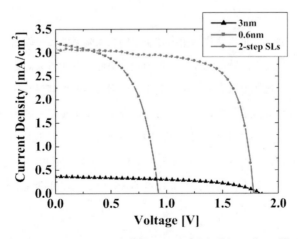

図10　バリア層 0.6 nm，3 nm の超格子，およびそれぞれのバリア層の超格子を組み合わせた素子の電流—電圧特性

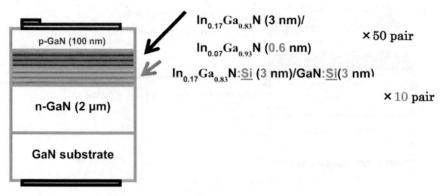

図11 バリア層0.6 nm，3 nm の超格子を組み合わせた素子の構造概略図[8]

層0.6 nm の試料では短絡電流密度は高いものの開放端電圧は低く，一方バリア層3 nm の試料では，開放端電圧は高いものの短絡電流密度は低いという結果となった。バリア層が薄い場合，転位の屈曲効果が十分でなく，並列抵抗が下がったことにより開放端電圧が減少し，バリア層が厚い場合には，光により生成された電子正孔対が井戸層に閉じ込められて外部にひきだすことができないために，短絡電流密度が低くなったと考えられる。

そこで，転位屈曲層として光吸収層の下にバリア層3 nm のSiドープn型超格子層を導入し，光吸収層には，バリア層0.6 nm のアンドープ超格子構造を有する素子を作製した。図11にその構造概略を，図10に電流—電圧特性を示す。両超格子構造の良い点を引き継ぎ，高開放端電圧，高短絡電流密度を両立させた素子が実現した。変換効率は，平面電極で2.5%，グリッド電極で2.8% であった。

5.4 まとめ

上記を見ればわかる通り，III族窒化物半導体を用いた太陽電池はその研究が緒に就いたばかりである。その潜在能力の高さ，特に発光と発電の複合機能を有する太陽電池という複合機能デバイスへの期待に比べて，現状では，まだ結晶欠陥と発電特性との関係がほとんど理解されておらず，明らかにすべき課題は山積している。一方で，今後のエネルギー政策を考えれば，太陽電池にかかる一般の期待は極めて大きく，また開発者の責務は重い。同材料の青色LED やLED 電球，更には基地局用高周波・ハイパワーHFET はすでに実用化しているという実績および経験は極めて重要であり，今後その経験を活かしたハイスピードの研究開発が望まれている。

第 5 章　新型太陽電池・材料

謝辞

　本節で示した結果は，文部科学省革新的太陽電池プロジェクトの援助を受けて実施された研究成果をまとめたものである。実際の実験は，名城大学理工学部岩谷素顕准教授との共同研究によるものである。また，実際に実験遂行してくれた名城大学理工学研究科修士課程（当時）の桑原洋介，森田義己，藤山泰治の各氏に感謝する。

文　　　献

1) F. Bechstedt and J. Furthmüller, *J. Crystal Growth*, **346**, 315 (2002)
2) V. Yu. Davydov, A. A. Klochikhin, R. P. Seisyan, V. V. Emitsev, S. V. Ivanov, F. Bechstedt, J. Furthmüller, H. Harima, A. V. Mudryi, J. Aderhold, O. Semchinova, J. Graul, *Phys. Stat. Sol.* (b), **229**, R 1 (2002)
3) C. H. Henry, *J. Appl. Phys.*, **51**, 4494 (1980)
4) D. Holec, P. M. Costa, M. Kappers, C. J. Humphrey, *J. Crystal Growth*, **303**, 314 (2007)
5) S. Pereira, M. R. Correia, E. Perreira, K. P. O'Donnell, C. Trager-Cowan, F. Sweeney, E. Alvers, *Phys. Rev. B*, **64**, 205311 (2001)
6) H. Amano and I. Akasaki, EMIS datareview No. 23, An INSPEC publication, **A 7.11**, 264 (1999)
7) S. Pereira, M. R. Correia, E. Pereira, K. P. O'Donnell, E. Alves, A. D. Sequeira, N. Franco, I. M. Watson, C. J. Deacher, *Appl. Phys. Lett.*, **80**, 3913 (2002)
8) Y. Kuwahara, T. Fujii, Y, Fujiyama, T. Sugiyama, M. Iwaya, T. Takeuchi, S. Kamiyama, I. Akasaki, H. Amano, *Appl. Phys. Exp.*, **3**, 111001 (2010)

第6章 集光型太陽電池システム

1 集光型太陽電池の動向

重光俊明*

集光型太陽電池が本格的に始動している。実証設置から商用設置への次のステージに各社移行し,「開発」から「商品」へと急速に進んでいる。

本稿においては,マーケット的な観点から集光型太陽電池の海外,国内における動向について述べたい。

1.1 海外における集光型太陽電池事情

近年における各集光型太陽電池メーカーの量産体制は目覚ましい。主要集光型太陽電池プレーヤーである独Concentrix社は100 MW,米SolFocus社は50 MW,米Amonix社は30 MWと積極的に投資し,生産能力をあげている。特に独Concentrix社は全自動モジュール製造ラインによって,安価なモジュール生産を実現している。またSolFocus社のように米Victor Valleyにおいて CdTe, Si結晶系ソーラー勢を押しのけて1 MWの受注を獲得しているプレーヤーもある。

集光型太陽電池市場
主要プレーヤーはMWクラスの設置完了
Guascor/Amonix:20 MW, SolFocus:3 MW, Concentrix:1 MW, Emcore:2 MW, スペイン勢(Sol 3 g, CSLM, Isofoton等):3 MW, Opel:1 MW, Greenvolt:2 MW, 台湾勢:2 MW, 豪州勢:2 MW

集光型太陽電池設置形態の変化
数百kWクラス → MW規模の設置へ
例:Solfocus(Victor Valley 1 MW), Concentrix(Questa 1 MW)

このような各社の積極的な投資の背景には,大規模ソーラー発電所の建設が活発化しているこ

---

* Toshiaki Shigemitsu 大同興業㈱ 経営統括本部 海外事業戦略部 次長

第6章 集光型太陽電池システム

とはもとより，イタリア，台湾，ヨルダン等に見られる「集光型のみ」のFIT優遇政策も牽引していることも挙げられる。

現時点で「集光型のみ」優遇している各国プロジェクト（研究目的を除く）
- イタリア　200 MW（集光型で発電された電力のみ36円/kWhで買い取る枠）
- 台湾　58 MW
- ヨルダン　100 MW（好成績なら200 MWに拡大）
- スペイン　10～38 MW
- ポルトガル　5 MW

当社のような集光型太陽電池プレイヤーにとっては，このような優遇政策は大いに歓迎するものである。

1.1.1　米国市場

(1)　経済環境

失業率が二ケタ台に迫る勢いである米国経済では，グリーンエナジーに期待するところは大きい。現オバマ政権においては，太陽光，風力発電，太陽熱，バイオマス等のクリーンエナジーを導入することで新規雇用を創出し，かつエネルギー不足を補うといった一石二鳥の効果を狙っている。目下のところ，米国におけるグリーンエナジーに対する優遇制度は，単年度の州毎によるITC（Investment Tax Credit）程度であり，欧州型のような大規模なFIT制度は創設されていない。

(2)　Bankability

米国のソーラー市場の大きな特徴としては，売電事業向けに関して，電力事業そのものより，投資・回収目的，すなわち売電事業自体が，「金融商品」化していることである。こういった意味では，確実な投資回収が可能である（実績，発電保証可能な）単結晶，多結晶に一日の長があり，軍配があがる。残念ながら，新技術である集光型太陽電池においては，快晴日に一気に発電量を稼ぐといった特性を持っていながら，過去の設置実績，発電実績が少なく，投資回収計算が難しい。

一般的にBankability（投資経済性）と呼ばれる指標をクリアする為には，実績，信頼性，発電保証が大きな要素となる。近年に見られる薄膜勢による米国各地におけるメガクラスの実証プラントの設置はこういったBankabilityをクリアする為の一連の流れのひとつでもある。

具体的なBankabilityとして，
- 投資案件として「儲かるかどうか」が判断基準
- 一銭でも発電コストが低い方がすべてをとる
- W単価よりkWh単価。発電効率より設備稼働率

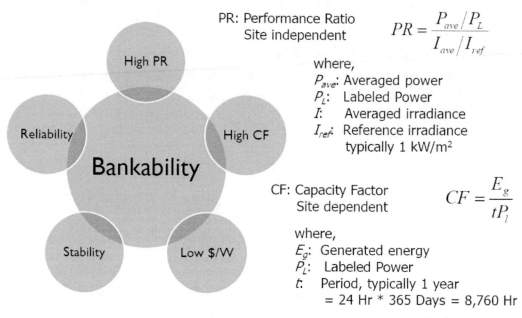

図1 Bankability とは？

- 新技術へのリスクが厳しく評価
- 供給する企業そのものに対する評価等

集光型太陽電池を普及させるためには，上記のような投資家の厳しい評価に応えていかなければならない。

米国市場への参入は，自由で機会平等である反面，数字に基づく数理的なアプローチが必要となり，世界で最も参入の厳しい市場であるといえよう。

1.1.2 欧州市場

(1) 経済環境

2009年のスペインショック以降，欧州におけるソーラー市場は総崩れの状態でドイツ頼みが現状である。

集光型太陽電池において，曇天の多いドイツは適地ではなく，対象市場とはなりにくい。集光型太陽電池の適地であるスペインにおけるソーラーの設置数は，2009年度は70 MW にも満たず，欧州においてソーラー市場を牽引していた2007年が嘘のようである。不安定なスペイン経済下，スペインのソーラープレーヤーは新たな市場を求め，米国，中国へ進出している。

こういった環境下，2010年9月にアナウンスされたイタリアにおける「集光型のみ」のFIT制度は200 MW と対象規模は小さいが，集光型太陽電池プレーヤーにとっては朗報である。

第6章　集光型太陽電池システム

経済的ではない　→　何よりも経済性を求める発電プラントで多数採用されている。

信頼性がない　→　きちんと設計してあれば、電気周りよりも信頼性が高い。

　　20年分の追尾＝電気自動車15km走行分

追尾で電力を消費する　→　ほとんど消費しない。
　　実績値　19.6 W/30 kWp（0.06％）

メンテナンスの費用がかかる　→　年に1回のグリスアップと外観チェックで十分。電気安全確保のためのメンテナンスのついでにできてしまう。

図2　追尾架台の誤解

(2)　スペイン

スペインは集光型太陽電池プレーヤーにとってはメッカ的存在である。ISFOCによる集光型太陽電池の実証プラント設置は，大きな意義がある。主要プレーヤーが一同に集合することで，従来，注目すらされなかった集光型太陽電池が脚光を浴びたこと，集光型太陽電池の技術的な検証がされ，集光型の潜在的な可能性が証明され，あらゆる集光型に対する誤解が払拭されつつあることである。特に追尾架台に対する偏見は，10年以上前の技術論が公然とまかりとおっており，ISFOCにおける各タイプの追尾架台の設置によって，追尾架台が適切な設計がされていれば，むしろ電気周りより信頼性が高いことが証明された。

(3)　イタリア

イタリアはソーラーの普及に関しては後進国であった。2011年から3GWのFITが実施される予定となっており，その中に「集光型のみ」が含まれていることが特筆すべきことである。集光型太陽電池の生産の特徴である'基本 Local Assemly'が評価され，雇用創出という観点から実験的に適用されたと推測される。モジュール生産，追尾架台の組み立て，メンテナンス等，設置国に対して新たな産業をもたらし，新たな雇用を生み出す。スペインの負の経験を生かし，誰のための，誰が利益を享受するのかを検証した制度となっている。

イタリアのシステムインテグレーターはもちろんのこと，スペイン，ドイツ等のシステムインテグレーターがイタリアに進出を検討し，積極的に市場開拓を始め出している。

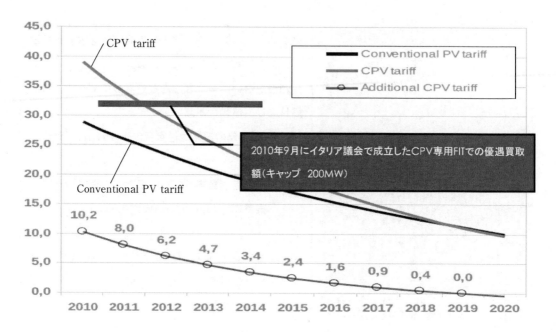

P. Pérez-Higueras, E. Muñoz, G. Almonacid, P.G. Vidal, P. Banda, I. Luque-Heredia, P. Valera, M. Cabrerizo, Proposal of a Spanish CPV Feed-In Tariff, CPV-6, Apr. 2010

図3　PV tariff

1.1.3　豪州市場

（1）　経済環境

米国，欧州と異なり新技術に対して寛容である。過去においては，集光型太陽電池メーカーであるSolar System社のように，154 MWの大口契約を受注した実績もあり，集光型太陽電池に対する偏見，誤解の少ない国である。

しかし，ソーラー市場自体はさほど大きな市場でなく，各州政府が州政府毎に住宅用でFITを実施している程度で，今後の産業用，商業用の大規模FITに期待する。

大きな特徴としては，炭鉱，鉄鉱石採掘場における自家発電用途があげられる。土漠における日照時間の多い，高熱な地域の多いオーストラリアはCPVの最適地であり，炭鉱・鉄鉱石採掘場等におけるディーゼルの補助電源として期待されている。近年，FIT制度も，連邦政府，州政府，市等それぞれ地域にあった制度が議会に承認され始めている。

1.1.4　中近東市場

（1）　経済環境

アブダビにおけるマスダールプロジェクト，カタールにおけるGrennGulf等ソーラーにおける関心は高い。日照時間，日射量を見た場合，集光型太陽電池に適した地域といえるが，必ずし

第6章　集光型太陽電池システム

も実際の設置に適した地域とはいえない。灼熱の砂漠において，熱は一般的にはPVにおいては効率を下げる要因であり，歓迎すべきものではない。集光型太陽電池は，熱に対しての効率ダウンが他の結晶系より小さく，熱による効率の変化は少ない。

　集光型に限らず，従来型の太陽電池においても共通であるが，砂に起因する問題が深刻である。第一に太陽電池にとって大敵である埃。砂漠地域における埃は非常に細かく，塵状態で塵が空中に舞い上がり，快晴時においてでさえもスモッグのように空を覆っている場合も見られる。これは，モジュール内部への埃の進入による効率の低下と埃によって光が乱反射してしまい，実質的な直達光を減じてしまうという二つに悪影響を及ぼしている。第二に埃のレンズ上の堆積である。雨の少ないこの地域では，舞い上がった埃や塵が，レンズ上に真っ白に堆積し，発電量を大幅に落としてしまう。水が貴重なこの地域で水洗は現実的ではない。第三に砂嵐である。中近東における砂嵐は凄まじい。集光型，従来型問わずモジュール上に砂によって傷を作ってしまい大きなダメージとなっている。ソーラー黎明期である中東地域での集光型太陽電池の普及には，実証試験を経て，埃対策の改善をしたうえで砂漠仕様のモジュール開発が急務である。

1.1.5　インド市場

　今，一番ソーラー市場にとって期待されている地域がインドだろう。2020年までに20 GWまで発電容量を引き上げ，さらに2030年までには100 GW，2050年までには200 GWと引き上げ

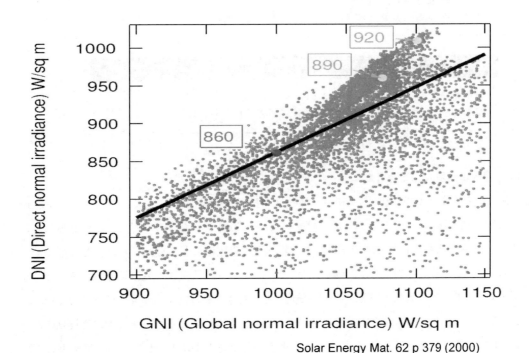

Solar Energy Mat. 62 p 379 (2000)

図4　発電容量

207

る計画だ。慢性的な電力不足を補うことと，国内生産することで太陽光発電周辺産業の育成を図り，雇用を創出することも目的である。インドは州毎の法律，税制が異なり，外国企業が単独で進出するのが難しい。現地での有力なパートナー探しが重要である。

1.2 集光型太陽電池の適地（海外）

海外における集光型太陽電池の適地は，一般的に「サンベルト」地帯と呼ばれる直達日射量の多い地域である。カリフォルニア南西部，アリゾナ，北アフリカ，南欧，インド，中東等最適地は非常に多い。砂漠対策等解決しなければならない技術的な要素も多いが，何よりも下記の通り，Bankability をクリアしないと大規模ソーラーへの道は遠い。漸く集光型太陽電池においても，コスト，信頼性，実績等 Bankability を満たせる条件が整い始めてきたが，さらに設置実績を増やすことで，集光型太陽電池が市場に認知される日も近い。これからが面白くなってきた。

Bankability がすべて
- 直達日射が強い地域（目安　日平均で 6 kWh/m² 以上）
- どういった契約を結ぶか
- ファイナンス，保証，付帯条件，係争解決，Permission，責任区分，ターンキー vs 中古販売
- 奨励政策（助成，FIT）
- リスク評価（天候，技術，設置場所の環境要因）

$/W は当てにならない
- 年間発電の正確な予測とコミットメントが必須
- CPV は Performance Ratio が高いので $/kWh で有利。

1.3 国内集光型太陽電池事情

従来から集光型太陽電池は，国内の気候には適さないと言われている。なるほど，下記地図（図5）に見られるように日本の快晴日はせいぜい年間 60 日であるのに対し，海外適地においては 270～330 日あり，日照時間に左右される集光型太陽電池にとって，日本は決して適した条件ではない。さらに日本の気候は，温暖湿潤の為，カラッとした乾燥した透明感のある空ではなく，光を反射してしまう散乱光が多い。太陽を追尾しても本来の性能を生かせる条件ではない。

一般的には上記のような否定的な意見が多い。しかしながら，逆に「集光型は変換効率が高く，追尾しているから発電量が多い。」という本来の性能を最大限に生かした場合，従来型の太陽電池と同等，もしくはそれ以上の発電量を得る地域もある。十分に日本の気候でも従来型の太陽電

第 6 章　集光型太陽電池システム

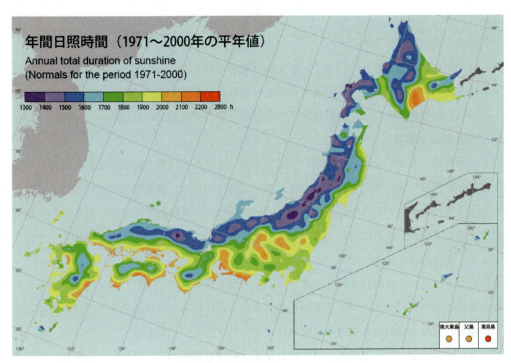

図 5①　年間日照時間
日照時間分布は気象庁ホームページから

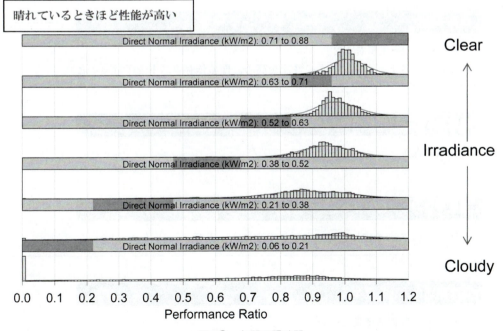

図 5②　年間日照時間

池と競合できるのである。

日照時間が高い地域が有利
- 緯度が高い地域が有利（固定平板の太陽捕捉率が低下するため）
- 積雪地域が有利（固定平板が着雪による発電停止を起こすため）
- 同じ日照時間であれば，海岸地域より山間部が有利（大気混濁度が低い）

1.3.1 用途開発が重要

　日本におけるソーラー市場は住宅用が主流である。もちろん設置が相次いでいる電力会社によるメガソーラーも今後は増えていくだろう。本来であるならば，集光型太陽電池は欧米に見られるように大規模なメガソーラーに適しており，kW当たりの発電量が従来型と同じである地域ならば，土地の整地費，設置工事代，人足費を計算すると将来的にはターンキーでのコストは集光型の方が，従来型より安価に設置できるポテンシャルを持っている。

　本格的なメガソーラー時代を迎えるまでは，集光型太陽電池は従来型の太陽電池の市場と相容れない市場で受け入れられていくと思われる。たとえば，従来型の屋根置きタイプを設置しようとした場合，建物の耐震強度補強や水漏れ防止用の防水加工が必要となってくる。こういった工事費用は，時にはソーラー設備以上の費用となるケースも見られる。このような顧客に対しては，地上設置が十分にできる敷地があるという前提で，工事費が従来型の半分で済む集光型太陽電池が優位に立つ。広い駐車場スペースや遊休地，緑地スペース（緑地法で環境施設とみなされる），

性能2倍
- 構造材1/2，工事費1/2
- 今後のコストダウンはいかに性能を高め，面積依存コストを下げること。

家電というより電機設備
- 発電量保証

天候や日射条件により発電量の影響大
- bankabilityのためには正確な発電量予測技術が重要

産業構造は大きく異なる
- むしろ，自動車産業に近い

第 6 章　集光型太陽電池システム

法面等を有効に活用でき，かつ CSR 効果も大きい。2012 年度施行のソーラー発電による電力全量買取制度は産業用，商業用として集光型，従来型いずれにとっても大きな変化点をもたらすと思われる。集光型太陽電池のコスト低減も見えてきており，今後大いに期待できるところである。

駐車場を利用した 42 kW 設備（14 kW×3 基）

企業の遊休スペースを利用（5 kW）

温室の電源として太陽電池を利用（14 kW×2 基）

2 軸追尾型太陽光発電システム

小西博雄*

2.1 システム構成

地球温暖化問題やエネルギーセキュリティーの問題から自然エネルギーの活用が資源の少ないわが国では必須であり，官民一体となって推進されている。特に太陽光発電システムに注目が集められている。太陽光発電システムの高い光-電気の変換効率を得るためには，太陽電池にできる限りたくさんの太陽光を当てる必要がある。また，時間によって太陽の角度が変わり発電量が不安定になる。これらを解決するためにレンズで太陽光を集光する方法や常時太陽の方向に太陽電池パネルを追尾させる方法が取られている。

図1に追尾型太陽光発電システムの構成例を示す。

システムは大きく分けて太陽電池，追尾システム，PCS（パワーコンディショナー），系統連系用変圧器，遮断器，及び制御装置から構成される。太陽電池は主に集光追尾システムでは波長感度が広帯域で，高い変換効率が望めるGaAs系，一軸追尾システムではSi結晶系が使用されている。追尾システムはGPSやインターネット，標準電波（㈱情報通信研究機構の日本標準時グループが管理運営）を使って時刻を得て太陽の位置を計算し，追尾架台の方位をあわせる方法が取られている。追尾の間隔は，一軸追尾システムではそれほど細かい調整は必要ないが，集光

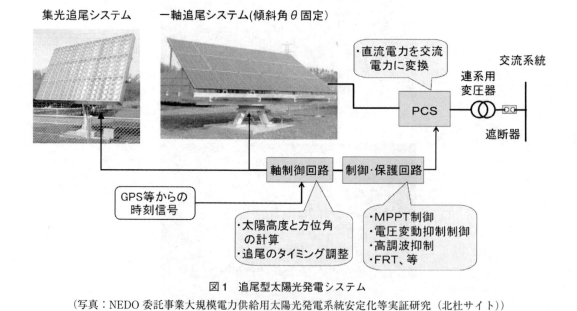

図1　追尾型太陽光発電システム
（写真：NEDO委託事業大規模電力供給用太陽光発電系統安定化等実証研究（北杜サイト））

---

*　Hiroo Konishi　㈱NTTファシリティーズ　ソーラープロジェクト本部

第6章 集光型太陽電池システム

追尾システムではレンズの倍率にもよるが集光感度がシビアであるので細かい調整が必要となる。直流を交流に変換するPCS（Power Conditioner，インバータ）は，殆どのシステムで太陽電池パネルと1対1に接続され，MPPT（Maximum Power Point Tracking，最大出力点追従）制御される。太陽電池パネルは太陽電池セルが複数直列接続されたモジュールが複数直並列接続されて構成されている。MPPT制御は太陽電池パネルの最大出力となる動作点を見つける制御で，PCSの直流出力電圧を調整して，一般に山登り法を使って最大出力点が検出される。PCSの制御・保護回路では大規模太陽光発電システムでは，太陽電池の出力変動に伴う交流系統の電圧変動を抑制するための電圧変動抑制制御や，直流を交流に変換する時に発生する高調波を抑制する制御，系統事故時にも太陽光発電システムの運転を継続するFRT（Fault Ride-Through）機能が今後必要になってくると考えられる。現状，小容量の家庭用では，力率1で一定制御され，太陽光発電システムの単独運転が認められていないので，単独運転検出装置を設けて系統停電時は系統から切り離す運転が行われている。

2.1.1 一軸追尾システム

太陽電池受光面を太陽方位に合わせて向きを変え常に太陽からの直達日射を取り入れる。先ず，追尾によって固定架台に比べてどの程度の発電出力のアップが期待できるかを概算してみる。

図2に一日の時間に対する日射量の概要を示す。太陽高度が低いときは太陽までの距離が長くなりエアマスの影響を受けて日射量は小さくなるが，その影響がない理想的な場合を仮定すると，一軸追尾した場合の発電出力は図中，破線で示す長方形になると考えられる。一方，固定架台システムの場合は，日射量は太陽光方位角の正弦に比例すると考えられるので図中，実線で示す正弦波で表される。面積を比較すると，固定架台システムに対する一軸追尾システムは，

$$\frac{一軸追尾システム}{固定架台システム} = \frac{\pi}{\int \sin\theta \cdot d\theta} = 1.57 \tag{1}$$

となる。実際にはエアマス等の影響でこの値より小さくなる。

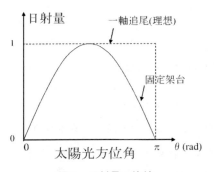

図2　日射量の比較

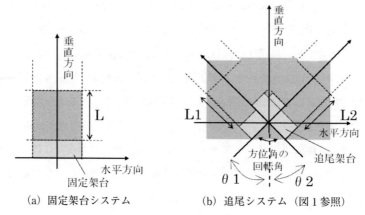

(a) 固定架台システム　　(b) 追尾システム（図1参照）

図3　架台の影の影響

以上からも類推されるように一軸追尾システムを適用する場合には直達日射が多い場所を先ず選ぶ必要がある。曇りが多くて直達日射が少なく散乱日射が多いと一軸追尾の効果が望めない。どの程度あれば良いかの判断は，得られる発電量kWhに対して土地代，架台建設コストやメンテナンスコストがどうかを考慮して決める必要がある。

大規模太陽光発電所等でたくさんの追尾架台を並べる場合には架台の影の影響を考慮して建設する必要がある。次に必要な面積を検討する。

図3(a)に固定架台システムを複数台前後に並べる場合の架台の影となる範囲を斜線で示す。影の長さLは次式で表される。

$$L = h \tan\phi \tag{2}$$

ここに，h：架台の高さ，ϕ：太陽光入射角である。

一方，傾斜角を持った追尾システムの架台の影となる範囲を図3(b)に示す。影となる長さL1，L2は次式で表される。

$$L1 = h \tan\phi_1 \tag{3}$$
$$L2 = h \tan\phi_2 \tag{4}$$

ここに，ϕ_1：太陽方位角度θ_1時の太陽光入射角，ϕ_2：太陽方位角度θ_2時の太陽光入射角

但し，太陽方位角θは南中時を$\theta=0$度とする。

具体的に架台傾斜角を30度とし，最も影の長くなる冬至の9時から15時までの日照時間を考えて，NEDO北杜実証試験施設に設置されている3kW追尾システムの架台の必要な設置面積と単位面積あたりの発電量を固定架台システムと追尾システム（一軸追尾システム）について比

第6章　集光型太陽電池システム

表1　設置に必要な面積と単位面積あたりの発電量比較

	必要面積比	単位面積あたりの発電量比
固定架台	1	1
追尾架台	1.76	0.678

較すると表1となる[1]。

　影を作らないために必要な面積は，追尾システムが約1.8倍必要であり，単位面積あたりの発電量も追尾効果を考慮しても固定架台システムの約70%と小さくなる結果となっている。大規模太陽光発電システムを建設する場合には注意が必要である。

2.1.2　集光追尾システム

　太陽電池の発電出力は日射強度に比例すると考えてよいので，太陽光をレンズで集光し日射強度（w/m^2）を大きくして変換効率の高い太陽電池の小さい面積に当てて発電することにより，効率良くより大きな出力を取り出すことができる。このためのシステムが集光型追尾システムである。レンズで太陽光を集光するので，常に太陽光を追尾する必要がある。レンズの倍率としては一般に200から1500倍程度が使用されている。

　図4に実用化されている集光型発電パネルの構造を示す[2]。ドーム型のフレネルレンズによって太陽光を集光し発電セルに当てる。大同特殊鋼株式会社では550倍のレンズで変換効率41.6%を実現している[3]。しかし，レンズで光を集光すると赤外線（熱線）も集光するので受光面の温度が高くなり太陽電池の変換効率が悪くなる。集光してせっかく日射強度を強くしても変換効率が悪くなると期待した出力が取り出せなくなる。このため集光型システムでは太陽電池の冷却が重要な問題となり，一般に放熱フィンが付けられている。一方，レンズで集光しても絞られた光が太陽電池からずれると集光効果が得られないため，追尾精度を高めることも必要となる。レン

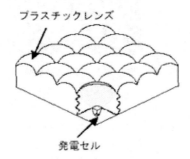

図4　集光発電パネル

ズや放熱フィン等のため装置の重量や体積が大きくなる点は否めない。

2.2 追尾システム

図5にババリアソーラーパーク（ドイツ）に用いられているパワートラッカー製の一軸追尾システムの構成を示す[4]。1列当たり2×38モジュールが20列並んで構成され，1,520個のモジュールが駆動ロットを介して一度にステッピングモータで太陽の方向に東から西に動かされる。モーターの駆動エネルギーは調整する時間間隔にも依存するが，太陽の移動角度が僅かであるので一般に小容量で済む。

図6にツルヒーロソーラーパーク（スペイン）に使用されている追尾システムの駆動部分を示す。ステッピングモータでネジきりしたロットを左右に動かす構造となっている。ネジのピッチは太陽移動角度にあわせて切られている。

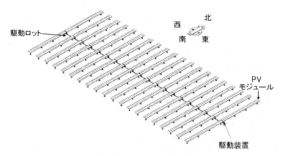

図5　パワートラッカー製一軸追尾システム

図6　一軸追尾システム駆動部分

第 6 章　集光型太陽電池システム

2.3　実施例
2.3.1　一軸追尾システム

海外に見られる大規模太陽光発電（メガソーラー）システムは多くが大きな発電量を得るために一軸追尾システムを採用している。日射量が多く直達光が多いことが最大の理由で，さらに日本のように台風や地震がないので架台構築が簡単で済みコストが掛からないことが理由となっている。

ババリアソーラーパーク（ドイツ）のミュールハウゼンの設備容量は 6.27 MW で，PV モジュールにシャープ製の多結晶シリコン（175 W）を用いており，図 7 に示すように 2 枚のモジュールを四角の回転軸に取り付け，これを 1 列に 38 個並べて 20 列一括して駆動ロットで動かしている。従って，266 kW の PV モジュールを一度に追尾させる勘定になる。

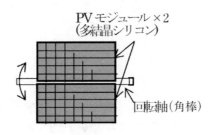

図 7　追尾型 PV モジュール

また，図 5 に示す追尾システムが 24 システムで構成されていることになる。用地面積が 5.44 ha であるので，MW あたり 0.87 ha と，一般に考えられている 1.5 ha/MW に比較してコンパクトとなっている。測定データによると，固定架台に比べて 11.7% の発電効率アップが得られているとの報告がある[3]。

2.3.2　2 軸追尾システム

図 8 にボルナ・メガソーラー発電システム（ドイツ）の 2 軸追尾システムを示す（2007 年 12 月撮影）。設備容量は 3.4 MW で，833 W の PV モジュール 12 個が一括して追尾駆動される。追尾システム 1 機の発電容量は 10 kW で，裏面に 10 kW のインバータが付けられている。用地面積が 21.6 ha であり，必要な面積は 6.35 ha/MW と一般の約 4 倍とっている。

2.3.3　集光追尾システム

図 1 の写真に示した集光追尾システムの実証試験が山梨県北杜市の NEDO 実証研究施設で行われている[5,6]。パネル容量は約 3 kW で，プラスチック製のフレネルレンズを使って太陽光を 700 倍に集光して 7 mm 角の GaAs 系太陽電池セルに当てている。モジュールは 10 セルからなり，縦に 3 枚，横に 9 枚の計 27 枚のモジュールを配列してパネルが構成されている。従って，1 モジュール当たりの発電電力は約 110 W となる。放熱のためにセル裏面にアルミ製冷却フィン

図8 2軸追尾システム（ボルナ，ドイツ）

が装着されている。変換効率は37%と結晶系シリコンの約2倍を謳っている。

2.4 実測例*

図1の写真に示した一軸追尾システムの実証試験が山梨県北杜市のNEDO実証研究施設で行われている。パネル容量は約3kWで，パネルは167Wの多結晶シリコンモジュールを縦に3枚，横に6枚並べて構成される。傾斜角30度で太陽の方位に時刻信号に基づき回転追尾する。以下試験結果の概要を述べる[7,8]。

図9に晴天日における30度の傾斜面日射，30度傾斜角の固定システムと一軸追尾システムの発電量を示す。太陽が低傾斜角となる午前と午後に固定システムに比べて追尾システムの発電出力が増加する。

図10に月毎の30度傾斜角の一軸追尾システムと固定システムの1日平均の発電量，及び追尾

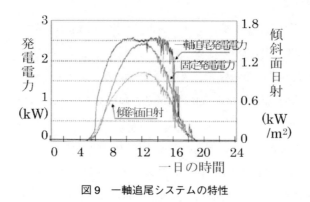

図9　一軸追尾システムの特性

---

* NEDO委託事業　大規模電力供給用太陽光発電系統安定化等実証研究（北杜サイト）

第6章　集光型太陽電池システム

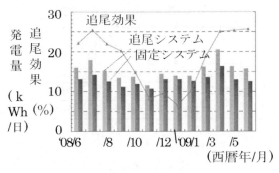

図10　発電量と一軸追尾効果

効果（固定システム発電量に対する追尾システム発電量）を示す。固定システムの発電量は3kWシステムに換算して示している。夏季は20%を超える追尾効果が得られているが，冬季は傾斜角を30度にしているため追尾効果は小さくなっている。年間平均では約15%の追尾効果が得られている。後述するが，背景には北杜サイトの日照条件が良いことがある。

参考までに傾斜角固定システムの傾斜角を15度及び45度にしたときの測定結果を図11に示す。図には傾斜角30度の発電量を基準にして15度の場合と45度の場合の発電量の比を示している。単結晶シリコン，多結晶シリコン，アモルファスシリコン何れも夏季は太陽の高度が高いので傾斜角15度の方が大きな発電量が得られ，冬季は逆に傾斜角45度が大きくなっている。

表2に太陽電池の種類別に30度傾斜角に対する年間発電量を示す。単結晶シリコンでは傾斜角30度よりも45度が若干年間発電量は大きくなっている。一方，スペクトル感度の違いによりアモルファスでは15度が45度よりも発電量が大きくなっている。図11から計算によると，多結晶シリコンにおいて3〜4月と9月に固定システムの傾斜角を45度から15度，及びその逆に変えることによって30度固定傾斜角の場合よりも約105.3%の発電量アップが得られる計算となり，単に年2回傾斜角を変えることで発電量を大きくできる。

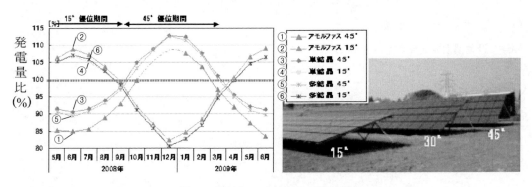

図11　傾斜角30度に対する発電量比

表2 30度傾斜角に対する発電量

シリコン系太陽電池	傾斜角	
	15度	45度
単結晶	95.2%	100.4%
多結晶	95.2%	99.8%
アモルファス	96.0%	95.3%

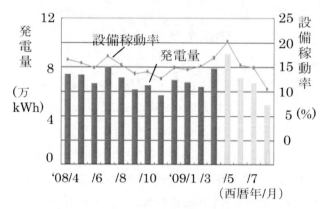

図12 設備稼働率

　参考までに北杜実証試験施設における太陽光発電システムの稼働率を図12に示す。図はサイト1期システム600 kWの発電量と設備稼働率を示し，年平均の稼働率は約15.2%となっている。この数値は一般に言われている日本平均の12%に比べて高く，北杜サイトの日照条件が良いことを示している。

2.5　今後の課題

　追尾型太陽光発電システム適用拡大に向け，今後の課題として以下がある。

（ⅰ）　太陽電池の特性（効率，温度特性，耐熱性等）の向上
（ⅱ）　追尾システムの小型・軽量化
（ⅲ）　追尾型太陽光発電システムの低コスト化

文　　　献

1) H. Konishi, T. Iwato, & M. Kudou,「Development of Large-Scale Power conditioner in Ho-

第 6 章　集光型太陽電池システム

  kuto Mega-Solar System」, 25th EU-PVSEC/WCPEC-5, 5 AO 7.2, FERIA VALENCIA, Valencia Spain, Sep. 6-10, 2010
2) プロジェクト eco-集電式太陽光発電太陽電池の劇的な効率アップ，http://www 31.atwiki.jp/ecovision/pages/17.html
3) 2010 年 EU-PVSEC「大同特殊鋼株式会社展示会場」, FERIA VALENCIA, Valencia Spain, Sep. 6-9, 2010
4) A. Kimber, L. Mitchell, H. Wenger, "First Year Performance of a 10 MWp Tracking PV Plant in Bavaria Germany", Power Light Corporation, 2954 San Pablo Ave. Berkeley, CA 94702 USA
5) H. Konishi, R. Tanaka, T. Shiraki, "The Hokuto Mega-solar Project", Solar Energy Materials and Solar Cells (SOLMAT), Vol. 93, Issues 6-7, pp. 1091-1094, June, 2009
6) Yuzuru UEDA, Yuki TSUNO, Mitsuru KUDO, Hiroo KONISHI and Kosuke KUROKAWA, "COMPARISON BETWEEN THE I-V MEASUREMENT AND THE SYSTEM PERFORMANCE IN VARIOUS KINDS OF PV TECHNOLOGIES, 25th EU-PVSEC/WCPEC-5, 4 EP 1.5, FERIA VALENCIA, Valencia, Spain, Swep. 6-10, 2010
7) 田中　良，岩戸　健，工藤　満，高木晋也，小西博雄，「一軸追尾太陽光発電システムの発電特性」，平成 21 年電気学会全国大会予稿 No. 7-060，北海道大学高等教育機能開発総合センター，Mar. 17-19, 2009
8) 工藤　満，名倉将司，高木晋也，小西博雄，「傾斜角別太陽光発電システムの特性比較」，平成 21 年電気学会全国大会予稿 No. 7-065，北海道大学高等教育機能開発総合センター Mar. 17-19, 2009

超高効率太陽電池・関連材料の最前線 《普及版》(B11200)

2011年 8 月31日 初　版 第 1 刷発行
2017年 3 月 8 日 普及版 第 1 刷発行

監　修　　荒川泰彦　　　　　　　　　　Printed in Japan
発行者　　辻　賢司
発行所　　株式会社シーエムシー出版
　　　　　東京都千代田区神田錦町 1-17-1
　　　　　電話03 (3293) 7066
　　　　　大阪市中央区内平野町 1-3-12
　　　　　電話06 (4794) 8234
　　　　　http://www.cmcbooks.co.jp/

〔印刷　株式会社遊文舎〕　　　　　　　Ⓒ Y. Arakawa, 2017

落丁・乱丁本はお取替えいたします。

本書の内容の一部あるいは全部を無断で複写（コピー）することは，法律で認められた場合を除き，著作者および出版社の権利の侵害になります。

ISBN978-4-7813-1193-7　C3054　¥4400E